EUL VERLAG

PLANUNG, ORGANISATION UND UNTERNEHMUNGSFÜHRUNG

Herausgegeben von Prof. Dr. Dr. h. c. Norbert Szyperski, Köln, Prof. Dr. Winfried Matthes, Wuppertal, Prof. Dr. Udo Winand, Kassel, Prof. (em.) Dr. Joachim Griese, Bern, PD Dr. Harald F. O. von Kortzfleisch, Kassel, Prof. Dr. Ludwig Theuvsen, Göttingen, und Prof. Dr. Andreas Al-Laham, Stuttgart

Band 101
Jens D.-O. Heymans
Management der textilen Supply Chain durch den Bekleidungseinzelhandel
Lohmar – Köln 2004 • 314 S. • € 52,- (D) • ISBN 3-89936-274-8

Band 102
Roland Rolles
Content Management in der öffentlichen Verwaltung
Lohmar – Köln 2004 • 268 S. • € 47,- (D) • ISBN 3-89936-287-X

Band 103
Erik Hofmann
Strategisches Synergie- und Dyssynergiemanagement
Lohmar – Köln 2004 • 406 S. • € 56,- (D) • ISBN 3-89936-289-6

Band 104
Hanns Martin Schindewolf
Organisches Wachstum internationaler Unternehmen – Eine empirische Exploration
Lohmar – Köln 2004 • 350 S. • € 54,- (D) • ISBN 3-89936-292-6

Band 105
Oliver Schwarz
Die Anwendung des Markt- und Ressourcenorientierten Ansatzes des Strategischen Managements – Dargestellt am Beispiel der IPOs am Neuen Markt
Lohmar – Köln 2004 • 442 S. • € 58,- (D) • ISBN 3-89936-304-3

Band 106
Leonhard von Metzler
Risikoaggregation im industriellen Controlling
Lohmar – Köln 2004 • 260 S. • € 47,- (D) • ISBN 3-89936-306-X

JOSEF EUL VERLAG

Reihe: Planung, Organisation und Unternehmungsführung · Band 106

Herausgegeben von Prof. Dr. Dr. h. c. Norbert Szyperski, Köln, Prof. Dr. Winfried Matthes, Wuppertal, Prof. Dr. Udo Winand, Kassel, Prof. (em.) Dr. Joachim Griese, Bern, PD Dr. Harald F. O. von Kortzfleisch, Kassel, Prof. Dr. Ludwig Theuvsen, Göttingen, und Prof. Dr. Andreas Al-Laham, Stuttgart

Dr. Leonhard von Metzler

Risikoaggregation im industriellen Controlling

Mit einem Geleitwort von Prof. Dr. Klaus Pohle,
Technische Universität Berlin

EUL VERLAG

Bibliographische Information der Deutschen Bibliothek

Die Deutsche Bibliothek verzeichnet diese Publikation in der Deutschen Nationalbibliographie; detaillierte bibliographische Daten sind im Internet über <http://dnb.ddb.de> abrufbar.

Dissertation, Technische Universität Berlin, 2004, unter dem Titel: Aggregation von Risikoinformationen im zentralen Controlling international agierender Unternehmen

ISBN 3-89936-306-X
1. Auflage Dezember 2004

Printed in Germany
Druck: RSP Köln

JOSEF EUL VERLAG GmbH
Brandsberg 6
53797 Lohmar
Tel.: 0 22 05 / 90 10 6-6
Fax: 0 22 05 / 90 10 6-88
E-Mail: info@eul-verlag.de
http://www.eul-verlag.de

Bei der Herstellung unserer Bücher möchten wir die Umwelt schonen. Dieses Buch ist daher auf säurefreiem, 100% chlorfrei gebleichtem, alterungsbeständigem Papier nach DIN 6738 gedruckt.

Geleitwort

Zu den Pflichten des Vorstands einer Aktiengesellschaft gehört es, organisatorische Massnahmen zu ergreifen, um sicherzustellen, dass Risiken, die die Existenz eines Unternehmens gefährden könnten, frühzeitig erkannt werden. Doch ein Unternehmen trägt eine Vielzahl von Risiken bei den unterschiedlichen Aktivitäten des unternehmerischen Handelns wie z. B. Währung-, Qualitäts-, Kredit-, Produktentwicklungsrisiken und viele andere. Es sind aber nicht nur einzelne Risiken, die die Existenz eines Unternehmens gefährden können, sondern es ist oft eine Mehrzahl von Risiken, die als Einzelne als unbedeutend angesehen werden, die dann in ihrem Zusammenwirken zu einer Bedrohung der Existenz eines Unternehmen führen können. Herr Dipl. Ing. Leonhard von Metzler hat sich in dieser Untersuchung, die der Technischen Universität Berlin als Dissertation vorgelegen hat, eingehend mit der quantitativen und qualitativen Zusammenführung von Risiken in der Überwachung von Industrieunternehmen auseinandergesetzt. Basierend auf einer umfassenden Kenntnis der Praxis in der deutschen pharmazeutischen Industrie verbunden mit einer gründlichen Analyse der vorhandenen wissenschaftlichen Literatur zu diesem Thema hat er nach praktischen Lösungen für diese Fragestellung gesucht. Ich bin sicher, daß diese Untersuchung die Risikoberichterstattung der Aktiengesellschaften wesentlich befruchten wird.

Berlin, November 2004 Prof. Dr. Klaus Pohle

Vorwort

Die vorliegende Arbeit wurde parallel zu meiner Tätigkeit im Controlling der Schering AG in Berlin angefertigt. Zum Gelingen des Projektes haben neben dem interessanten Themengebiet eine Reihe von Personen einen erheblichen Anteil beigetragen.

Zunächst möchte ich mich bei sämtlichen Mitarbeitern des Controllings bei der Schering AG bedanken. Die flexible Auslegung einiger Urlaubs- und Feierabendregeln hat mir sehr geholfen. Insbesondere aber durch das hohe fachliche Niveau unterschiedlicher Gespräche haben verschiedene Personen zum Voranschreiten der Arbeit beigetragen.

Ohne die Hilfe von Herrn Professor Friedrich und Herrn Professor Pohle wäre die Arbeit nicht zustande gekommen. Mein Erstgutachter, Herr Professor Pohle, hat durch einen gesunden Druck, insbesondere aber durch stetige Ansprechbarkeit und inhaltliche Anmerkungen dazu beigetragen, dass die Arbeit in einem verträglichen Zeitrahmen vollendet werden konnte. Herrn Professor Friedrich danke ich für die Rücksprachen zu mathematischen Themengebieten.

Einen wichtigen Beitrag haben sicherlich meine Familie und meine Freunde geleistet. Obwohl ich mich in den letzten beiden Jahren nicht durch erhöhte soziale Aktivität ausgezeichnet habe, standen sie mir in vielfältiger Weise bei. Insbesondere Mathis Bock und Carsten Trenkler haben eine hohe Duldsamkeit bei wiederkehrenden Probe- und Korrekturlesearbeiten gezeigt.

Der größte Dank gebührt meiner Freundin, Ivana, die mich in unterschiedlichster Weise in den letzten beiden Jahren sehr unterstützt hat. Durch diese Unterstützung ist mir zumindest zeitweise bewusst geworden, dass die Aggregation von Risikoinformationen im Controlling eventuell doch nicht zu den wichtigsten Themen des Lebens gehört.

Inhaltsverzeichnis

Abbildungsverzeichnis

Tabellenverzeichnis

Abkürzungsverzeichnis

AHP	Analytical Hierarchy Process
AktG	Aktiengesetz
APT	Arbitrage Pricing Theory
BCG	Boston Consulting Group
BDI	Bundesverband der Deutschen Industrie
BIS	Bank of International Settlement
bzgl.	bezüglich
bzw.	beziehungsweise
CAPM	Capital Asset Pricing Model
CEO	Chief Executive Officer
CFO	Chief Financial Officer
CFROI	Cash Flow Return On Investment
COSO	Committee of Sponsoring Organizations of the Treadway Commission
DCF	Discounted Cash Flow
DRS	Deutsche Rechnungslegungs Standards
DVFA	Deutsche Vereinigung für Finanzanalyse und Asset Management
EDV	Elektronische Datenverarbeitung
FAS	Financial Accounting Standards
FAZ	Frankfurter Allgemeine Zeitung
GuV	Gewinn- und Verlustrechnung
H.	Heft
i. d. R.	in der Regel
IAS	International Accounting Standards
IDW	Institut der Wirtschaftsprüfer
IFRS	International Financial Reporting Standards

IT	Informationstechnologie
Jg.	Jahrgang
JoF	Journal of Finance
KonTraG	Gesetz zur Kontrolle und Transparenz im Unternehmensbereich
krp	Kostenrechnungspraxis
MIS	Managementinformationssystem
No.	Number
o. Jg.	ohne Jahrgang
O. V.	Ohne Verfasser
PWC	PriceWaterhouseCoopers
RAPM	Risk Adjusted Performance Measurement
RAROC	Risk Adjusted Return On Capital
RAROCE	Risk Adjusted Return On Capital Employed
RORAC	Return On Risk Adjusted Capital
S.	Seite
SEC	Securities and Exchange Commission
SOA	Sarbanes-Oxley Act
SR	Sharpe Ratio
u. a.	unter anderem
US GAAP	United States Generally Accepted Accounting Principles
VaR	Value at Risk
Vgl.	Vergleiche
Vol.	Volume
z. B.	zum Beispiel
ZfB	Zeitschrift für Betriebswirtschaft
ZfbF	Zeitschrift für betriebswirtschaftliche Forschung

1 Einleitung

1.1 Problemstellung

Zur Schaffung von Transparenz bezüglich der wirtschaftlichen Situation eines Unternehmens wird heute nicht nur eine standardisierte Rechnungslegung, sondern auch ein funktionierendes Risikomanagement benötigt. Das Themengebiet des Risikomanagements hat vor dem Hintergrund von unterschiedlichen, den industriellen Sektor betreffenden Entwicklungen an Bedeutung gewonnen.[1] Unter anderem ist die stärkere Beachtung des Risikomanagements auf die sich rasch verändernden Umfeldbedingungen in vielen industriellen Sektoren zurückzuführen. Aufgrund von Tendenzen wie der Globalisierung, Veränderungen der demografischen Strukturen, technologischem Wandel oder staatlichen bzw. rechtlichen Veränderungen werden in den Unternehmen effizientere Steuerungs- und Kontrollmethoden benötigt.[2] Gleichzeitig wächst die Bedeutung des Risikomanagements und hiermit verbunden des Risikocontrollings vor dem Hintergrund regulatorischer Tendenzen. Aufgrund von Vorschriften wie dem KonTraG[3], dem DRS 5[4] oder Basel II[5] müssen sich kapitalmarktbasierte Industrieunternehmen zwangsläufig mit dem Thema des Risikomanagements auseinander setzen. Beim Risikomanagement kommt es nicht nur darauf an, einzelne Risiken und deren Management darzustellen. Es besteht zudem die Fragestellung, wie das Gesamtrisiko eines Unternehmens zu bewerten ist.

Die Risikoaggregation stellt einen zentralen, in der Literatur zum industriellen Risikomanagement jedoch noch wenig beachteten Bestandteil einer systematischen Risikobehandlung dar. Unter Aggregation wird eine systematische Zusammenfassung von Informationen verstanden. Die in der Literatur dargestellten und in der industriellen Praxis verwendeten Ansätze des Risikocontrollings befassen sich zumeist mit der isolierten Erfassung und Bewertung einzelner Risikoarten. Eine systematische Hochrechnung auf eine übergeordnete aggregierte Risikogröße wird dagegen vielfach noch nicht vorgenommen. Eine einheitliche und standardisierte Spitzenkenngröße des Risikos ist jedoch von hoher Bedeutung. Nur durch eine risikoartenübergreifend normierte und vereinheitlichte Aggregation bestehen Möglichkeiten, eine systematische Informationsversorgung zu gewährleisten und eine Vergleichbarkeit der Risikolage in unterschiedlichen Unternehmensbereichen herzustellen. Zudem

[1] Im Rahmen dieser Arbeit wird das Risikomanagement als Unterstützungsinstrument für die Unternehmensführung verstanden. Das für die Kapitalgeber bestehende Risiko eines durch die oberste Unternehmensführung begangenen Betrugs wird nicht betrachtet.

[2] Vgl. Wittmann 2000, S. 791.

[3] Gesetz zur Kontrolle und Transparenz im Unternehmensbereich, siehe Abschnitt 2.2.3.2.

[4] Deutscher Rechnungslegungsstandard 5.

eröffnet eine Standardisierung der Risikorechnungen die Möglichkeit zu einer systematischen Steuerung der Risikosituation. Das Risikoportfolio eines Unternehmens kann übergreifend optimiert werden. Einem Leitbild der Risikoaggregation zufolge sollten Risikodaten analog zu den Daten im Rechnungswesen aggregiert und für Analysen zu unterschiedlichen Untersuchungsgegenständen verwendet werden können.

Diese Arbeit befasst sich mit dem Vergleich und der Beurteilung von Methoden der Risikoaggregation. In der Literatur werden unterschiedliche Methoden der Erfassung und Bewertung von Risiken beschrieben. Die dargestellten Verfahren dienen zumeist einem dezentralen Management von Risiken. Unterschiedliche Risiken sollen auf operativer Unternehmensebene erfasst und vermindert bzw. vermieden werden.[6] Zunehmend gewinnt auch eine zentrale Betrachtung des Risikomanagements an Bedeutung. Risiken sollen zentral erfasst und gesamthaft behandelt werden. Insbesondere in neueren Literaturbeiträgen werden einige Verfahren für eine übergreifende Aggregation der Risiken eines Unternehmens vorgeschlagen. Ein Vergleich der verschiedenen Methoden findet sich hingegen in den Beiträgen nicht. Ein derartiger Vergleich soll in dieser Arbeit vorgenommen werden. Die Fragestellung dieser Arbeit besteht darin, welche Eigenheiten die einzelnen Aggregationsmethoden aufweisen und welche der Methoden für eine im zentralen Controlling durchgeführte Aggregation von Risiken eingesetzt werden sollten.

Die Controllingfunktion ist eine prädestinierte Unternehmenseinheit für die Durchführung von Analysen bezüglich der aggregierten Risikosituation eines Unternehmens. Mit ihren Kerntätigkeiten der ergebnisbezogenen Informationsversorgung und Steuerungsunterstützung verfügt sie über technische und organisatorische Systeme, um Informationen aus den verschiedenen Unternehmensbereichen zu bündeln und weiterzuverarbeiten.[7] Insbesondere quantitativ aufgebaute Risikoinformations- und Steuerungssysteme lassen sich in die Controllingprozesse integrieren. Aufgrund des Fokus dieser Arbeit auf einer Controllingsichtweise sollen Methoden der Risikoaggregation bestimmt werden, die nicht nur eine effiziente Informationsaggregation ermöglichen. Es sollen Mechanismen ermittelt werden, die außer für die Informationshochrechnung auch für die Steuerung von aggregierten Risikoportfolios verwendet werden können.

---

[5] Als Basel II wird der zweite Entwurf zur Neuregelung der Eigenkapitalausstattung der Banken durch den Basler Ausschuss für Bankenaufsicht bezeichnet. Vgl. BIS 2003.
[6] Siehe Abschnitt 2.2.4 und die dort angegebenen Literaturquellen.
[7] Siehe Abschnitt 2.1 und die dort angegebene Literatur.

1.2 Vorgehensweise

Aufgrund der Komplexität des Untersuchungsthemas muss eine vereinfachende Analysemethode unter Verwendung bestimmter Annahmen gewählt werden. Der methodische Ansatz dieser Arbeit besteht in der Bildung von umfassenden Klassen von Verfahren der Risikoaggregation und in deren Beurteilung anhand von unterschiedlichen Kriterien. Durch diese Vorgehensweise kann eine absolute und vergleichende Beurteilung der einzelnen Verfahrensklassen erstellt werden. Um die Komplexität zu verringern, werden lediglich wenige Verfahrensklassen und wenige Kriterien verwendet. Es wird angenommen, dass die in der Realität verwendbaren Aggregationsverfahren den untersuchten Klassen zugeordnet werden können und dass die Verfahren innerhalb der einzelnen Klassen weitgehend homogen beurteilt werden können. Es wird weiterhin die Annahme getroffen, dass die verwendeten Kriterien eine repräsentative Beurteilung der Verfahren zulassen. Auf Basis der in dieser Arbeit verwendeten Kriterien und dem gebildeten Klassifikationsschema von Risikoaggregationsverfahren sollten die Annahmen als realitätsnah eingeschätzt werden können.

In dieser Arbeit werden die Aggregationsverfahrensklassen der kapitalmarktbasierten Verfahren, der quantitativen Verfahren und der scoring- und ratingbasierten Verfahren unterschieden. Dieses Klassifikationsschema bietet mehrere Vorteile: Aufgrund der weiten Festlegung der zu beurteilenden Verfahrensklassen können die meisten der in der Literatur aufgeführten Aggregationsmethoden einer der Klassen zugeordnet werden. Die existierenden Risikoaggregationsverfahren werden somit weitestgehend erfasst. Gleichzeitig besteht auf Basis der anhand unterschiedlicher Grundmechanismen gebildeten Klassen eine weitgehend klare Abgrenzung. Die meisten Aggregationsverfahren können innerhalb des Schemas eindeutig zugeordnet werden. Durch die unterschiedlichen Grundmechanismen lassen sich zudem Charakteristika der verschiedenen Verfahren herausarbeiten, anhand derer eine realitätsnahe Beurteilung vorgenommen werden kann.

Auf die Selektion der verwendeten Kriterien wird in dieser Einleitung nicht eingegangen. In Abschnitt 3.5 wird die Auswahl begründet.

Einzelne Kapitel

In Kapitel 2 werden die für diese Arbeit grundlegenden Konzepte des Controllings und des Risikomanagements dargestellt und erläutert. Hierbei werden insbesondere die theoretischen Grundlagen dieser Bereiche dargelegt. Bei der Betrachtung des Controllings wird nach der Darstellung der in der Literatur aufgeführten Grundlagen auf aktuelle Tendenzen in diesem Gebiet eingegangen. Die betriebswirtschaftlichen Hintergründe und grundlegenden

Prozesse der systematischen Risikobehandlung bilden den Schwerpunkt des Abschnitts zum Risikomanagement.

Kapitel 3 befasst sich mit dem Themengebiet der Aggregation von Risiken. Zunächst werden einige volks- und betriebswirtschaftliche Tendenzen aufgeführt, vor deren Hintergrund die Bedeutung von aggregierten Risikoinformationen voraussichtlich zunehmen wird. Hierbei wird insbesondere auf die im ersten Absatz dieser Einleitung dargestellten Entwicklungen vertiefend eingegangen. Anschließend erfolgt die Darstellung einiger theoretischer Hintergründe des Gebietes der Aggregation von Risiken. Unter anderem wird die Analogie des Risikoaggregationssystems zu den sonstigen Finanzaggregationssystemen in einem Unternehmen beschrieben. Die Begründung der Selektion der in dieser Arbeit zur Beurteilung der Aggregationsverfahren verwendeten Kriterien bildet den letzten Abschnitt des Kapitels.

Mit der Untersuchung kapitalmarktbasierter Verfahren der Risikoaggregation beginnt in Kapitel 4 die Analyse von einzelnen Klassen von Risikoaggregationsverfahren. Entsprechend dem neoklassischen Ansatz der Finanztheorie können aus Kapitalmarktdaten relevante Informationen zur Risikolage eines Unternehmens erhoben werden. Zunächst werden Grundlagen zu den kapitalmarktbasierten Risikoaggregationsverfahren beschrieben. Anschließend werden die Ansätze auf Einsatzmöglichkeiten für eine Aggregation entlang unterschiedlicher, für die Unternehmensführung relevanter Dimensionen analysiert. Der letzte Abschnitt des Kapitels besteht aus der Beurteilung der Einsatzfähigkeit der Methoden im Controllingprozess.

Kapitel 5 befasst sich mit der Untersuchung von quantitativen Methoden der Risikoaggregation. Zunächst werden unterschiedliche im Bankensektor häufig eingesetzte quantitative Aggregationstechniken beschrieben. Anschließend werden einige auf Anwendungen des industriellen Sektors übertragbare Techniken, wie simulationsgestützte Verfahren, Sensitivitätsanalysen, Risk Maps und Szenariotechniken, dargestellt. Diese Verfahren werden auf Einsatzmöglichkeiten für eine Aggregation nach unterschiedlichen Betrachtungsdimensionen untersucht. Die Beurteilung der Verfahren, entsprechend den in Kapitel 3 dargestellten Kriterien, bildet den letzten Abschnitt des Kapitels.

In Kapitel 6 werden die bereits in Kapitel 4 und 5 verwendeten Untersuchungsmethoden auf die Gruppe von scoring- und ratingbasierten Verfahren der Risikoaggregation übertragen. Zunächst werden die grundlegenden Eigenschaften der Verfahren des Scorings und des Ratings herausgearbeitet. Anschließend wird beschrieben, inwiefern die Verfahren für eine Aggregation entsprechend unterschiedlicher Aggregationsdimensionen eingesetzt werden können. Im letzten Abschnitt des Kapitels erfolgt eine Beurteilung der Verfahren der scoring- und ratingbasierten Aggregationsmethoden.

Kapitel 7 besteht aus zwei Abschnitten. Im ersten Abschnitt werden die Resultate der Kapitel 4-6 dieser Arbeit zusammengefasst. Die Darstellung daraus abgeleiteter Thesen bildet den zweiten Teil des Kapitels. Als Ergebnis dieser Arbeit wird empfohlen, bei der Selektion von Aggregationsmethoden entsprechend den betrachteten Risikoklassen zu differenzieren. Für die Aggregation von Risiken der Klassen der Finanzrisiken, der operationellen Risiken und der Geschäftsrisiken sollten jeweils differenzierte Aggregationsmechanismen verwendet werden. Für die einzelnen Risikoklassen werden in Kapitel 7 jeweils geeignete Aggregationsmethoden vorgeschlagen.

2 Grundlagen des Controllings und des Risikomanagements

2.1 Die Controllingfunktion

2.1.1 Definition und historische Entwicklung des Controllings

Der Begriff Controlling[8] stammt aus der Entstehungszeit der großen amerikanischen Industriekonglomerate in der zweiten Hälfte des 19. Jahrhunderts. Aufgrund der mit der Unternehmensgröße anwachsenden Komplexität der Unternehmensführung wurde die Funktion des Controllers geschaffen, um den aus dem wachsenden Koordinationsaufwand resultierenden Anforderungen durch ein effizientes Rechnungswesen und exakteren Steuerungsmethoden zu begegnen. Zu einer weitgehenden Etablierung der Funktion des Controllers in der amerikanischen industriellen Praxis kam es jedoch erst in den 30er Jahren des 20. Jahrhunderts. Aufgrund der Wirtschaftskrise („Great Depression") wurde zu dieser Zeit die systematische Planung und der gezielte Einsatz des Rechnungswesens als Koordinationsinstrument in den großen Unternehmungen intensiviert. Die Position des Controllers setzte sich als ein von der klassischen Treasury-Funktion unabhängiger Experte auf dem Gebiet der Planung und Steuerung von Unternehmensaktivitäten durch.[9]

In Deutschland wurde das Konzept des Controllers erst Mitte der 50er Jahre aus den USA übernommen.[10] In den folgenden Jahren verbreitete sich dieses schnell in der deutschen Theorie und Praxis. Mittlerweile besteht in Deutschland ein eigenständiges Controllingverständnis, welches spezifische Besonderheiten im Vergleich zu den angloamerikanischen Konzepten aufweist. Insbesondere nimmt die theoretische Betrachtung des Controllings in Deutschland einen im internationalen Vergleich umfassenden Ansatz ein. Während die funktionale und organisatorische Betrachtung des Controllings in den USA weitgehend eine Domäne der Praktiker ist, wird das Gebiet in Deutschland als ein umfangreiches Forschungsgebiet betrachtet.[11]

Definition

Die Definition des Begriffes Controlling ist strittig. Wie im letzten Absatz beschrieben, bestehen im internationalen Vergleich Unterschiede bezüglich der Bedeutungsbemessung der

[8] Der Begriff Controlling stimmt inhaltlich nicht mit dem deutschen Begriff Kontrolle überein. Vielmehr wird unter Controlling ein umfassender Prozess der Planung, der Steuerung und der Kontrolle verstanden.

[9] Vgl. Horvath 2002, S. 28-48; Bausch/Kaufmann 2000, S. 122; Küpper 2001, S. 1; Steinle/Bruch 1999, S. 6/7; Weber 1998, S. 2-7.

[10] Gründe für die späte Annahme des amerikanischen Konzepts, z. B. Praxisnähe der amerikanischen Literatur und größere wirtschaftliche Freiheit werden dargestellt in: Horvath 2002, S. 79/80.

[11] Vgl. Horvath 2002, S. 31, 63; Hahn/Hungenberg 2001, S. 271; Weber 1998, S. 1.

Controllingfunktion. Eine Definition des Controllings, die zumindest in der deutschen Literatur weitgehend als konsensfähig betrachtet wird, besteht in der Beschreibung der Controllingfunktion als „informatorische Sicherstellung ergebnisorientierter Planung, Steuerung und Kontrolle".[12] Eine derartige Definition schließt eine auf monetäre Führungsteilsysteme beschränkte Koordinationsfunktion ein.[13]

2.1.2 Die Aufgabenstellung des Controllings

Aufgrund seiner Führungsunterstützungsfunktion lassen sich die Ziele des Controllings aus den originären Unternehmenszielen ableiten.[14] Diese Ziele können grob in Sach- und Ergebnisziele unterteilt werden. Unstrittig wird in der Literatur festgestellt, dass das Ergebnisziel des Unternehmens für das Controlling das primäre Ziel darstellt. Strittig ist hingegen, inwieweit das Controlling eigenständig auf die Erreichung von Sachzielen einwirken sollte.[15]

Die formale Leistung des Controllers kann in der Unterstützung der Planung in einzelnen Teilbereichen der Unternehmung als auch in der Kontrolle der wirtschaftlichen Ergebnisse gesehen werden.[16] In der Literatur wird zunehmend der Begriff der Koordination für die Tätigkeiten des Controllers verwendet. Die Koordinationsaufgabe des Controllings besteht darin, die ergebnisorientierten Führungsteilfunktionen im Hinblick auf die Erreichung der Unternehmensziele abzustimmen.[17] Ansätze, nach denen das Controlling für die Koordination des gesamten Führungssystems zuständig ist, finden in der Literatur keine mehrheitliche Zustimmung.[18]

Die elementaren Teilsysteme des Controllings können in dem Informationsversorgungs- und dem Planungs-/Kontrollsystem gesehen werden.[19] Diese Systeme können weder funktionell noch organisatorisch eindeutig separiert werden. Im Rahmen des Führungssystems besteht eine Vernetzung zwischen der Informationsversorgung und der Planung und Steuerung.

---

[12] Vgl. Hahn/Hungenberg 2001, S. 265.
[13] Vgl. Reichmann 2001, S. 2/3; Möller/Stoi 2002, S. 562/563.
[14] Vgl. Reichmann 2001, S. 45; Steinle/Bruch 1999, S. 20.
[15] Vgl. Horvath 2002, S. 156/157; Küpper 2001, S. 7-10; Möller/Stoi 2002, S. 561/562.
[16] Vgl. Reichmann 2001, S. 3.
[17] Vgl. Horvath 2002, S. 155.
[18] Vgl. Weber 1998, S. 25-28; Möller/Stoi 2002, S. 562-564.
[19] Vgl. Weber 2000, S. 650; Horvath 2002, S. 117.

2.1.3 Planungs-, Steuerungs- und Kontrollfunktion des Controllings

Die Planungs-, Steuerungs- und Kontrollfunktion des Controllings stellt einen integrativen Bestandteil des Führungssystems einer Unternehmung dar. Im unternehmerischen Kontext kann Führung als Willensbildung und Willensdurchsetzung verstanden werden.[20] Der Führungsprozess kann theoretisch in die in Abbildung 1 aufgezeigten Phasen unterteilt werden. In der Praxis sind die Phasen nicht eindeutig trennbar und verlaufen lediglich logisch in der dargestellten Reihenfolge.

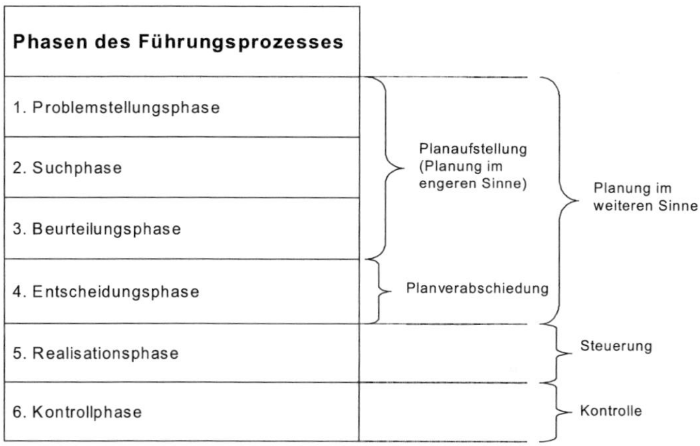

Abbildung 1: Führungsprozess im Unternehmen[21]

Das Controlling stellt Methoden und Systeme bereit, um sowohl die Planung als auch die Steuerung und Kontrolle im Unternehmen ergebnisorientiert auszurichten. Bei der Beschreibung der Führungsunterstützung des Controllings ist es wichtig, die Aufgaben des Controllers von denen der Führungspersonen bzw. des Linienmanagements abzugrenzen. Der Controller ist nicht für die eigentliche Entscheidungstreffung verantwortlich. Bei der Entscheidungsfindung wird er lediglich beratend tätig, indem er mit seinen Methoden, Modellen und Informationen entscheidungsunterstützende Hilfsmittel bereitstellt.[22] Im Rahmen seiner Steuerungs- und Koordinationsfunktion verfügt er zudem über Instrumente, um getroffene Entscheidungen in der Organisation zu kommunizieren und deren Auswirkungen über Regel-

[20] Vgl. Hahn/Hungenberg 2001, S. 28-39.
[21] Vgl. Hahn/Hungenberg 2001, S. 46; ähnlich: Weber 1998, S. 30.

systeme zu überprüfen. Die Planungs- und Steuerungsfunktion des Controllings hat beständig an Bedeutung gewonnen. Heute wird dieser Aufgabenkomplex zusammen mit einer Beratungsfunktion als Kernbestandteil der Controllertätigkeit gesehen.[23]

2.1.4 Die Informationsversorgungsfunktion des Controllings

Das Informationsversorgungssystem ist der zweite elementare Bestandteil des betrieblichen Controlling-Informationssystems.[24] Das Planungs- und Kontrollsystem wird durch die Informationsversorgung sowohl bei der Erstellung von qualitativ hochwertigen Plänen als auch bei der laufenden Überprüfung der Einhaltung der Planinhalte unterstützt.

Die Aufgabe des Controlling-Informationsversorgungssystems besteht hauptsächlich darin, das Management mit aktuellen Daten zur Ergebnislage des Unternehmens zu versorgen.[25] Die Daten bezieht das System aus den vielfältigen Informationsflüssen und Datenbeständen eines Unternehmens. Als Datenquellen werden insbesondere das Rechnungs- und das Berichtswesen genutzt. Diese beiden Subsysteme des Controllings werden in den folgenden Absätzen kurz beschrieben.

Das Rechnungswesen stellt die klassische Grundlage eines betrieblichen Informationsversorgungssystems dar. Es kann definiert werden als eine Verkettung von Verfahren, deren Aufgabe es ist, alle im Betrieb auftretenden Geld- und Leistungsströme mengen- und wertmäßig zu erfassen.[26] Das Rechnungswesen kann als ein organisatorisches und EDV-gestütztes System aufgefasst werden, welches Informationen als Entscheidungshilfe an Bedarfsträger liefert.[27] Im Rechnungswesen werden insbesondere Daten der Kosten- und Leistungsrechnung als Basis für betriebswirtschaftliche Analysen erhoben.[28] Im Zuge der Internationalisierung des Finanzwesens gewinnen in Deutschland zudem die Ertrags- und Aufwands- sowie die Kapitalflussrechnung an Bedeutung.[29]

---

[22] Eine Übersicht von Instrumenten des Controllings findet sich in: Weber 1998, S. 46.

[23] Vgl. Horvath 2002, S. 169/170; Steinle/Bruch 1999, S. 23-25.

[24] Die gesamte Tätigkeit des Controllings kann als Informationsverarbeitung gesehen werden. Auch die Planungsfunktion ist demnach ein Teil der Informationsverarbeitungsfunktion.

[25] Es werden Daten zur aktuellen sowie im Rahmen einer Soll-/Wird-Abweichungsrechnung zur zukünftigen Ergebnislage bestimmt. Hauptsächlich werden monetäre Ergebnisdaten ermittelt. Im Rahmen einer Berichtskomponente von nichtmonetären Indikatoren werden zudem qualitative Daten erfasst und weiterverarbeitet.

[26] Vgl. Wöhe 1996, S. 963.

[27] Vgl. Eisele 2002, S. 3.

[28] Vgl. Weber 1998, S. 165-189.

[29] Die für das deutsche Rechnungswesen typische Unterscheidung zwischen interner Kosten- und Leistungsrechnung und externer Aufwands- und Ertragsrechnung verliert im Rahmen der Internationalisierung zunehmend an Bedeutung. Siehe u. a. Kley 2003, S. 5-8; Sinzig 2003, S. 120-128; Ohlms/Tomaszewski/Trütschler 2002, S. 193-199.

Eng mit dem Rechnungswesen verknüpft ist das Berichtswesen. Ein Bericht kann als eine Zusammenfassung von Kennzahlen oder sonstigen Informationen in einem einheitlichen Dokument verstanden werden. Die Erstellung eines Berichtes kann standardisiert zu bestimmten Zeitpunkten erfolgen (Standardbericht) oder kann von Abweichungen oder Anfragen ausgelöst werden (Abweichungs- und Bedarfsbericht).[30] Weitere Merkmale von Berichten sind in Tabelle 1 dargestellt.

Merkmal	**Beispiele von Ausprägungen**
Berichtszweck	Dokumentation, Planung, Kontrolle u. a.
Berichtsgegenstand	Gesamtunternehmung, Beschaffung, Produktion u. a.
Informationsart	Istwerte, Prognosewerte, Vorgabewerte u. a.
Erscheinungsweise	Regelmäßig, unregelmäßig
Auslösendes Ereignis	Zeitablauf, Toleranzüberschreitung, individueller Bedarf
Datenträger	Schriftstück, Bildschirm u. a.
Verdichtungsgrad	Ursprungswerte, Kennzahlen u. a.

Tabelle 1: Merkmale von Berichten[31]

Das Berichtswesen kann als System interpretiert werden, über welches systemgestützt oder durch menschliche Interaktion Informationen über geografische, organisatorische oder hierarchische Grenzen versendet werden.[32] Mit dem Berichtswesen verfügt das Controlling über ein Instrument, über das sowohl finanzielle als auch qualitative Informationen unternehmensweit bezogen und weitervermittelt werden können.

Das Controlling ist im Rahmen seiner Informationsfunktion ursächlich für die Gestaltung des Rechnungswesens und des darauf aufbauenden Berichtswesens zuständig. Durch die Formalisierung dieser Systeme kann der Controller Einfluss auf die Informationsflüsse im Unternehmen nehmen.

2.1.5 Organisatorische Einbindung der Controllingfunktion

Die organisatorische Einbindung der Controllingfunktion ist in der betrieblichen Realität sehr heterogen und stark von individuellen Unternehmensfaktoren abhängig. Unter anderem wird

---

[30] Vgl. Ziegenbein1992, S. 373.
[31] Vgl. Küppers 2001, S. 153.
[32] Vgl. Probst 2001, S. 112-114.

die individuelle Ausgestaltung von Faktoren wie der Unternehmensgröße, der betrieblichen Komplexität, der finanziellen Ergebnissituation, dem Innovationsbedarf oder den Unternehmensgrundsätzen beeinflusst.[33] Parameter bei der Gestaltung der Organisation sind unter anderem der Grad der Zentralisierung und die Kompetenzverteilung innerhalb der Controllingorganisation bzw. zwischen der Controllingfunktion und anderen betrieblichen Funktionen. Im Folgenden werden kurz einige Organisationsmuster der Controllingfunktion in der industriellen Praxis dargestellt.

Die Controllingorganisation ist in den meisten Fällen analog zur primären Organisationsstruktur einer Unternehmung bzw. eines Konzerns aufgebaut. Die zentrale Controllingabteilung eines Unternehmens wird zumeist als Zentralabteilung oder Stabsabteilung unterhalb der Unternehmensführung oder dem Finanzvorstand angeordnet.[34] Sie verfügt über weitgehende Methodenkompetenz bezüglich der gesamtunternehmensbezogenen Controllingverfahren und berichtet direkt an die Unternehmensleitung. Zudem existieren in größeren Unternehmungen Controllerstellen in den verschiedenen primären Organisationseinheiten. Diese Controllingstellen füllen sowohl eine Beratungsfunktion für das Bereichsmanagement als auch eine Berichtsfunktion für in der Hierarchie höher gelegene Controllingstellen aus.[35]

Die Ausgestaltung und die Kompetenzverteilung in der Controllinghierarchie hängt weitgehend von den primären Organisationsstrukturen eines Unternehmens/Konzerns ab.[36] Generell lässt sich feststellen, dass die Aufgabenbreite des Zentralcontrollings mit dem Grad der Homogenität der Produkte und Geschäftsbereiche zunimmt. In funktional organisierten Unternehmen[37] koordiniert das Zentralcontrolling die Methodiken des gesamten Rechnungswesens und die Ausgestaltung des Planungs- und Kontrollsystems. Die Funktionscontroller sind ihm dabei zumeist nicht disziplinarisch, jedoch fachlich unterstellt.[38] In primär divisional strukturierten Konzernen beschränkt sich der Einfluss des Controllers tendenziell auf finanzielle Kenngrößen.[39] Der Einfluss der Divisionscontroller ist hier als recht groß anzusehen. In primär regionalen Unternehmensstrukturen übt der regionale Controller eine analoge Funktion zum Divisionscontroller aus. In internationalen Organisationen besteht zumeist die vielfältige Problematik ausgeprägter Konzernstrukturen, da in vielen Ländern rechtlich selbstständige Tochtergesellschaften geführt werden müssen.[40]

[33] Vgl. Weber/Hunold/Prenzler/Thust 2001, S. 447-451; Horvath 2002, S. 832/833.
[34] Vgl. Weber 1998, S. 357-359.
[35] Vgl. Noack 2000, S. 355-359.
[36] Vgl. Küpper 2001, S. 483.
[37] Diese weisen vielfach die Organisationsform eines Stammhauskonzerns auf.
[38] Vor- und Nachteile der Trennung fachlicher und disziplinarischer Hierarchien („Dotted-Line") sind beispielsweise dargestellt in: Weber 1998, S. 462.
[39] Vgl. Reichmann/Hüllmann 1999, S. 164-168.
[40] Vgl. Littkemann 2001, S. 1284-1289. Siehe zudem: Pohle 2002, S. 1088-1096.

2.1.6 Entwicklungen im Controlling

Wie jeglicher betriebswirtschaftlicher Bereich unterliegt das Controlling einem beständigen Wandel. Im Folgenden werden einige aktuelle Themenstellungen des Controllings aufgezeigt, die sich auf die in dieser Arbeit behandelten Gebiete des Risikomanagements und Risikocontrollings auswirken.

Wachsende Anforderungen an das Gemeinkostencontrolling
Die traditionelle Kostenrechnung stammt aus Zeiten, in denen die direkten Produktionskosten einen Großteil der gesamten Kosten eines Unternehmens ausmachten. Im Bereich der Produktion sind ausgefeilte Techniken entwickelt worden, um ein realistisches Abbild der Leistungsflüsse zu ermöglichen. Mit der technischen und wirtschaftlichen Entwicklung der letzten Jahre haben sich die Kostenstrukturen industrieller Unternehmen jedoch verändert.[41] Koordinierende, planende, steuernde und kontrollierende Tätigkeiten, die sich nicht den Einzelkosten zurechnen lassen, dominieren heute in vielen Branchen den betrieblichen Alltag. Für das Controlling erwächst hieraus die Aufgabe, auch bei wachsenden Gemeinkosten die Flexibilitätssituation und somit die Risikosituation eines Unternehmens transparent darzustellen. Methodische Ansätze hierzu sind beispielsweise das Activity Based Costing oder die Prozesskostenrechnung.[42]

Steigende Bedeutung der externen Berichterstattung im Controlling
Der Kapitalmarkt verlangt zunehmend die zeitnahe Veröffentlichung von internen finanziellen Daten eines Unternehmens. Diesen Anforderungen wurde im externen Berichtswesen beispielsweise durch die Einführung einer Segment- und Zwischenberichterstattung entsprochen.[43] Zudem wirkt sich diese Tendenz auf die im internen Management verwendeten Steuerungssysteme aus. Interne finanzielle Steuerungsgrößen und Rechnungslegungsregeln werden zunehmend an die externen Finanzkennzahlen und Rechnungslegungsregeln angepasst.[44] Durch die direkte Verknüpfung von extern veröffentlichten Daten mit den internen Steuerungsmechanismen des Controllings nimmt die Controllingfunktion verstärkt eine Vermittlerposition zwischen dem Kapitalmarkt und der Unternehmensorganisation ein.[45] Insbesondere in großen, divisional aufgestellten Unternehmen werden viele Controllingprozesse

---

[41] Vgl. Ziegler 1994, S. 180/181.
[42] Vgl. u. a. Weber 1998, S. 166-168, 175-180; Eisele 2002, S. 788-801.
[43] Bei der externen Unternehmensberichterstattung der Unternehmen ist eine Tendenz zu einem „fortdauernden Informationsfluss“ zwischen dem Unternehmen und den Stakeholdern zu beobachten. Vgl. Coenenberg 2001, S. 846/847.
[44] Vgl. u. a. Baur/Horvath 2003, S. 54; Lehner 2003, S. 185; Kirsch 2003, S. 17.
[45] Vgl. Möller/Stoi 2002, S. 565.

dezentralisiert.[46] Das zentrale Controlling übernimmt die Funktion einer schlanken, finanzbezogenen Steuerungseinheit. Durch die Eliminierung interner Rechnungskreise verschwimmen zudem die Grenzen zwischen zentralen Controllingeinheiten und den für die externe Berichterstattung zuständigen Abteilungen des Konzernrechnungswesens.[47]

Strategische Ausrichtung des Controllings

Während das Controlling früher hauptsächlich auf operative Fragestellungen ausgerichtet war, wird ihm heute eine wichtige Unterstützungsfunktion bei der strategischen Führung beigemessen.[48] Wie beim operativen Controlling übernimmt das strategische Controlling auch in diesem Prozess eine ergebnisorientierte Koordinationsfunktion. Die Methodiken der Planung, Steuerung und Kontrolle unterscheiden sich hingegen in operativen und strategischen Analyse- und Steuerungsprozessen. Aufgrund des weiten Zeitbezugs der strategischen Planung ist der Planungs- und Monitoringprozess des strategischen Controllings mit großer Unsicherheit behaftet. Es wird demnach häufig nicht mit konkreten Erwartungen, sondern mit Chancen und Risiken gerechnet.[49] Das strategische Controlling richtet sich nicht vorwiegend an quantitativen Instrumenten des Rechnungswesens aus, sondern verwendet vor allem Methoden der strategischen Unternehmensplanung.[50]

Eine besondere Bedeutung wird heute der Integration der operativen und strategischen Planung beigemessen.[51] Die operative Planung muss sich an dem Pfad der strategischen Planung ausrichten. Zudem sollte das gesamte Planungssystem so flexibel ausgestaltet sein, dass strategische Entscheidungen kurzfristig in die strategische und darauf folgend in die operative Planung eingearbeitet werden können.[52]

EDV und Controlling

Die neuen Informations- und Kommunikationstechnologien haben die Möglichkeiten des Controllings sehr verändert. Über die neuen technischen Systeme kann zeitnah auf weltweite Daten zugegriffen werden. Es entstehen Möglichkeiten einer zeitnahen Planung, Steuerung und Kontrolle, die vor einigen Jahren noch nicht denkbar gewesen wären.[53] Aufgrund der daraus resultierenden Anforderungen wird die Tätigkeit des Controllers zunehmend von der

---

[46] Auch in Stammhauskonzernen lässt sich eine Tendenz zur Dezentralisierung der Controllingstrukturen erkennen. Vgl. Weber/Hunold/Prenzler/Thust 2001, S. 451.

[47] Vgl. Podiumsdiskussion Konzerncontrolling 2002, S. 2/3; Hauser 2001, S. 222/223.

[48] Vgl. Fischer/Fischer 2001, S. 32.

[49] Vgl. Adelt/Ruf 2002, S. 649; Schierenbeck 2003a, S. 295; Hayn 2000, S. 246-268.

[50] Auch der Einsatz von Früherkennungssystemen entsprechend des Ansatzes der „schwachen Signale" kann zu den Aufgaben eines strategischen Controllings gehören. Vgl. Weigand/Buchner 2000, S. 16-18.

[51] Vgl. Reichmann/Hüllmann 1999, S. 163/164. Siehe beispielsweise für den Continental-Konzern: Steinle/Bruch 1999, S. 354; für die Delton AG: Wagner/Straube 2003, S. 409-412.

[52] Vgl. Horvath 2002, S. 258/259.

[53] Vgl. Reichmann 2001, S. 640; Krell 2003, S. 2/3; Hahn/Taylor 1999, S. X-XIV.

Gestaltung und der Betreuung technologischer Systeme bestimmt.[54] Für das Risikomanagement entstehen durch die verbesserte Systemunterstützung Möglichkeiten, Rechnungs- oder Berichtsverfahren effizient in bestehende Strukturen zu integrieren.

2.2 Risiko und Risikomanagement

2.2.1 Entwicklung und Definition des Begriffs Risiko

Der Begriff Risiko wird im allgemeinen Sprachgebrauch und in verschiedenen wissenschaftlichen Disziplinen in unterschiedlicher Weise verwendet.[55] Nach einer allgemein gültigen, weiten Begriffsbildung umfasst das Konzept des Risikos die Unsicherheit bei der Vorhersage zukünftiger Ereignisse.[56] Die wissenschaftliche Betrachtungsweise des Risikos wurde lange Zeit durch Theorien zum Glücksspiel vorangetrieben. Ein für die Entwicklung der Risikotheorie bedeutsamer Schritt war mit der Erfassung des Risikos durch die mathematische Formelsprache verbunden. Dieser Schritt wurde in der Renaissance und auf diesen Erkenntnissen aufbauend zur Zeit des Aufkommens des englischen Versicherungs- und Finanzwesens im 19. Jahrhundert vollzogen.[57] Zu seiner heutigen wirtschaftswissenschaftlichen Bedeutung ist das systematische Risikokalkül vor allem mit der Verbreitung international verflochtener Kapitalmärkte gekommen. Insbesondere die in den folgenden Abschnitten beschriebenen Theorieansätze spielten bei der Verbreitung des Risikokonzeptes eine bedeutende Rolle.

2.2.2 Das Konzept des Risikos in der Finanzierungstheorie

Im letzten Teilabschnitt wurde beschrieben, dass der eigentliche Ursprung des Risikokonzeptes im Bereich der Betriebswirtschaft in der Finanzierungs- und der Versicherungstheorie liegt. Da die Teilnehmer an Finanz-, Kapital- und Versicherungsgeschäften vielfach von ihnen nicht direkt beeinflussbaren Unsicherheiten ausgesetzt sind, wurden in diesem Sektor bereits frühzeitig Konzepte zur Erfassung von Risikokalkülen entwickelt. Die Behandlung und richtige Einschätzung von Risiken ist eine der geschäftlichen Kernkompetenzen von

[54] Zur Einführung eines analytischen MIS-Systems in einem großen Konzern siehe beispielsweise: Schneider/Pichler 2002, S. 657-663.

[55] Die Definition eines Wirtschaftslexikon lautet: Risiko kann als Grad der Wahrscheinlichkeit definiert werden, dass durch ein bestimmtes Verhalten oder Ereignis ein Nachteil eintreten oder ein erwarteter Vorteil ausbleiben kann. Vgl. Gabler 2000, S. 2654. Siehe auch: Horvath 2002, S. 779; Gramlich 2001, S. 164.

[56] Vgl. Bernstein 1998, S. 1.

[57] Vgl. Bernstein 1998, S. 44-53, 88-95; Pechtl 2003, S. 19-33; O. V. (13.12.2003).

Unternehmen wie Banken oder Versicherungen. Die Problemstellungen dieser Firmen haben einen großen Teil der Innovationen der Risikobehandlung gefördert, die heute auch die Entwicklung in anderen Branchen vorantreiben.[58]

2.2.2.1 Moderne Kapitalmarkttheorie - Das Capital Asset Pricing Model

Ein zentrales, aus der Wissenschaft stammendes Konzept der Behandlung von Risiken in unternehmerischen Aktivitäten stellt das Capital Asset Pricing Model (CAPM) von Sharpe dar, welches auf dem Portfoliomodell von Markowitz aufbaut. Dieses Modell wird in vielen betriebswirtschaftlichen Publikationen beschrieben. Aufgrund seiner großen Bedeutung für das Risikomanagement werden die Kernaussagen dieses Ansatzes im folgenden Abschnitt zusammenfassend dargestellt.[59]

Den Ausgangspunkt der Überlegungen von Markowitz bildet eine Analyse zur optimalen Zusammensetzung eines Wertpapierportfolios. Insbesondere werden hierbei die Präferenzen der Anleger bezüglich des Verhältnisses von Risiko und Ertrag betrachtet. Das Risiko eines Wertpapiers wird durch die mathematischen Indikatoren der Kursvarianz und den Kovarianzen des Kurses zu anderen Wertpapieren definiert.[60] Anhand dieser Größen ermittelt Markowitz die Zusammensetzung von für bestimmte Risikoniveaus effizienten Portfolios.[61] Die Leistung von Markowitz liegt unter anderem in der Einführung der Varianz als wichtige Finanzkennzahl sowie in der Beschreibung der Bedeutung der Diversifikation und der Risikoabneigung der Anleger.[62]

Sharpe griff die Ideen von Markowitz auf, vereinfachte das Konzept mathematisch jedoch erheblich. Während nach Markowitz das Gesamtrisiko eines Portfolios durch Korrelationen zwischen jedem einzelnen der Wertpapiere bedingt wird, ist dieses nach Sharpe lediglich von den Korrelationen der einzelnen Wertpapiere zu einem Marktportfolio abhängig. Sharpe verwendet den heute weit verbreiteten Betafaktor (ß) eines Wertpapiers als Korrelationsmaß. Anhand des Betafaktors lässt sich die von einem Wertpapier erwartete Mindestrendite ermitteln.[63]

---

[58] Vgl. u. a. Reichling 2003, S. 30/31.
[59] Ausführlicher ist das Modell in Abschnitt 4.2 dargestellt.
[60] Vgl. Markowitz 1952, S. 77-85; Bernstein 1998, S. 252; Serfling/Marx 1990, S. 365-369.
[61] Unter bestimmten Annahmen, wie effizienten Märkten, identischen Erwartungshaltungen der Investoren und rationalen Entscheidungen der Investoren, kann die Linie der effizienten Portfolios mathematisch hergeleitet werden. Vgl. z. B. Bodie/Kane/Marcus 2002, S. 223-227. Siehe zudem Abschnitt 4.2.
[62] Vgl. Perridon/Steiner 2002, S. 260-266.
[63] Vgl. Steiner/Bruns 2002, S. 22; Sharpe 1964, S. 425-442.

Einige der bedeutenden Lehren der modernen Portfoliotheorie von Markowitz/Sharpe sind im Folgenden aufgeführt:

- Rendite und Risiko müssen bei Investitionen integriert betrachtet werden.
- Es besteht ein systematisches und ein unsystematisches Risiko.
- Ein Investor kann das systematische Risiko diversifizieren, während das unsystematische Risiko auch von einem gut diversifizierten Investor getragen werden muss. Nur für dieses Risiko kann der Investor eine zusätzliche Rendite verlangen.

2.2.2.2 Die Theorie der „Behavioural Finance“

Die moderne Kapitalmarkttheorie basiert auf der Annahme einer vollkommen rationalen Entscheidungsfindung der Mehrheit der Investoren. In der Praxis hat sich jedoch in vielen Fällen gezeigt, dass das menschliche Verhalten im Bezug auf das Risiko keineswegs durchweg rational geprägt ist. Auf Basis dieser Kritik an der klassischen Lehre des „homo oeconomicus“ hat sich die Verhaltensbezogenen Finanztheorie (Behavioural Finance) entwickelt.[64]

Eine Kernaussage der Theorie besteht darin, dass das Verhalten im Bezug auf einen drohenden Verlust zumeist ein anderes als das gewinnbezogene Verhalten ist. Während Gewinnchancen intuitiv rational beurteilt werden, neigt der Mensch bei drohenden Verlusten zu irrationalen Entscheidungen. In Experimenten wurde festgestellt, dass zur Vermeidung von Verlusten tendenziell ein irrational hohes Risiko eingegangen wird.[65] Das Eingehen eines rational kalkulierten Verlustes wurde in den Versuchen hingegen selten beobachtet. Ein weiterer Ansatz der Behavioural-Finance-Theorie besagt, dass neuen Informationen vielfach ein zu hoher Wert beigemessen wird. Dies wird beispielsweise mit Untersuchungen über das häufig beobachtbare „Overshooting“ von Aktienkursen aufgrund von neuen Meldungen belegt.[66] Ein anderer Zweig der Behavioural-Finance-Theorie beschäftigt sich mit der menschlichen Tendenz zur Verallgemeinerung. Nach der „Theorie der kleinen Zahlen“ werden häufig bereits kleinste Mengen empirischer Beobachtungen als statistisch signifikant angesehen.[67]

Für das Risikomanagement haben die Theorien der „Behavioural Finance“ eine weitreichende Bedeutung. Die Theorien verdeutlichen den Einfluss subjektiver und irrationaler Verhaltensweisen beim Umgang mit Risiken. Systematische Methoden des Risikomanagements

---

[64] Vgl. Karweil 2003, S. 1.
[65] Vgl. Bernstein 1998, S. 272-275; Economist 2004, S. 8.
[66] Vgl. Bernstein 1998, S. 292-296.

können zur Verbesserung der Entscheidungsfindung durch eine Verbreiterung der Informationsbasis und durch eine Objektivierung und Standardisierung der Erfassungs- und Beurteilungsprozesse beitragen.

2.2.3 Risikomanagement

Risikomanagement kann als eine risikobewusste Unternehmensführung definiert werden.[68] Durch Implementierung eines systematischen Risikomanagementansatzes verfügt die Unternehmensführung über Verfahren und Prozesse für eine ausreichende Versorgung von Risikoinformationen für Entscheidungsfindungen. Risikomanagement, verstanden als systematische Risikobehandlung, ist im Grunde kein neues betriebswirtschaftliches Konzept. Als eigenständige Forschungsdisziplin der Managementtheorie hat sich das Risikomanagement jedoch erst in den letzten Jahren verbreitet. Implizit war das Konzept in vielen Theorien des allgemeinen Managements bereits seit längerer Zeit enthalten.[69]

Viele Elemente des Risikomanagements stammen aus dem Bereich der klassischen Finanzierungstheorie und der Praxis der Finanzunternehmen.[70] In den industriellen Sektor wurde das Konzept des Risikomanagements um das Jahr 1930 übertragen, als amerikanische Unternehmen versuchten, ihre Versicherungsprämien zu reduzieren. Als Gegenleistung verlangten die Versicherungen ein systematisches Management der Risiken der Industriefirmen.[71] In der deutschen Literatur wurde das industrielle Risikomanagement bis vor wenigen Jahren vor allem vor dem Hintergrund der Corporate-Governance-Debatte[72] und der hieraus hervorgegangenen rechtlichen Regelungen gesehen. Zunehmend wird jedoch akzeptiert, dass das Risiko vor dem Hintergrund sich globalisierender Kapital- und Gütermärkte eine wichtige Informationsgröße und eine bedeutende interne Steuerungsvariable darstellen kann.[73]

---

[67] Für seine Arbeiten zur Behavioural-Finance-Theorie erhielt der Wissenschaftler David Kahneman 2002 den Nobelpreis der Wirtschaftswissenschaften. Vgl. Erben 2002, S. 43/44.

[68] Vgl. Hahn/Krystek 2000, S. 2656.

[69] Vgl. Meulbroek 2002, S. 56.

[70] Siehe Abschnitt 2.2.2.

[71] Vgl. Reichling 2003, S. 25; Mikus 2001, S. 10.

[72] In der Literatur existiert keine einheitliche Definition für den Begriff der Corporate Governance. Entsprechend einer Definition beschäftigt sich die Corporate Governance mit „den Zusammenhängen zwischen Unternehmensleitung, Leistungskontrolle und Unternehmenserfolg aus Sicht der Anteilseigner“. Vgl. Franz 2000, S. 44. Siehe auch: von Werder 2003, S. 4/5.

[73] Vgl. Franz 2000, S. 51-57; Reichmann 2001, S. 599-601.

2.2.3.1 Volkswirtschaftlicher Hintergrund des Risikomanagements

Der Anstoß zur rechtlichen Diskussion über das Risikomanagement entstammt aus volkswirtschaftlichen Überlegungen. Unternehmenszusammenbrüche sind in einer Marktwirtschaft keine per se schädlichen oder außergewöhnlichen Vorgänge. Sie sind vielmehr ein Bestandteil des natürlichen Erneuerungsprozesses der volkswirtschaftlichen Produktionsstruktur.[74] In der Praxis sind Unternehmenspleiten jedoch häufig mit in der volkswirtschaftlichen Theorie nicht berücksichtigten negativen Folgen verbunden. Abgesehen von den mit dem Arbeitsplatzverlust verbundenen menschlichen Einzelschicksalen führen Unternehmenspleiten vielfach zu unnötiger Kapitalvernichtung.[75] Vor diesem Hintergrund sind auch negative Ausstrahlungswirkungen auf die Kapitalmärkte zu sehen. Krisen großer Unternehmen sind häufig mit sich volkswirtschaftlich negativ auswirkenden Unsicherheiten auf den Finanzmärkten verbunden.[76] In vielen Fällen scheitern Unternehmen nicht wegen fehlender Absatzmärkte und somit durch eine Fehlallokation des Kapitals, sondern aufgrund von einmalig auftretenden Ereignissen oder menschlichen Fehlern. Der volkswirtschaftliche Hintergrund des Risikomanagements besteht darin, diese Fehler, die auch bei potentiell strategisch und operativ erfolgreichen Firmen zu ernsthaften Gefahren führen können, frühzeitig zu vermeiden. Derartige Überlegungen führten in den letzten Jahren zu einer Vielzahl von Regulierungsansätzen zum Betrieb eines systematischen Risikomanagements.[77]

2.2.3.2 Regulatorische Hintergründe des Risikomanagements

Die meisten wichtigen rechtlichen oder regulatorischen Ansätze zum Risikomanagement sind in den letzten 15 Jahren entstanden. Seinen Ursprung findet dieses Thema in der Corporate-Governance-Debatte. Diese kam in Deutschland und anderen Industrienationen aufgrund von sich mehrenden Krisen größerer Finanz- und Industriefirmen in den 90er Jahren auf.[78] Als Reaktion auf diese Unternehmenskrisen wurde in der Literatur verlangt, einen rechtlichen Rahmen für systematische Ansätze zur besseren Unternehmensführung und -überwachung zu setzen. Dieser Anforderung wurde Anfang der 90er Jahre zuerst in

---

[74] Schumpeter spricht von dem Prozess der „Kreativen Zerstörung", bei dem nur die nachhaltig innovativen Unternehmungen überleben. Dieser Prozess führt demnach zu einer Stärkung der gesamten Volkswirtschaft. Vgl. Samuelson/Nordhaus 1987, S. 592/593; Woll 1993, S. 540.

[75] Bei rechtzeitiger Gegensteuerung könnte eine Vielzahl von Unternehmenskrisen verhindert werden. Vgl. Gleißner/Füser 2003, S. 78/79.

[76] Ein Extremfall bestand bei dem Hedgefond „Long Term Capital Management Fonds". Die amerikanische Notenbank Federal Reserve musste eine Stützung durch ein Bankenkonsortium organisieren, um keine weltweite Finanzkrise zu riskieren. Vgl. Lowenstein 2001, S. 185-218.

[77] Vgl. Hommelhoff/Mattheus 2000, S. 7.

[78] Krisen mit großer Öffentlichkeitswirkung traten in den letzten Jahren beispielsweise bei der Metallgesellschaft, Phillipp Holzmann, Baringsbank, Enron oder Schneider auf.

den Vereinigten Staaten mit dem COSO-Report[79] entsprochen. Mit dem Cadbury-Report wurden einige Zeit später auch in England Bestimmungen zu einer systematischen Risikobehandlung in den Unternehmensorganen erlassen.[80] 1998 leistete der deutsche Gesetzgeber einen eigenen Beitrag zum Risikomanagement im Rahmen gesetzlicher Reportinganforderungen. Mit dem Gesetz zur Kontrolle und Transparenz im Unternehmensbereich (KonTraG) wurden Regelungen geschaffen, die dazu dienten, das selbstständige Risikomanagement in Unternehmen anzuregen.[81] Die Inhalte des KonTraG werden in einem separaten Absatz behandelt.

Die bisher stärksten Anforderungen staatlicher Regulierungen bezüglich unternehmerischer Risikoerkennungsmaßnahmen wurden durch den Sarbanes-Oxley Act (SOA) im Jahr 2002 in den USA erlassen. In diesem Gesetz wurden als Reaktion auf die in den Jahren 1999-2002 in den USA aufgetretenen Bilanzskandale die Verantwortungsbereiche sowie die Haftung von Wirtschaftsprüfern, internen Aufsichtsgremien und Vorständen verstärkt. Von der Securities and Exchange Commission (SEC) für den amerikanischen Kapitalmarkt zugelassene Unternehmen müssen demnach ein internes Kontrollsystem aufbauen, welches den Organmitgliedern wesentliche Informationen zu den Vorgängen im Unternehmen und dessen Tochtergesellschaften vermitteln soll. Der Begriff „wesentliche Informationen“ ist nach Sarbanes-Oxley weiter gefasst als nach dem deutschen KonTraG.[82] Insofern ist damit zu rechnen, dass auch Risikoinformationen einen wichtigen Bestandteil dieses Kontrollsystems darstellen.[83] Weitergehend ist die persönliche Haftung der Geschäftsführungsmitglieder von kapitalmarktnotierten Unternehmen. Bei einem Verstoß gegen Sec. 302 SOA können der Chief Executive Officer (CEO) und der Chief Financial Officer (CFO) unter Beweislastumkehr zivilrechtlichen Ansprüchen ausgesetzt sein. Bei einer unzutreffenden Darstellung der Vermögens-, Ertrags- oder Finanzlage droht den Organmitgliedern eine strafrechtliche Verfolgung.[84]

---

[79] In dem Report des Committee of Sponsoring Organizations of the Treadway Commission (COSO) von 1992 wurde eine erweiterte Rolle der Corporate Governance definiert. Insbesondere wurden der in der Praxis in heterogener Weise verwendete Begriff des Internal-Control-Systems und die Komponenten eines derartigen Systems definiert. Vgl. BDI 2001, S. 40.

[80] Vgl. Franz 2000, S. 50/51; Dahya/McConnell/Travlos 2002, S. 461-463; Murtfeld 2003, S. 16/17.

[81] Vgl. Hommelhoff/Matheus 2000, S. 7; Wolf/Runzheimer 2001, S. 18-21.

[82] Vgl. Lanfermann/Maul 2002, S. 1729; Brandt/Hütten 2003, S. 714.

[83] Zumindest Risiken bezüglich der Richtigkeit der Rechnungslegungsdaten müssen dem Vorstand durch das interne Kontrollsystem vermittelt werden. Das interne Kontrollsystem sollte zudem sicherstellen, dass im Rahmen der externen Kommunikation alle wesentlichen Informationen und somit auch Risiken vermittelt werden. Vgl. Kauffmann/Götzenberger 2003, S. 157-161.

[84] Vgl. Lanfermann/Maul 2002, S. 1728-1731; Bourqui/Blumer 2002, S. 20; Brandt/Hütten 2003, S. 716.

Neue Impulse für das Risikomanagement kommen zudem aus dem Bereich der internationalen Bankenaufsicht. Nach den Beschlüssen des Bankenaufsichtsgremiums der Bank for International Settlements[85], Basel II, wird von den Kreditinstituten spätestens ab 2007 eine höhere Transparenz bezüglich ihrer Risikosituation verlangt.[86] Ein Ansatz von Basel II besteht darin, die Eigenkapitalunterlegung von Risikoaktiva stärker risikoorientiert vornehmen zu lassen. Um dieser Anforderung beim Kreditrisikomanagement entsprechen zu können, müssen Banken von ihren industriellen Kunden zusätzliche Risikoinformationen verlangen. Zudem werden von Finanzinstituten Maßnahmen zum Management ihres „Operational Risk“[87] verlangt. Es ist davon auszugehen, dass diese Anforderungen auch Ausstrahlungswirkungen auf den industriellen Sektor haben werden.

Das KonTraG

In diesem Gesetz werden sowohl die Pflichten des Vorstandes als auch die des Aufsichtsrates und des Abschlussprüfers im Bezug auf die Risikoüberwachung erweitert bzw. konkretisiert. § 91 Abs. 2 AktG spezifiziert die Pflichten des Vorstandes. Dieser hat „geeignete Maßnahmen zu treffen, insbesondere ein Überwachungssystem einzurichten, um für den Fortbestand der Gesellschaft gefährdende Entwicklungen früh zu erkennen“.[88] Das Gesetz stellt keine expliziten Anforderungen an die konkrete Ausgestaltung eines entsprechenden Systems. Die Anforderungen an die Ausgestaltung liegen im unternehmerischen Ermessen des Vorstandes, wobei die Angemessenheit des Systems im konkreten Einzelfall von der Rechtsprechung vor dem Hintergrund des Standes in Theorie und Praxis beurteilt werden muss. Im Prüfungsstandard IDW PS 340 konkretisiert das Institut der deutschen Wirtschaftsprüfer die Anforderungen aus dem KonTraG. In diesem Standard wird unter anderem die Beschaffenheit zu installierender Systeme dargestellt.[89] Eine detaillierte Ausgestaltung des Systems wird jedoch auch hier nicht vorgegeben. Parameter, die sich auf eine konkrete Ausgestaltung des Systems auswirken, sind beispielsweise die Branche, die Produktionstechnologien, die Diversifikation und die Unternehmensgröße.[90]

---

[85] Deutsch: Bank für Internationalen Zahlungsausgleich (BIZ).

[86] In Abschnitt 3.1.1.3 sind die Implikationen der neuen Regeln des Basler Ausschuss für Bankenaufsicht (Basel II) für das betriebliche Risikomanagement ausführlicher dargestellt.

[87] Operational Risk, deutsch: Operationelles Risiko, kann entsprechend einer weiten Definition als das Risiko verstanden werden, welches nicht mit Finanzrisiken oder Geschäftsrisiken verbunden ist. Zumeist ist es auf externe Risikofaktoren oder potentielle Prozessfehler innerhalb der Unternehmensorganisation zurückzuführen. Siehe Abschnitt 3.3.2.1.2.

[88] Vgl. Aktiengesetz AktG § 91 Abs. 2.

[89] Vgl. Franz 2000, S 54-56; Gerke 2003, S. 7.

[90] Vgl. Horvath/Gleich 2000, S. 107/108; Henselmann 2001, S. 35-40.

Rückstellungen

Rückstellungen können als ein in das externe Rechnungswesen integriertes Instrument zur Risikovorsorge interpretiert werden. Rückstellungen können definiert werden als „Passivposten, die Wertminderungen der Berichtsperiode als Aufwand zurechnen, die durch zukünftige Handlungen bedingt sind und die deshalb bezüglich ihres Eintretens und ihrer Höhe nicht völlig, aber dennoch ausreichend sicher sind“[91]. In ihrer Eigenschaft, unsichere Verluste zu erfassen, können Rückstellungen demzufolge dem Bereich der Risikobehandlung zugeordnet werden. Dass Rückstellungen jedoch per se kein Element einer Risikoberichterstattung sind, lässt sich aufgrund zweier Sachverhalte vermuten. Die wesentlichen Beweggründe für die Bildung von Rückstellungen liegen nicht in einem Risikoreporting, sondern darin, für eine korrekte Abbildung des Reinvermögens zu sorgen und eine periodengerechte Verlustverbuchung herzustellen.[92] Zudem weisen Rückstellungen eine vergangenheitsbezogene Ausrichtung auf. Das Risikomanagement befasst sich hingegen vor allem mit zukünftigen Entwicklungen.

2.2.3.3 Betriebswirtschaftlicher Hintergrund des Risikomanagements

In der betriebswirtschaftlichen und rechtlichen Theorie wird der Begriff Risiko häufig als eine mögliche negative Abweichung vom erwarteten Zustand definiert.[93] Im allgemeinen Sprachgebrauch kann der Begriff des Risikos in einigen Anwendungsfällen jedoch sowohl eine positive als auch eine negative Abweichungen vom erwarteten Wert umfassen.[94] Diese Interpretation des Risikobegriffs findet auch in der betriebswirtschaftlichen Diskussion zunehmend Zuspruch. Unter den Annahmen des CAPM wird der Begriff des Risikos beispielsweise seit vielen Jahren für positive und negative Abweichungen vom erwarteten Zustand verwendet. Zumindest wird heute gefordert, den Begriff des Risikos bei einer rein negativen Verwendung (potentielle negative Abweichung) integriert mit dem Begriff der Chance (potentielle positive Abweichung) zu betrachten.[95] Dies wird dadurch begründet, dass gute Unternehmensführung gerade darin besteht, durch das Eingehen von kalkulierten Risiken hohe Gewinne zu erzielen. Risikomanagement bedeutet demnach nicht das Vermeiden jeglicher Risiken. Risikomanagement sollte hingegen dazu führen, umfassende Risikoinformationen in die individuellen Entscheidungsprozesse einzubeziehen.[96]

---

[91] Vgl. Coenenberg 2001, S. 343.

[92] Vgl. Busse von Colbe/Pellens 1998, S. 616.

[93] Vgl. Franz 2000, S. 52. Diese Definition ist vielfach auf eine Interpretation des Begriffes „Risiko“ als Ereignisrisiko zurückzuführen.

[94] Bei einem „risikoreichen Spiel“ können beispielsweise hohe Beträge gewonnen, aber auch verloren werden.

[95] Beispielsweise wird in DRS 5.27 vorgeschlagen, im Risikobericht auch Chancen aufzuführen. Eine Verrechnung mit den Risiken darf entsprechend DRS 5.26 nicht erfolgen.

[96] Vgl. Weber/Weißenberger/Liekweg 2001, S. 49/50.

Insbesondere vor dem Hintergrund des KonTraG wird Risikomanagement in der deutschen Literatur häufig als Instrument zur Vermeidung von bestandsgefährdenden Unternehmenskrisen beschrieben.[97] Nach diesem Ansatz wird das Risikomanagement vielfach als ein Instrument zur Vermeidung von Extremrisiken gesehen. Der Nutzen eines Risikomanagementsystems kann jedoch weiter gesehen werden. Insbesondere im Rahmen einer wertorientierten Unternehmensführung können Risikoinformationen einen effektiven Beitrag zu effizienten und am Investoreninteresse ausgerichteten Managemententscheidungen leisten.[98]

Das wertorientierte Management lässt sich kurz als nachhaltige Optimierung des Eigentümerwertes des Unternehmens definieren.[99] In den letzten Jahren wurde dieses Konzept zunehmend in den Steuerungsmechanismen größerer, insbesondere kapitalmarktnotierter Unternehmen eingesetzt.[100] Die Grundidee des Konzeptes ist einfach. Es soll lediglich in Objekte investiert werden, deren periodenübergreifende Verzinsung über den risikoadjustierten Kapitalkosten liegt.[101] Risikokalküle bilden einen zentralen Bestandteil des wertorientierten Managements. Detaillierter werden die Ansätze des wertorientierten Managements in Abschnitt 3.1.1 dargestellt. In Kapitel 4 dieser Arbeit wird zudem untersucht, inwiefern die Risikodefinitionen und Risikovariablen des wertorientierten Managements in ein unternehmensinternes Risikoinformations- und Managementsystem übertragen werden können.

Eine in der Literatur diskutierte, eng mit dem im letzten Abschnitt beschriebenen wertorientierten Management verbundene Frage bezieht sich auf den Wert, den die Aktivitäten des Risikomanagements für die Aktionäre schaffen. Nach zwei auf der neoklassischen Finanztheorie aufbauenden Ansätzen kann Risikomanagement den Wert des Unternehmens für die Aktionäre nicht steigern, teilweise jedoch vermindern. Ein Ansatz basiert auf einer Interpretation des Eigenkapitals als Option. Eigenkapital kann als eine Call Option auf den Wert der Differenz des Vermögens und der Schulden eines Unternehmens interpretiert werden.[102] Der Wert der Option wächst nach der bei der Optionsbewertung zumeist eingesetzten Black/Scholes-Formel mit einer steigenden Varianz der Unternehmensresultate. Im

[97] Vgl. Gleißner 2001a, S. 13.

[98] In diesem Fall wird Risikomanagement nicht nur für die Abwendung von Extremrisiken verwendet. Informationen des Risikomanagements werden hingegen für eine Vielzahl von Entscheidungen hinzugezogen.

[99] Vgl. Krammer/Sinn/Weiß/Wieandt 2001, S. 1446; Arbeitskreis Finanzierung der Schmalenbach-Gesellschaft 1996, S. 545.

[100] Mit ansteigender Tendenz setzt heute die Mehrheit der DAX-Unternehmen eine wertorientierte Steuerung ein. Vgl. Ruhwedel/Schultze 2002, S. 621; Aders/Hebertinger 2003, S. 6.

[101] Die Definition einer Investition entspricht hier nicht der der Rechnungslegung, sondern einer am Cash Flow orientierten Sichtweise. Auch ein Aufbau von Vertriebsstrukturen, der entsprechend der externen Rechnungslegung nicht aktiviert werden kann, wird nach dieser Sichtweise als eine Investition gesehen. Den momentanen Zahlungsabgängen stehen erwartete zukünftige Zahlungseingänge gegenüber.

[102] Vgl. Mascarenas 1999, S. 41-44; Steiner/Heinke 1996, S. 596/597.

Falle eines maximalen Verlustes ist die zu tragende Verlustmenge der Eigenkapitalgeber beschränkt. Im Fall eines hohen Gewinnes erhalten die Eigenkapitalgeber hingegen den größten Teil des Ertrages, während das Gewinnpotential der Fremdkapitalgeber unverändert bleibt. Nach diesem Theorieansatz kann Risikomanagement den Wert des Eigenkapitals vermindern, wenn es die Schwankungsbreite der Unternehmensresultate reduziert. Auch entsprechend einem zweiten in der Literatur häufig aufgeführten Ansatz der modernen Finanztheorie kann der Wert des Risikomanagements in Frage gestellt werden. In der Literatur wird argumentiert, dass das Risikomanagement lediglich das unsystematische Risiko vermindert und sich nicht auf das systematische Risiko[103] auswirkt.[104] Da das unsystematische Risiko nach dem CAPM diversifiziert werden kann und von den Investoren nicht in die Bewertung einbezogen wird, kann gefolgert werden, dass den Aufwendungen für das Risikomanagement kein Wert für die Eigenkapitalgeber gegenübersteht.[105]

Dass das Risikomanagement in der Praxis trotz der im letzten Absatz aufgeführten Faktoren Wert für die Aktionäre erzeugen kann, ist auf verschiedene nicht zutreffende Annahmen der beschriebenen Ansätze der Finanztheorie zurückzuführen. Dem Ansatz der Optionstheorie des Eigenkapitals kann entgegnet werden, dass das Vertrauen der Fremdkapitalgeber dauerhaft ein wesentliches Element für die Steigerung der Eigenkapitalrendite darstellt. Somit besteht lediglich in Extremfällen, wie bei einer bevorstehenden Insolvenz, eine praktische Relevanz der Aussagen der Optionstheorie des Eigenkapitals.[106] Als Antwort auf die These der Irrelevanz des Risikomanagements[107] werden in der Literatur unterschiedliche positive Wirkungszusammenhänge zwischen dem Risikomanagement und dem Wert eines Unternehmens aufgezeigt. Zum einen kann ein in der Finanztheorie vernachlässigter steuerlicher Effekt aufgeführt werden. Bei den in der Praxis vorherrschenden progressiven Steuersystemen führt eine Glättung der Gewinne zu einer Verringerung der Steuerbelastung im Vergleich zu einem Fall ohne Risikomanagement mit stärker schwankenden Gewinnen. Eine in der Praxis fehlerhafte Annahme der klassischen Finanztheorie besteht zudem in der

---

[103] Die Konzepte des systematischen und des unsystematischen Risikos werden in Abschnitt 4.2.2 dargestellt.

[104] Vgl. Amit/Wernerfelt 1990, S. 520/521; Meulbroek 2002, S. 57-59. Die Ansätze des Risikomanagements beziehen sich vielfach auf die unternehmensindividuellen Risikofaktoren. Systematische Risikofaktoren, wie die Konjunkturabhängigkeit des Kerngeschäfts, werden häufig nicht betrachtet.

[105] Dieser Theorieansatz entstammt aus dem Miller/Modigliani-Ansatz der Irrelevanzthesen aus den 60er Jahren. Entsprechend diesem Ansatz wird der Wert eines Unternehmens weder durch Entscheidungen der Verschuldung, der Dividendenausschüttung noch durch Maßnahmen des Risikomanagements beeinflusst. Vgl. Chew 2002, S. 2; Francfort/Rudolph 1992, S. 1059-1061.

[106] Aufgrund von Entwicklungen, wie dem Rating, spezialisierten Vertragsgestaltungen bei Krediten oder einer variablen Verzinsung von Krediten, bestehen in der Praxis wenig Möglichkeiten, den Wert des Eigenkapitals auf Kosten der Fremdkapitalgeber zu erhöhen.

[107] Siehe Fußnote 105.

Vernachlässigung der mit Unternehmenskrisen verbundenen Kosten.[108] Diese Kosten können durch das Risikomanagement reduziert werden. Ein drittes Argument stellt die effizientere Entscheidungsfindung dar. Nur durch eine integrierte Berücksichtigung von Risiken können bezüglich der individuellen Wertschöpfung eines Unternehmens optimierte und somit wertorientierte Entscheidungen getroffen werden.[109]

2.2.4 Die Ausgestaltung eines Risikomanagementsystems

2.2.4.1 Das „Framework" des Risikomanagements

Ein Risikomanagement ist keine klar abgrenzbare funktionale Einheit. Es stellt eine Art Managementphilosophie dar und sollte dementsprechend umfassend in die Unternehmensstrukturen integriert werden. Dabei ist es wichtig, dass der Prozess von der obersten Unternehmensführung getragen wird. Das Risikomanagement sollte nicht als kurzfristige Initiative, sondern als integrativer Bestandteil des Führungsprozesses begriffen werden.[110] Vor der detaillierten Ausgestaltung des Systems sollte sich die Unternehmung über den Rahmen und die strategische Bedeutung des Systems bewusst werden. Dies geschieht insbesondere durch die Ausarbeitung und Implementierung eines Frameworks für das Risikomanagementsystem. In diesem Framework sollte die Unternehmensführung Grundsätze des Risikomanagements unternehmensweit festlegen.[111] In der Konzipierungsphase eines „Risikomanagementframeworks" sollten unter anderem die folgenden Aspekte beachtet werden:[112]

- Ziele des Risikomanagements
- Risikopolitik
- Festlegung der wichtigsten Prozesse
- Grundlegende Verantwortlichkeiten

Die Erörterung dieser grundlegenden Felder gibt den Rahmen für eine spätere detaillierte Festlegung der Prozesse des Risikomanagementsystems vor.

---

[108] Vgl. Gay/Nam/Turac 2002, S. 83. Bereits das Gerücht einer Krise kann für Unternehmen mit negativen Folgen behaftet sein. Der Vertrauensverlust (das Reputationsrisiko) kann sich signifikant auf die finanziellen Unternehmensresultate auswirken. Siehe auch: Amit/Wernerfelt 1990, S. 529/530; Economist 2004, S. 21.

[109] Vgl. Glaum 2002, S. 4-8. Entgegen den Annahmen des neoklassischen Finanzmodells besteht für Investoren keine einfache Möglichkeit, das grundlegende systematische und unsystematische Risiko zu messen und in den Anlageentscheidungen zu berücksichtigen. Demzufolge sollte das Management für die Erfassung, gezielte Steuerung und Kommunikation des Risikos sorgen. Vgl. Meulbroek 2002, S. 58; Economist 2004, S. 21. Siehe Abschnitt 4.3.3.

[110] Vgl. Heinze/Kullmann 2002, S. 137/138.

[111] Vgl. Graf 2002, S. 147/148; Wittmann 2000, S. 796/797. Siehe zudem: Credit Suisse 2002, S. 42-45.

2.2.4.2 Der Prozess des Risikomanagements

In der Literatur wird weitgehend einheitlich vorgeschlagen, dass sich das Risikomanagement in die Teilprozesse Risikoanalyse, Risikoplanung/-steuerung und Risikoüberwachung untergliedern sollte. Unterstützt werden diese Prozesse von einem in die Konzernhierarchie integrierten Risikoreporting. (Siehe Abbildung 2)

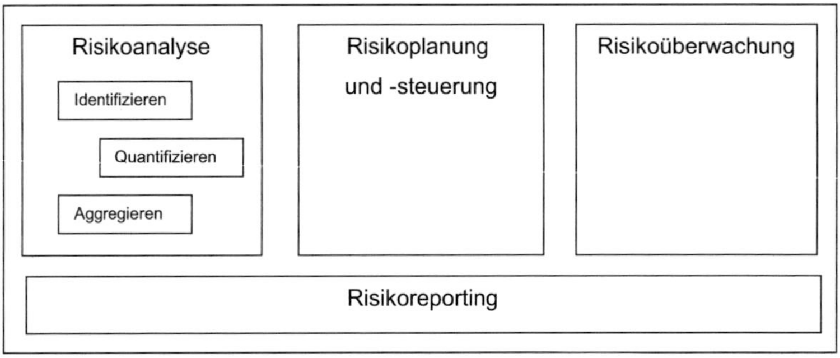

Abbildung 2: Prozess des Risikomanagements[113]

Im Folgenden werden die einzelnen Schritte des Risikomanagements dargestellt.[114] Diese Schritte müssen in der Praxis nicht streng in der beschriebenen zeitlichen Reihenfolge ablaufen. Die dargestellte Gliederung ermöglicht jedoch in der theoretischen Analyse eine systematische Strukturierung der Prozesse des Risikomanagements.

Risikoerfassung und -analyse

Der logisch erste Schritt eines Risikomanagementsystems besteht in der systematischen Erfassung der im Unternehmen bestehenden Risiken. Hierbei sollten alle potentiell schwer wiegenden Risiken und deren Ursachen ermittelt werden. In der Literatur wird häufig der Begriff eines Risikoinventars verwendet. Hierunter wird eine Erhebung relevanter aktueller, zukünftiger, potentieller und theoretisch denkbarer Risiken verstanden.[115] Zudem kann im Rahmen der Risikoidentifikation eine Klassifizierung der Risiken in verschiedene Risikoarten vorgenommen werden. Die in der Literatur aufgeführten Risikokategorien sind uneinheitlich.

---

[112] Vgl. Hoffman 2002, S. 20-24.

[113] Vgl. Horvath/Gleich 2000, S. 110.

[114] Das Risikoreporting wird in diesem Abschnitt nicht beschrieben. In den Kapiteln 4-6 dieser Arbeit wird auf Prozesse der Risikoberichterstattung eingegangen.

[115] Vgl. Burger/Buchhart 2002, S. 31.

Im Rahmen einer groben Klassifikation wird zwischen internen und externen, erfolgs- und liquiditätswirksamen und zwischen operativen und strategischen Risiken unterschieden.[116]

Die Risikoerfassung kann in Bottom-Up- oder Top-Down-Prozessen erfolgen. Bei einer Top-Down-Identifikation werden die Risiken auf hoher Aggregationsebene erfasst. Tendenziell bezieht sich die Erfassung im Rahmen eines Top-Down-Prozesses auf die bedeutenden Portfolio- und Strukturrisiken eines Unternehmens. Die Erfassung kann beispielsweise auf Basis von standardisierten, intuitiv-subjektiven Verfahren erfolgen.[117] Bei der Bottom-Up-Erfassung wird das in der Organisation vorhandene Wissen genutzt. Hierbei sollten standardisierte und systematische Methoden zur Erfassung der unterschiedlichen Risiken im Unternehmen eingesetzt werden.[118] In der Literatur werden beispielsweise Checklisten, Workshops, statistische Schadensanalysen, Dokumentenanalysen oder Benchmarkingverfahren als Methoden der Risikoerfassung vorgeschlagen.[119]

Risikobewertung und -aggregation

Bei der Risikobewertung wird versucht, die wirtschaftliche Bedrohung des Unternehmens oder einzelner Unternehmensbereiche durch Einzelrisiken oder durch Gruppen von Risiken zu messen. Wie bei der Erfassung von Risiken sollten auch bei der Bewertung möglichst standardisierte Prozesse eingesetzt werden. Wenn möglich sollte die Bewertung auf monetärer Basis erfolgen.[120] Aufgrund der Unsicherheiten bei der Quantifizierung werden in der Praxis häufig qualitative Maßstäbe verwendet.[121]

Unter der Aggregation von Risikoinformationen wird ein Verdichtungsprozess verstanden. Im Rahmen dieses Prozesses werden die Risikobewertungen auf verschiedenen Hierarchiestufen, beispielsweise auf der Betriebs-, Unternehmens- oder Konzernebene, zusammengefasst. Die Bewertung und Aggregation von Risiken wird in den folgenden Kapiteln dieser Arbeit detailliert dargestellt.[122]

[116] Vgl. u. a. Hölscher 2002, S. 5/6; Heinze/Kullmann 2002, S. 129; Kajüter 2001b, S. 107; Kajüter/ Winkler 2003, S. 220; Schierenbeck/Lister 2002, S. 183. In dieser Arbeit wird eine Aufteilung von Risikoarten in die Klassen der Finanzrisiken, der operationellen Risiken und der Geschäftsrisiken verwendet. Siehe Abschnitt 3.3.2.1.

[117] Standardisierte Verfahren der Top-Down-Risikoerfassung stellen beispielsweise die Delphi-Technik oder eine systematische Szenarioanalyse dar. Vgl. Wolf/Runzheimer 2001, S. 37/38.

[118] In den folgenden Kapiteln dieser Arbeit wird detailliert auf Top-Down- bzw. Bottom-Up-Risikoerfassungsmethoden und -aggregationsverfahren eingegangen.

[119] Vgl. u. a. Romeike 2003a, S. 173-178; Hölscher 2002, S. 13; Saitz 1999, S. 89.

[120] Vgl. Erben/Romeike 2001, S. 289.

[121] Im Rahmen der Risikobewertung können teilweise die gleichen Instrumente wie bei der Risikoerfassung eingesetzt werden. Es bieten sich beispielsweise Workshops an.

[122] Kapitel 4-6 befassen sich mit Aggregation von Risiken. Implizit werden auch Bewertungsverfahren berücksichtigt.

Risikosteuerung

Der Zweck eines Risikomanagementsystems besteht darin, der Unternehmensführung eine aktive Gestaltung des Risikoexposures zu ermöglichen. Die Unternehmensführung soll in die Lage versetzt werden, die Risikosituation des Unternehmens zu verstehen und aktiv zu steuern. Simons beschreibt die Risikosteuerung als das Brems- und Sicherheitssystem der Unternehmensführung.[123] Während das Ergebniscontrolling vielfach auf das Wachstum ausgerichtet ist, dient das Risikomanagement dazu, die Aufmerksamkeit auf potentielle Gefahren zu lenken und somit bessere Kontrollmöglichkeiten zu eröffnen. In der Literatur werden zumeist die Alternativen der Risikovermeidung, Risikominderung, Risikoüberwälzung und Risikoakzeptanz als systematische Methoden der gezielten Risikosteuerung vorgeschlagen. Teilweise wird zudem die Strategie der Risikodiversifikation aufgeführt.[124]

Unter Risikovermeidung wird eine Strategie verstanden, die auf die komplette Beseitigung einer bestimmten Risikoart aus dem Risikoportfolio eines Unternehmens ausgerichtet ist. Im Rahmen einer Vermeidungsstrategie kann beispielsweise ein Austritt aus bestimmten Märkten oder die Eliminierung risikoreicher Prozesse aus den Unternehmensaktivitäten erfolgen.

Bei einer Risikominderungsstrategie werden Maßnahmen ergriffen, um die Eintrittswahrscheinlichkeit oder das Schadensausmaß eines Risikos zu reduzieren. Beispiele stellen zusätzliche Kontrollen kritischer Prozesse oder Sicherheitsvorkehrungen dar.

Bei der Risikoüberwälzung wird das Risiko vom Unternehmen auf andere Wirtschaftseinheiten übertragen. Als Beispiel für eine Risikoüberwälzung kann eine Versicherung aufgeführt werden. Auch das Hedging finanzieller Risiken kann als eine Überwälzung von Risiken auf andere Marktteilnehmer interpretiert werden.

Unter der Risikoakzeptanz wird das bewusste Eingehen von Risiken verstanden.[125] Der Grund für die Übernahme des Risikoexposures kann in einer hohen Entschädigung für ein eingegangenes Risiko bestehen. Weiterhin kann es ökonomisch sinnvoll sein, auf eine Absicherung zu verzichten, wenn die Eintrittswahrscheinlichkeit für ein Risiko als gering einzuschätzen ist oder die Absicherungskosten in einem überproportionalen Verhältnis zu den potentiellen Schadenskosten stehen.[126]

---

[123] Vgl. Simons 2000, S. 275.

[124] Vgl. Romeike 2003b, S. 236; Lischke/Kirner 2000, S. 47; Buderath/Amling 2000, S. 144-146, Horvath 2002, S. 783; Wolf/Runzheimer 2001, S. 75-80.

[125] Letztendlich fällt jegliche unternehmerische Tätigkeit unter diese Kategorie der Risikobehandlung.

Im Rahmen der Strategie der Risikodiversifikation ist ein Unternehmen bestrebt, sein bestehendes Risikoportfolio über viele, möglichst unkorrelierte Einzelrisiken zu streuen.[127] Statistisch besteht somit eine geringe Wahrscheinlichkeit, dass sich viele der Risiken gleichzeitig realisieren.

Risikodokumentation

Das Ziel des Prozessschrittes der Dokumentation besteht darin, die Informationssicherheit bezüglich der aktuellen sowie der vergangenen Risikosituationen zu gewährleisten. Die Risikodokumentation hat sowohl im Rahmen der internen als auch der externen Prozesse des Risikomanagements eine hohe Bedeutung. Im Rahmen der externen Berichterstattung sowie der Erfüllung externer regulatorischer Anforderungen ist eine zuverlässige Dokumentation der erfassten und verarbeiteten Risikoinformationen für die Gewährleistung von weitgehender Rechtssicherheit unerlässlich.[128] Für interne Zwecke wird eine Risikodokumentation für den Aufbau und Betrieb einer Datenbasis benötigt. Die Datenbasis bildet die Grundlage für ein effizientes Risikosteuerungssystem.[129]

2.2.5 Organisatorische Aspekte des Risikomanagements

Wie bei weiteren in diesem Kapitel aufgeführten Aspekten des Risikomanagements existiert in der Literatur auch bezüglich der organisatorischen Ansiedlung des Risikomanagements keine einheitliche Meinung. Die koordinatorische Leitungsfunktion des Risikomanagements wird zumeist beim Controlling, bei einem Komitee oder bei einer eigenständigen Organisationseinheit gesehen. Aufgrund des umfassenden Ansatzes des Risikomanagements werden dessen Aufgaben zwangsläufig arbeitsteilig von unterschiedlichen Organisationseinheiten durchgeführt. Die Gewichtung der unterschiedlichen Organisationseinheiten bestimmt die spezielle Ausrichtung und Fokussierung des Risikomanagements.[130]

---

[126] Im Rahmen der wertorientierten Unternehmensführung muss beurteilt werden, ob die Ertragserwartungen eines Projektes über den Risikokosten liegen. Siehe Abschnitt 3.1.1.

[127] Vgl. Reichling 2003, S. 28. Für eine derartige Strategie müssen verlässliche Informationen zu den Korrelationen zwischen den einzelnen Risiken vorliegen.

[128] Für die Einhaltung der Anforderungen des Sarbanes-Oxley Act oder des KonTraG sind beispielsweise erhebliche Schritte der Dokumentation erforderlich. Vgl. Kauffmann/Götzenberger 2003, S. 158-161; Brandt/Hütten 2003, S. 714-716.

[129] Siehe Abschnitt 5.2.3. Bei Banken werden beispielsweise zunehmend interne Verlustdatenbanken für das Management von operationellen Risiken aufgebaut. Siehe Abschnitt 5.1.2.4.

Linienmanagement

Die übergreifende Koordination des Risikomanagements wird zumeist von Stabs- oder Konzernabteilungen vorgenommen. Aufgrund der Nähe zu den operativen Kernvorgängen einer Unternehmung werden weite Teile der verrichtungsorientierten Risikomanagementprozesse jedoch von operativen Linienfunktionen getragen.[131] Bei Bottom-Up-Prozessen des Risikomanagements erfolgt in den operativen Unternehmensebenen ein Großteil der Tätigkeiten der Risikoidentifikation und -bewertung. Das Linienmanagement ist somit ein wichtiger operativer Träger des Risikomanagements. Um Akzeptanz für das Risikomanagement zu schaffen, sollte das Linienmanagement aktiv in die Ausgestaltung eines Risikomanagementsystems einbezogen werden.

Risikomanagementkomitee

Von vielen Autoren wird vorgeschlagen, ein ständiges Komitee zur Steuerung des Prozesses des Risikomanagements einzurichten.[132] Diesem sollten neben einem Mitglied der Geschäftsleitung und dem Finanzleiter auch ranghohe Mitglieder der weiteren Unternehmenseinheiten angehören. Das Risikokomitee trifft die übergeordneten risikopolitischen Entscheidungen. Als Knotenpunkt des Risikomanagements sollte es zudem sämtliche Prozesse des Risikomanagements koordinieren. Zudem hat das Risikomanagementkomitee die Wirksamkeit der installierten Prozesse des Risikomanagements zu überprüfen.[133]

Eigenständige Organisationseinheit

Es besteht weiterhin die Möglichkeit, eine eigenständige Stelle oder Abteilung für die Aufgaben des Risikomanagements einzurichten.[134] Eine derartige Abteilung kann sowohl für koordinierende als auch ausführende Tätigkeiten eingesetzt werden. Ein Vorteil einer derartigen Lösung besteht darin, dass sich aufgrund der Konzentration von Ressourcen und der Spezialisierung komplexere Lösungen des Risikomanagements entwickeln können. Nachteile bestehen in dem zusätzlichen Ressourceneinsatz und dem entstehenden Abstimmungsaufwand.[135]

---

[130] Vgl. Burger/Buchhart 2002, S. 262-264; Pfennig 2000, S. 1308-1310; Reichmann/Diederichs 2003, S. 230. Das Management von Finanzrisiken wird vielfach in den Treasury-Abteilungen durchgeführt. Diese Funktion wird im Folgenden nicht aufgeführt.

[131] Vgl. Wolf/Runzheimer 2001, S. 136.

[132] Vgl. Kendall 1998, S. 51-71; Reichmann 2001, S. 619. Bei der RAG existiert ein vergleichbarer Risikomanagement-Lenkungsausschuss. Vgl. Heinze/Kullmann 2002, S. 137.

[133] Insbesondere bei Finanzinstituten ist die Implementierung der steuernden Funktion des Risikomanagements im Rahmen eines eigenständigen Komitees weit verbreitet. Vgl. Deutsche Bank 2003, S. 196/197; Credit Suisse 2002, S. 46/47; Kendall 1998, S. 52-55.

[134] Vgl. Mott 2001a, S. 214/215; Wittmann 2000, S. 801.

Controlling

In der Literatur wird vielfach das Controlling als ein maßgeblicher Träger des betrieblichen Risikomanagementsystems betrachtet.[136] Das Controlling kann sowohl eine Gesamtkoordination übernehmen als auch nur für bestimmte Teilprozesse eingesetzt werden. Das Controlling verfügt über die Ressourcen, um ein unternehmensweites Abbild der geschäftlichen Leistungen und Risiken zu erstellen.[137] In Unternehmen, in denen das Controlling einen maßgeblichen Einfluss auf den Risikomanagementprozess ausübt, wird dieser eher extern und an finanziellen Zielgrößen orientiert sein.

Interne Revision

Die Aufgabe der internen Revision besteht darin, die Prozessabläufe im Unternehmen auf Ordnungsmäßigkeit, Zweckmäßigkeit, Rechtmäßigkeit und Wirtschaftlichkeit zu überprüfen und die Ergebnisse an die Unternehmensführung zu berichten.[138] Aufgrund ihrer Unabhängigkeit und ihrer Kompetenz als prozessbezogene Überwachungsinstitution wird in unterschiedlichen Beiträgen vorgeschlagen, die interne Revision an der Koordination des Risikomanagements zu beteiligen.[139] Bei einem „revisionslastigen" Risikomanagement wird tendenziell die Bedeutung von Prozessrisiken betont.

---

[135] Vgl. Burger/Buchhart 2002, S. 268-270; Müller 2000, S. 1095/1096.
[136] Vgl. Lischke/Kirner 2000, S. 45.
[137] Insbesondere auf Basis der Ressourcen des Berichtswesens sowie des Rechnungswesens besteht im Controlling eine Infrastruktur, um Informationen konzernweit zu erfassen und zu bündeln. Vgl. Reichmann 2001, S. 621/622; Pfenning 2000, S. 1309.
[138] Vgl. Wittmann 2000, S. 802.
[139] Vgl. u. a. Horvath 2002, S. 779-784; Lück/Henke/Gaenslen 2002, S. 230-232; Wolf/Runzheimer 2001, S. 91-93.

3 Aggregation von Risikoinformationen

3.1 Hintergründe der Aggregation von Risikodaten

In Abbildung 3 sind verschiedene Tendenzen aufgezeigt, die in der betrieblichen Praxis eine steigende Nachfrage nach aggregierten Risikoinformationen generieren. Die Wirkungen dieser Tendenzen im Hinblick auf betriebliche Risikoaggregationssysteme werden in den folgenden Abschnitten beschrieben.

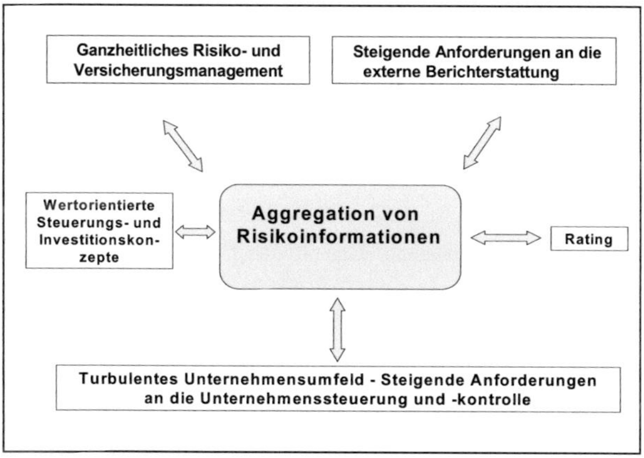

Abbildung 3: Entwicklungen im Hinblick auf die Risikoaggregation

3.1.1 Wertorientierte Steuerungs- und Investitionskonzepte

Der Kapitalmarkt verlangt von den Unternehmen zunehmend eine wertorientierte Kapitalallokation. Außer für Vorgänge der Investitionsbewertung werden wertorientierte Methoden der Kapitalallokation auch für interne operative Steuerungsprozesse eingesetzt.[140] Studien zeigen, dass die Mehrzahl der großen deutschen Unternehmen heute wertorientierte Steuerungskonzepte verwendet.[141] Im Rahmen dieser Konzepte spielen Risikokalküle eine bedeutende Rolle. Aggregierte intern ermittelte Risikogrößen können als Parameter in die wertorientierten Steuerungsmechanismen integriert werden. Realistische Risikoparameter können die Kapitalallokationsfunktion wertorientierter Konzepte deutlich verbessern.

[140] Vgl. Arbeitskreis Finanzierung der Schmalenbach-Gesellschaft 1996, S. 546.
[141] Vgl. Ruhwedel/Schultze 2002, S. 621; Aders/Hebertinger 2003, S. 6.

3.1.1.1 Risikokalküle in Investitions- und Desinvestitionsentscheidungen

Der in der Literatur vorherrschenden Theorie zufolge sollte jede Investition unter Verwendung des Discounted-Cash-Flow-Verfahrens (DCF) oder verwandter dynamischer Investitionsrechenverfahren beurteilt werden. Nach diesen Methoden werden die aus der Investition zu erwartenden periodischen Zahlungsunter- und Überschüsse diskontiert und aus deren Summe der Barwert als Beurteilungsgröße ermittelt. Neben der Abschätzung der Zahlungsbewegungen ist die Ermittlung des Zinssatzes als die zentrale Schwierigkeit der Kapitalwertbestimmung zu sehen. In der Literatur wird vielfach vorgeschlagen, dass der Diskontierungszins neben dem allgemeinen Zinsniveau einer Volkswirtschaft das Investitionsrisiko der speziellen Investition wiedergeben sollte.[142] Nach abweichenden Meinungen sollte der Zinssatz auf Höhe der Kapitalkosten des Unternehmens oder der allgemeinen risikolosen Marktrendite festgelegt werden.[143]

Wie im letzten Absatz beschrieben, sollte entsprechend einer in der Literatur weit verbreiteten Meinung das Risiko einer Investition durch den Diskontierungszinssatz berücksichtigt werden. Neben dem risikofreien Marktzinssatz[144] sollte dieser eine objektspezifische Risikokomponente beinhalten. Für die Ermittlung des zurechenbaren Risikoanteils eines Investitions-/Desinvestitionsobjektes können das Risikomanagement bzw. die Risikoaggregation einen wichtigen Beitrag leisten.[145] Für die Bestimmung des Risikofaktors werden auf eine Zahl verdichtete Risikoinformationen benötigt. Diese können durch entsprechende Methoden der Risikoaggregation bereitgestellt werden.

Das zentrale Controlling internationaler Konzerne nimmt zunehmend die Funktion einer Art „Stockbroker“ ein.[146] Es lenkt die Unternehmenseinheiten nach finanziellen Vorgaben und unterstützt das Management bei strategischen Entscheidungen. Portfolioentscheidungen sind insbesondere vor dem Hintergrund der zunehmenden operativen Dezentralisierungstendenzen ein elementarer Bestandteil der Leistung des Topmanagements. Für die Entscheidungsunterstützung im Rahmen von strategischen Portfolioentscheidungen ist es demzufol-

---

[142] Vgl. u. a. Fama 1977, S. 22/23; Brealey/Myers 2000, S. 221-223; Dresel 2000, S. 586/597.

[143] Es wird argumentiert, dass aufgrund der Vielzahl von Anforderungen an den theoretisch „richtigen“ Zinssatz der Investitionsbewertung in der Praxis eine Näherungslösung verwendet werden muss. Vgl. Perridon/Steiner 2002, S. 86-89; Garrison/Noreen 2000, S. 673.

[144] Der risikofreie Marktzinssatz eines Landes wird zumeist auf der Basis von Staatsanleihen gemessen. Er beinhaltet das systematische Risiko eines Landes bzw. eines einheitlichen Währungsgebietes. Der Theorie zufolge sollte der Zeithorizont des Zinses von der Investitionsdauer abhängen.

[145] Entgegen dem theoretisch richtigen Vorgehen werden in der Praxis aufgrund der Schwierigkeit der Ermittlung des investitionsspezifischen Risikos häufig pauschale Risikozinsen für alle Investitionen eines Konzerns oder einzelner Geschäftsfelder eingesetzt.

[146] Siehe Abschnitt 2.1.6.

ge von Vorteil, wenn das Controlling qualitativ hochwertige aggregierte Risikoinformationen bezüglich einzelner Unternehmenssegmente oder Tochtergesellschaften bereitstellen kann. Diese können als Teilinformationen im Rahmen von Portfoliobewertungsverfahren verwendet werden.

3.1.1.2 Risikokalküle der wertorientierten Unternehmensführung

Nach dem ursprünglich von Rappaport in die wissenschaftliche Diskussion eingebrachten Shareholder-Value-Konzept wird das Verfahren des DCF von dem ursprünglichen Zweck der Investitionsbewertung auf die Steuerung eines Unternehmens übertragen.[147] Die primäre Zielsetzung eines Unternehmens wird in der Maximierung des Eigenkapitalwertes und demnach in der Maximierung des Barwertes der zukünftigen, von Fremdfinanzierungseffekten bereinigten Unternehmensüberschüsse gesehen.[148] Wertorientierte Steuerungskonzepte übertragen diese Zielsetzung der Unternehmenswertmaximierung auf die Unternehmenssteuerungsebene. Dem Management werden finanzielle Steuerungsgrößen zur Verfügung gestellt, die implizit die wertorientierte Relation des Ertrages zu den risikoreagiblen Kapitalkosten berücksichtigen. Einen elementaren Parameter der Konzepte stellt demnach die von der Risikosituation abhängige geforderte Kapitalverzinsung dar. In den wertorientierten Steuerungskonzepten werden diese über die buchhalterischen Kosten hinausgehenden, risikoabhängigen Ertragsansprüche implizit berücksichtigt und von den intern ausgewiesenen Gewinngrößen abgezogen.[149]

Weitgehend wird in der Praxis und der Literatur das Capital Asset Pricing Model (CAPM) als die praktikabelste Methode der Ermittlung der geforderten Eigenkapitalverzinsung gesehen.[150] Mit dem aus diesem Modell ermittelten Eigenkapitalkostensatz und den Fremdkapitalkosten können die Gesamtkapitalkosten des Unternehmens ermittelt werden. Um nach den wertorientierten Konzepten Wert zu schaffen, muss ein Unternehmen die operative Kapitalrendite zumindest über die Höhe der Gesamtkapitalkosten steigern. Anzumerken ist, dass die wertorientierte Unternehmensführung ein periodenübergreifendes Konzept darstellt. Ein Unternehmen sollte nicht kurzfristig die Rendite auf Kosten zukünftiger Ergebnisse steigern.

---

[147] Vgl. Rappaport 1999, S. 39-60.

[148] Anzumerken ist, dass dem Standard-DCF-Konzept aus finanzierungstheoretischer Sicht einige vereinfachende Annahmen zugrunde liegen. Beispielsweise wird die Fiktion einer Vollausschüttung der in die Wertkalkulation einbezogenen Cash Flows vorausgesetzt. Vgl. u. a. Mengele 1999, S. 20.

[149] In der Literatur häufig dargestellte Ansätze sind beispielsweise der Economic Profit, der EVA/CVA oder der CFROI. Vgl. z. B. Pfaff 1998, S. 491-496; Keller/Plack 2001, S. 347; Hahn/Hungenberg 2001, S. 191-223. Die Kapitalgröße wird vielfach über angepasste Buchwerte approximiert. Vgl. Aders/Hebertinger 2003, S. 6.

Gesamtunternehmensbezogen sollte der periodenübergreifende Kapitalwert den einperiodenbezogenen Steuerungsgrößen übergeordnet sein.[151]

Im Rahmen der Operationalisierung der Wertvorgaben werden die monetären periodenbezogenen Wertziele auf einzelne Teileinheiten des Unternehmens heruntergebrochen. Die Kapitalkosten eines Konzerns stellen in einer derartigen Rechnung die Risikokosten des Mix der Unternehmensaktivitäten dar. Sie setzen sich als eine Art arithmetisches Mittel aus den Kapitalkosten der einzelnen Geschäftsbereiche zusammen. Die Ermittlung der Kapitalkosten einer einzelnen Sparte ist von Schwierigkeiten geprägt. In Ermangelung von Kapitalmarktwerten werden daher Hilfsgrößen wie Betafaktoren von vergleichbaren Unternehmen, Unternehmensgruppen oder Branchen für die eigenen Segmente verwendet (Pure Play, Peer Group oder Industry Beta).[152] Einige Unternehmen verwenden auch interne Risikoeinschätzungen bei der Zuordnung von Kapitalkosten zu einzelnen Geschäftsbereichen.[153]

Risikovariablen spielen bei allen wertorientierten Konzepten eine fundamentale Rolle. In der Literatur wird zumeist vorgeschlagen, diese auf Basis von Kapitalmarktgrößen zu ermitteln. Zumindest für Plausibilitätszwecke erscheint es sinnvoll, die extern ermittelten Risikogrößen auf Basis interner Daten zu überprüfen.[154] Hierzu kann eine Aggregation der aus dem Risikomanagement gewonnenen Daten einen wichtigen Beitrag leisten.

3.1.1.3 Risikobezogene Kapitalallokation

Die Eigenkapitalhinterlegung von risikobehafteten Aktiva ist eine aus dem Bankensektor stammende Entwicklung, die eng mit Überlegungen der wertorientierten Unternehmensführung verbunden ist. Im Bankenbereich wird der Ansatz in wertorientierte Steuerungssysteme integriert.

Aufgrund der volkswirtschaftlichen Bedeutung von Banken wurden in diesem Sektor weitreichende regulatorische Vorschriften erlassen.[155] Einige dieser Vorschriften beziehen sich auf die Eigenkapitalhinterlegung von Krediten und anderen risikobehafteten Aktiva. Mit derartigen Vorgaben wird bezweckt, die Resistenzfähigkeit der Banken auch bei anwachsendem

---

[150] Vgl. Brealey/Myers 2000, S. 175/176. Siehe zudem: Volkswagen 2003, S. 10; Arbeitskreis Finanzierung der Schmalenbach-Gesellschaft 1996, S. 547-549.

[151] Vgl. Copeland/Koller/Murrin 1998, S. 114.

[152] Vgl. Hahn/Hungenberg 2001, S. 164. Siehe zudem Abschnitt 4.3.1.2.

[153] Bspw.: VEW nach einem BCG-Konzept. Vgl. Kässer/Oestreicher/Schöder 2000, S. 500. Siehe zudem Abschnitt 4.3.1.3.

[154] Siehe zur Kritik an der Ermittlung der Kapitalkosten aus Vergangenheitsdaten: z. B. Esser 2000, S. 180.

[155] Vgl. Schierenbeck 2003b, S. 114/115; Kinder/Steiner/Willinsky 2001, S. 282/283.

internationalen Wettbewerb zu erhalten.[156] Insbesondere vor dem Hintergrund der voraussichtlich im Jahr 2006/2007 in Kraft tretenden Vorschriften nach Basel II wird die Eigenkapitalhinterlegung von Krediten in der Literatur umfassend diskutiert. Nach diesen Vorschriften wird die Quote des zu hinterlegenden Eigenkapitals stärker vom Risiko der einem Risikogeschäft zurechenbaren Aktiva abhängen.[157]

Neben den im letzten Absatz aufgeführten regulatorischen Tendenzen wurden im Bankenbereich auch aufgrund betriebswirtschaftlicher Überlegungen unterschiedliche Ansätze entwickelt, um die Eigenkapitalallokation verstärkt risikoorientiert vorzunehmen. Die Ansätze basieren zumeist auf der Steuerung der Risikorentabilität des eingesetzten Kapitals. Bei der in die Rentabilitätsrechnung eingehenden Kapitalvariable wird hierbei keine traditionelle Kapitalgröße verwendet. Das Risikokapital wird unter Einbezug des real eingesetzten Kapitals sowie spezifischen Risikofaktoren berechnet (Economic Capital). Eine Variante dieser Kapitalberechnungen stellt beispielsweise die Verwendung des auf Basis bestimmter Verfahren errechneten Risikoexposures[158] eines Geschäftes als Kapitalbasis dar.[159] Der Betrag des errechneten Risikoexposures kann dem risikobehafteten Geschäft oder Geschäftsbereich als Risikokapital zugeordnet und mit den entsprechenden Kapitalkosten in Rechnung gestellt werden.[160]

Inwiefern sich risikoorientierte Mechanismen der Kapitalallokation auf den industriellen Sektor übertragen lassen, ist fraglich.[161] Bei Industrieunternehmen bestehen tendenziell weniger Aktiva, die direkt einem Bestandsrisiko unterworfen sind.[162] Die Eigenkapitalunterlegung sollte sich demzufolge weniger auf bestimmte risikobehaftete Aktiva beziehen, sondern sollte im Bezug auf das gesamte risikobehaftete Vermögen einer bestimmten Betriebseinheit erfolgen. Für interne Steuerungszwecke könnte eine Zuordnung von risikoadjustierten Kapitalgrößen jedoch sinnvoll sein. In wertorientierten Steuerungssystemen, wie dem CFROI, wird eine risikoorientierte Kapitalsteuerung zumindest teilweise berücksichtigt. In existierenden

---

156 Vgl. Schneck/Morgenthaler/Yesilhark 2003, S. 4/5.

157 Vgl. Schierenbeck 2003b, S. 142-151; Nash 2003, S. 4-8.

158 Gängig ist die Errechnung des Exposures durch eine Value-at-Risk-Kenngröße (VaR). Der VaR wird in Kapitel 5.1.2 dieser Arbeit dargestellt.

159 In diesem Zusammenhang müssen auch Versicherungen berücksichtigt werden. Versicherungsschutz kann als Kapitalersatz interpretiert werden. Nach den Regeln von Basel II ist beispielsweise beabsichtigt, auch die bestehenden Versicherungsverträge bei der Errechnung des erforderlichen Risikokapitals zu berücksichtigen. Vgl. Mathmann 2003, S. 164-167.

160 Zur Steuerung der Risikorentabilität bei Chase siehe: Barton/Shenkir/Walker 2002, S. 49-61. Siehe zudem: Neubürger 2000, S. 191; Kinder/Steiner/Willinsky 2001, S. 283/284.

161 Beispiele für in unterschiedlichen Sektoren einsetzbare Prozesse der Risikokapitalallokation: Gleißner/Lienhard 2001, S. 269-285; Schierenbeck/Lister 2002, S. 191/192.

162 Die Funktion der Bilanz ist bei Banken und Industriefirmen verschieden. Bei Banken spiegelt die Passivseite über die Einlagen „aktives Kerngeschäft“ wider. Bei Banken wird beispielsweise

Konzepten könnten Risikogesichtspunkte durch eine geschäftsbereichs- oder projektspezifische Zuordnung von Risikokapital jedoch stärker betont werden.[163] Denkbar wäre beispielsweise eine risikoorientierte Zurechnung des Kapitals der Zentrale zu einzelnen Geschäftsbereichen.[164] Hierdurch würde eine der Risikosituation der gesamten Unternehmung entsprechende Kapitalzuordnung gewährleistet. Für eine Zuordnung von Risikokapitalbasen wird eine umfassende Risikoaggregationsrechnung benötigt. In Kapitel 5 dieser Arbeit werden Ansätze der Reward/Risk-Relationen auf ihre Anwendbarkeit im industriellen Rahmen untersucht.

3.1.2 Rating

Unter dem Begriff Rating wird ein standardisiertes, objektiviertes, aktuelles und nachvollziehbares Beurteilungsverfahren über die Bonität bzw. die wirtschaftliche Lage eines Unternehmens verstanden.[165] Ratingurteile sollen die Wahrscheinlichkeit einer Unternehmensinsolvenz innerhalb eines bestimmten Zeitraumes wiedergeben. Die Urteile werden nach dem klassischen Ratingkonzept von unabhängigen Agenturen getroffen, die bei der Urteilsfindung auch Einsicht in unternehmensinterne Daten und Prozesse nehmen. Im Gegensatz zur traditionellen Kreditwürdigkeitsprüfung werden bei Ratingprozessen neben Methoden der Bilanzanalyse auch nichtfinanzielle und zukunftsgerichtete Indikatoren zur Beurteilung der wirtschaftlichen Lage eines Unternehmens berücksichtigt. Im Grundmodell eines Ratings werden verschiedene Indikatoren im Rahmen eines Scoringverfahrens gewichtet addiert, um zu einem Gesamturteil zu gelangen. Beim Rating großer Konzerne werden die Indikatoren zumeist nicht mechanistisch anhand eines Scoringmodells addiert. Hier basiert die Urteilsfindung verstärkt auf intuitiven und in Expertendiskussionen stattfindenden Prozessen.[166]

Vor dem Hintergrund zweier Entwicklungen hat das Rating erheblich an Bedeutung gewonnen. In den letzten Jahren ist die Fremdkapitalaufnahme durch deutsche Industrieunternehmen in Form von handelbaren Wertpapieren (Bonds) deutlich gestiegen. Während Bonds in den USA bei weitem die wichtigste Fremdkapitalquelle darstellen, ist in Deutschland das Hausbankkonzept noch sehr beherrschend. Es ist zu erwarten, dass sich die Bedeutung der Kapitalmarktfremdfinanzierung in Deutschland im Zuge der Internationalisierung der Volks-

häufig die Bilanzsumme als Indikator für die Größe eine Unternehmens verwendet, während bei Industriefirmen hierfür zumeist der Umsatz eingesetzt wird. Vgl. Padberg 2003, S. 240.

163 Bei dem CFROI wird das Risiko über die Cash Flow Hurdle, nicht über die Kapitalbasis berücksichtigt.

164 Vgl. Bilfinger Berger 2002, S. 19.

165 Vgl. Reichling 2003, S. 272.

166 Vgl. Everling 1996, S. 17. Siehe zudem Abschnitt 6.2.

wirtschaften weiterhin erhöhen wird.[167] Ratingurteile externer Ratingagenturen sind als Qualitätskenngrößen für Wertpapiere ein wichtiger Bestandteil des Systems des börsennotierten Fremdkapitalhandels. Aufgrund der in der Vergangenheit guten Prognosewirkungen von Ratings haben diese eine Art Standardfunktion als Risikomaß für Wertpapiere eingenommen. Das Rating ist für Unternehmen demzufolge ein ausschlaggebender Faktor für den Bezug günstiger Fremd- und somit auch Gesamtkapitalkosten.[168] Ein weiterer Grund für die zunehmende Bedeutung von Ratinggrößen liegt in den Anforderungen des Basler Ausschusses für Bankenaufsicht.[169] Nach den absehbaren neuen Bestimmungen dieser Institution wird zukünftig die Eigenkapitalhinterlegung von Krediten von Ratingbeurteilungen abhängen. Als Basisgrößen können hierfür die Urteile externer Ratingagenturen als auch bestimmten Anforderungen entsprechende interne Ratingverfahren der Banken verwendet werden. Eine bedeutende Folge dieser Regelung ist, dass sich nicht nur wertpapieremittierende Unternehmen einem Ratingprozess unterziehen müssen.[170] Für jeglichen Kredit werden Banken in Zukunft ein Rating erstellen müssen. Hieraus ergibt sich, dass alle kreditaufnehmenden Unternehmen zunehmend risikorelevante Daten bereitstellen werden müssen.

Die ansteigende Bedeutung des Ratings wirkt sich auch auf das Risikomanagement bzw. das Risikocontrolling industrieller Konzerne aus. Zum einen sollten diese für einen erstmaligen Ratingprozess durch Banken oder Ratingagenturen umfangreiche aggregierte Risikoinformationen bereitstellen.[171] Ratings werden von den Agenturen zudem regelmäßig aktualisiert. Ein geratetes Unternehmen benötigt Prozesse, die eine beständige Versorgung der Agenturen und Banken mit neuesten Risikoinformationen sicherstellen.[172] Neben diesen, auf externe Ratingprozesse ausgerichteten Aktivitäten kann auch aus internen Steuerungsprozessen eine Nachfrage nach Rating- und somit aggregierten Risikoinformationen entstehen. Bei einigen Unternehmen werden Ratingansätze beispielsweise verwendet, um das Risiko bestimmter Geschäftsbereiche zu ermitteln.[173] In Kapitel 6 dieser Arbeit wird untersucht,

[167] Vgl. IHK/DIHT 2001, S. 8-10; Francfort/Rudolph 1992, S. 1062; Gerke/Pellens 2003, S. 8.
[168] Unter der Voraussetzung eines normalen Verschuldungsgrades kann davon ausgegangen werden, dass die Fremdkapitalkosten unter den Eigenkapitalkosten liegen. Vgl. Brealey/Myers 2000, S. 482.
[169] Siehe Abschnitte 2.2.3.2 und 3.1.1.3.
[170] Eine weitere Tendenz, vor deren Hintergrund die Bedeutung von Ratings steigern wird, ist die Verbreitung von Kapitalmarktprodukten wie Asset Backed Securities. Über diese Instrumente können Banken ihre Bilanzen von Kreditrisiken bereinigen und ihre Risiken an den Kapitalmarkt übertragen. Ratings spielen bei diesen Instrumenten eine wichtige Rolle. Vgl. Hinrichs 2003, S. 29/30; Langner 2002, S 662.
[171] Vgl. Saitz 2002, S. 1/2; Erben 2003, S. 20/21.
[172] Ein funktionierendes Risikomanagement wird zudem selbst als positiver Indikator in das Ratingurteil aufgenommen. Vgl. Braun/Gstach 2002, S. 50.
[173] Siehe Fußnote 153.

inwiefern der Ratingprozess als eigenständiges Instrument einer für unternehmensinterne Zwecke durchgeführten Risikoaggregation verwendet werden kann.

3.1.3 Steigende Anforderungen an die externe Berichterstattung

Die externe Unternehmensberichterstattung soll es interessierten Personen und Institutionen (Stakeholdern) ermöglichen, sich eine adäquate Meinung über die wirtschaftliche Leistungsfähigkeit einer Unternehmung zu bilden. Nach dem Shareholder-Value-Ansatz ist die Gruppe der bestehenden sowie der potentiellen Aktionäre der primäre Adressat der Unternehmenskommunikation.[174] Einem Idealbild der Berichterstattung zufolge sollte der Aktionär in die Informationslage des Managements versetzt werden. Die Grenze bezüglich der Informationsveröffentlichungen ist dort zu sehen, wo diese wettbewerbsbezogene Nachteile für das Unternehmen zur Folge hat.[175] Ein entstehender Wettbewerbsnachteil kann weder im Interesse der Unternehmensführung noch des Aktionärs sein.

In der Literatur wird bemängelt, dass die Anleger vielfach das Vertrauen in die bestehende Unternehmensberichterstattung verloren haben und dass diese nicht die wahren Werte eines Unternehmens darstelle. Diese Entwicklung ist vor allem vor dem Hintergrund der Börsenentwicklung der letzten Jahre zu sehen. Zu Zeiten der Börsenhausse Ende der 90er Jahre wurden Unternehmensberichterstattungen vielfach nicht realistisch hinterfragt. Unternehmen wie Enron, Worldcom, AOL oder auch EM-TV und Intershop erzielten trotz untransparenter Berichterstattung und unsoliden Finanzkennzahlen Rekordbewertungen an den Kapitalmärkten. Nach der im Jahr 2001 beginnenden Kurskorrektur hat sich die Situation in das Gegenteil verkehrt. Es herrscht ein genereller Vertrauensverlust gegenüber der Unternehmenskommunikation.[176]

Aufgrund der im letzten Absatz aufgezeigten Entwicklungen besteht für Unternehmen ein grundlegender Erfolgsfaktor darin, auf Basis einer soliden Berichterstattung das Vertrauen der Anleger zurückzugewinnen und zu erhalten. In der Literatur finden sich eine Vielzahl von Beiträgen zu einer auf das Anlegervertrauen ausgerichteten Berichterstattung. Gemein ist den meisten Beiträgen, dass weiterhin das wertorientierte Führungskonzept als Grundlage

---

[174] Nach dem Shareholder-Value-Ansatz werden bei Befriedigung der Ansprüche der Eigenkapitalgeber automatisch auch die Ansprüche der weiteren Stakeholder erfüllt. Die Ansprüche des Eigenkapitalgebers sind die untergeordnetsten in der Reihe der bestehenden Forderungen. Wird der Wert der Eigenkapitalanteile maximiert, so profitieren nach der Shareholder-Value-Theorie auch die weiteren Stakeholder. Vgl. Copeland/Koller/Murrin 1998, S. 53-61; Mengele 1999, S. 14/15.

[175] Vgl. PWC 2003, S. 12; Brandt/Hütten 2003, S. 708/709.

[176] Vgl. DVFA 2002, S. 1; PWC 2003, S. 6.

der Unternehmensführung und -berichterstattung gesehen wird.[177] In den Literaturbeiträgen wird gefordert, zusätzlich zu den traditionellen finanziellen Daten die realen Werttreiber der Unternehmungen eindeutiger zu kommunizieren. Insbesondere ist abzusehen, dass Berichte über Markt- und Strategieentwicklungen an Bedeutung gewinnen werden.[178] Auch die Berichterstattung zu immateriellen Vermögensgütern dürfte in Zukunft zunehmen.[179]

Im Zuge der steigenden Anforderungen an die Berichterstattung ist zu erwarten, dass sich auch die Bedeutung von Risikoinformationen erhöhen wird. Für eine verstärkte Risikoberichterstattung sprechen neben den Anforderungen des KonTraG und des DRS 5 auch eine Reihe von betriebswirtschaftlichen Gesichtspunkten. Für die Kursentwicklung der Aktie eines Konzerns ist es vorteilhafter, ein realistisches Bild der wirtschaftlichen Lage des Unternehmens abzugeben, als die Investoren im Nachhinein zu enttäuschen.[180] Aggregierte Risikoinformationen ermöglichen es den Investoren, sich eine wirklichkeitsnahe Vorstellung von der Unternehmung und deren Risikoprofil zu bilden und auf vom erwarteten Trend abweichende Entwicklungen vorbereitet zu sein. In der Literatur werden Überlegungen zur Risikopublizität bereits seit einiger Zeit veröffentlicht.[181] Teilweise wird erwartet, dass Risikoinformationen der nächste große Trend in den Anforderungen an die externe Publikation sein werden. Dies schließt sowohl bestehende Risiken als auch Maßnahmen zum Management des Risikos ein.[182]

Bei der Betrachtung der aktuellen Risikoberichterstattung bedeutender „Blue Chip"-Unternehmen lässt sich ein deutlicher Unterschied zwischen Finanzinstitutionen und Unternehmen sonstiger Branchen feststellen. Bei vielen wichtigen europäischen Banken und Versicherungen nehmen Berichte zum Risikomanagement als auch zur Risikolage einen wesentlichen Teil des Umfanges der Geschäftsberichte ein.[183] Aus den Berichten wird deutlich, dass das Risikomanagementsystem von den Unternehmen als elementare Kernkompetenz und demzufolge als entscheidungsrelevante Größe für potentielle Investoren gesehen wird. Bei Industrieunternehmen stellt sich die Situation anders dar. Bei diesen Unternehmen be-

---

[177] Ansätze, nach denen die Wertorientierung bzw. das Shareholder-Value-Konzept für die Kursblase Ende der 90er Jahre verantwortlich gemacht wird, finden in der Literatur keine breite Zustimmung.

[178] Vgl. Saitz/Walbert 2002, S. 323-326; SEC 2003, S. 9.

[179] Vgl. Daum 2002, S. 292-304; Ruhwedel/Schultze 2002, S. 611-614.

[180] Vgl. PWC 2003, S. 27/28. Auch bei der Herausgabe von Gewinnprognosen ist ein internes System zur Ermittlung von aggregierten Risiken von hoher Bedeutung. Ein Unternehmen kann lediglich verlässliche Prognosen erstellen und veröffentlichen, wenn es umfassend über seine Ergebnisrisiken informiert ist. Vgl. Krell 2003, S. 1/2; SEC 2003, S. 11/12.

[181] Vgl. Scheffner/Strutz 2002, S. 202.

[182] Vgl. O. V. (26.08.2002).

[183] Siehe u. a. die folgenden Geschäftsberichte: Münchner Rück 2002, S. 53-62; Credit Suisse 2002, S. 42-65; Allianz 2002, S. 137-146; Deutsche Bank 2003, S. 196-244.

schränkt sich die Risikoberichterstattung in Geschäftsberichten häufig auf qualitative Aussagen. Auch hier werden die Risikomanagementsysteme zunehmend als elementarer Bestandteil des Corporate-Governance-Systems der Unternehmen verstanden. Der Detaillierungsgrad der extern kommunizierten Informationen zum Risikomanagementsystem und zur aktuellen Risikolage liegt jedoch noch unterhalb dem der Finanzunternehmen.[184]

Aufgrund des Einflusses des Kapitalmarkts auf die Unternehmensberichterstattung ist abzusehen, dass sich bei Industrieunternehmen die Tendenz zu einer umfangreicheren Risikoberichterstattung fortsetzen wird. Zudem steigt der rechtliche Druck auf die Unternehmen, Risikoinformationen zu veröffentlichen. Bereits heute müssen Unternehmen in den USA umfangreich über Risiken berichten, um nicht der Gefahr von Aktionärsklagen ausgesetzt zu sein. Durch die Internationalisierung der Rechtssysteme wird sich diese Entwicklung auch auf Europa auswirken. Es ist unstrittig, dass realistische aggregierte Risikoinformationen für Investoren und sonstige Stakeholder von großer Bedeutung sind. Das Problem bestand bisher in der mangelnden Qualität ermittelbarer und kommunizierbarer Risikodaten. Mit sich durch neue Methoden verbessernder Qualität interner aggregierter Risikoinformationen ist davon auszugehen, dass die Bedeutung der Publizierung von Risikoinformationen weiter ansteigen wird.[185]

3.1.4 Ganzheitliches Risiko- und Versicherungsmanagement

In den Versicherungsmärkten ist eine Tendenz zu steigenden Prämien und einer Verschlechterung der sonstigen Konditionen für Industrieunternehmen zu beobachten. Neben den sich in den letzten Jahren verringernden Ergebnisquoten führender Versicherungsunternehmen im Industriegeschäft[186] ist diese Entwicklung vor allem vor dem Hintergrund des 11. September 2001 zu sehen. Seit den Terroranschlägen in New York haben sich die Versicherungsmärkte verändert. Schadensszenarien sind seitdem als realistisch einzuschätzen, die vorher nicht in den Modellen der Versicherungen enthalten waren. Zudem hat sich die Kapitaldeckung vieler Versicherungen verschlechtert. Durch die im Vergleich zu den Jahren

---

[184] Vgl. Löw/Lorenz 2001, S. 219-220; Fröhling 2000a, S. 109-113.

[185] Der DRSC hat bei dem DRS 5 bezüglich der für eine Quantifizierung bestehenden Anforderungen eine bewusst offene Formulierung gewählt. Nach DRS 5.20 sollen Risiken quantifiziert werden, insofern „dies nach anerkannten und verlässlichen Methoden möglich und wirtschaftlich vertretbar ist und die quantitative Angabe eine entscheidungsrelevante Information“ darstellt. Im Rahmen dieser Formulierung besteht eine Offenheit für weiterentwickelte Verfahren der Risikoquantifizierung. Vgl. Kajüter 2001a, S. 207.

[186] Vor allem die Haftpflichtversicherung verzeichnete in den letzten Jahren eine defizitäre Entwicklung. Aber auch im sonstigen Industriegeschäft kennzeichnet sich der Versicherungsmarkt seit den 90er Jahren durch einen Verdrängungswettbewerb mit niedrigen Preisen. Vgl. Weiß 2002, S. 825-827; O. V. (05.02.2004).

1999-2000 gesunkenen Börsenkurse haben viele Versicherungsunternehmen eine signifikante Abnahme ihrer Reserven hinnehmen müssen.[187] Aus diesen Gründen hat sich das Marktverhalten der Versicherungen innerhalb weniger Jahre deutlich geändert. Die Risikorentabilität ist zu einer ausschlaggebenden Größe für Versicherungen geworden. Die Versicherungen verfolgen zunehmend den Ansatz, lediglich gut kalkulierbare und mit einer deutlichen Sicherheitsprämie versehene Risiken zu zeichnen.[188] Für Industrieunternehmen erwachsen hieraus unterschiedliche Effekte. Versicherungsschutz suchende Unternehmen müssen mit höheren Prämien, kürzeren Laufzeiten und steigenden Eigenbeteiligungen rechnen. Für einige Risiken, beispielsweise die Produkthaftpflichtrisiken, wird es für Industriefirmen zunehmend schwieriger, hinreichende Deckungssummen am Versicherungsmarkt zu erhalten.[189]

Aufgrund der im letzten Abschnitt genannten Tendenzen versuchen Industrieunternehmen zunehmend, Risiken unter Umgehung der traditionellen Versicherungsmärkte zu decken.[190] Hierfür wurden in den letzten Jahren eine Reihe von Methoden entwickelt. Wichtig für den effizienten Einsatz der meisten Produkte ist eine übergreifende Sichtweise des Risikoportfolios eines Unternehmens. Das Risikoportfolio sollte unternehmensintern optimiert und flexibel durch Versicherungen und Risikofinanzierungsprodukte ergänzt werden.[191]

Abbildung 4 stellt unterschiedliche Möglichkeiten der Finanzierung von industriellen Risiken dar. Insbesondere verschiedene Methoden des Alternativen Risikotransfers werden in der Literatur umfangreich diskutiert.[192] Ein weiterer Ansatz ist der von Integrated-Risk-Produkten. Nach dieser Art von Versicherung werden nicht einzelne Risiken, sondern umfassende Pakete von Risiken gemeinsam versichert.[193]

---

[187] Vgl. O. V. (05.07.2003); Romeike 2003c, S. 12/13.

[188] Vgl. Richter/Zilkens 2002, S. 381.

[189] Vgl. Hansen 2003, S. 4/5.

[190] Auch aufgrund einer weiteren Tendenz verändert sich der Markt für Risikofinanzierung. Investmentbanken sehen die Risikofinanzierung zunehmend als eine ihrer Kernkompetenzen an. Im Feld des „Insurance based Investment Bankings“ ist eine Tendenz der Annäherung der Bereiche Finanzdienstleistungen und Versicherungen zu beobachten. Vgl. Franzetti 2002, S. 830-835.

[191] Vgl. Sammer 2002a, S. 1-3.

[192] Nach diesen Konzepten wird das Risiko nicht auf den Versicherungsmarkt, sondern auf einen anderen Risikoträger, wie Captives oder dritte Kapitalgeber, übertragen. Vgl. Wöhrmann 2002, S. 459-462.

[193] Problem bei derartigen Versicherungen ist ein verstärkter Moral Hazard. Es ist vom Versicherungsgeber nur schwer nachzuprüfen, ob ausreichende Maßnahmen zur Absicherung gegen eine

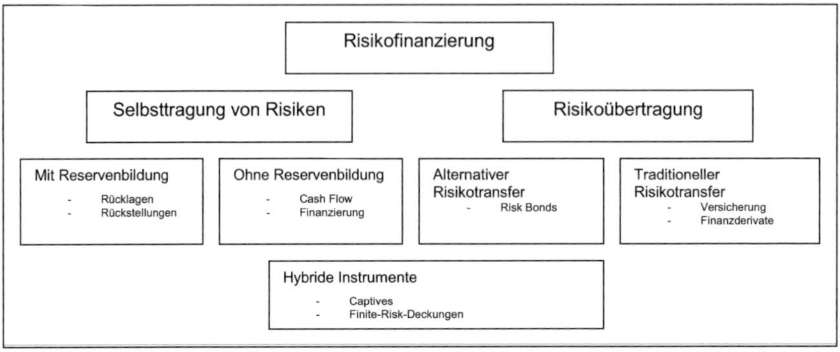

Abbildung 4: Risikofinanzierung im Unternehmen[194]

Ein übergreifender, integrativer Ansatz des Managements von Risiken ist lediglich mit ausgefeilten Mechanismen der Risikoaggregation möglich.[195] Es müssen Prozesse entworfen werden, die eine einheitliche Behandlung unterschiedlicher Risikotypen ermöglichen.[196] Die Integration von Risiko- und Versicherungsmanagement in industriellen Unternehmen wird somit neue und übergreifende Ansätze der Risikoaggregation erfordern.[197]

3.1.5 Steigende Anforderungen an die Unternehmensteuerung und -kontrolle

Der wichtigste Grund für eine ansteigende Bedeutung von aggregierten Risikoinformationen besteht in der Notwendigkeit stärker fundierter Managemententscheidungen. Durch Prozesse wie der Globalisierung oder dem technischen Fortschritt hat sich das Umfeld der großen Unternehmungen verändert.[198] Großunternehmen sind heute einem zunehmend intensivierten Wettbewerb unter sich rasch ändernden Rahmenbedingungen ausgesetzt. Die Schere zwischen der für eine Entscheidungsfindung zur Verfügung stehenden Zeit und der Kom-

übergreifende Gruppe von Risiken getroffen werden. Vgl. Harrington/Niehaus/Risko 2002, S. 73/74; Economist 2004, S. 15.

194 Vgl. Kalhöfer/Rücker 2002, S. 433.

195 Vgl. Zech 2002, S. 42-45; Müller 2000, S. 1085-1089.

196 Im Bankensektor wird die übergreifende Erfassung und Bearbeitung von Risikoinformationen bereits umfassend diskutiert. Wie in Abschnitt 3.1.2 beschrieben, fordert Basel II von Banken eine übergreifende Risikobestimmung bzgl. ihrer Geschäftsaktivitäten. Es ist vorgesehen, dass hierbei auch Versicherungen berücksichtigt werden. Demzufolge müssen Banken in den nächsten Jahren zwangsläufig einen übergreifenden Ansatz zur Risikobestimmung entwickeln. Vgl. Mathmann 2003, S. 164-167; Nash 2003, S. 12.

197 Nach einem Vorschlag von Ernst & Young sollte der Versicherer wie ein Investor behandelt werden. Es sollten ihm speziell aufbereitete, interne aggregierte Daten zur Verfügung gestellt werden. Vgl. Hansen 2003, S. 4.

198 Vgl. Ulrich 1999, S.199/200.

plexität der Entscheidungsgrundlagen weitet sich beständig aus.[199] Unter diesen Voraussetzungen ist die Qualität der für eine Entscheidungsfindung zur Verfügung stehenden Informationen von wesentlicher Bedeutung. Das Management muss dafür Sorge tragen, dass ihm durch seine Stäbe und sonstigen Mitarbeiter qualitativ hochwertige Informationen zur Verfügung gestellt werden. Auch unter rechtlichen Gesichtspunkten müssen Spitzenmanager sicherstellen, dass sie vor Entscheidungen umfassend über potentielle Risiken informiert sind.[200]

Risikoerwägungen sind sowohl bei operativen wie auch bei strategischen Entscheidungen von großer Bedeutung. Strategische Entscheidungen umfassen die Potentiale eines Unternehmens. Ausgehend von den verfassten generellen Unternehmenszielen werden verschiedene strategische Alternativen zu bestimmten Problemkreisen entwickelt. Die strategischen Ansätze können grob in Unternehmens-/Konzernstrategie und Geschäftsfeldstrategie unterteilt werden.[201] Geschäftsfeldstrategien lassen sich funktionsbezogen in Marketing-, Finanzierungs-, Personal-, Organisations-, Beschaffungs- oder Produktionsstrategien klassifizieren.[202] Der Informationsbedarf für strategische portfoliobezogene Entscheidungen wurde in Abschnitt 3.1.1.1 bereits beschrieben. Risikoinformationen können in diesem Bereich elementare Entscheidungsgrundlagen für Investitions- und Desinvestitionsentscheidungen darstellen. Auch für Geschäftsfeldstrategien sind Risikoinformationen von großer Bedeutung für die Unternehmensführung. Bei der Bewertung von unterschiedlichen Strategieentscheidungen sollte bezüglich jeder strategischen Alternative eine umfangreiche Analyse zum erwarteten Nutzen als auch zum Risiko, als Maß für mögliche Abweichungen von diesem erwarteten Zustand, durchgeführt werden.[203]

Operative Managemententscheidungen sind auf den optimierten Betrieb bestehender Systeme ausgerichtet. Es soll kurz- und mittelfristig die Werterzielung der bestehenden Kapazitäten optimiert werden. Das übergeordnete Instrument des operativen Konzernmanagements besteht in der Durchführung einer optimierten Produktprogrammplanung. Abgeleitet hiervon werden bereichsbezogene Funktional- oder Projektplanungen aufgestellt.[204] Die Maßnahmen zur Erreichung der operativen Pläne werden von der höchsten Führungsebene tendenziell

[199] Vgl. Weigand/Buchner 2000, S. 3.

[200] Vgl. Ballwieser 2003, S. 435-428. Auch in Deutschland ist in den letzten Jahren eine zunehmende Anzahl von Klagen gegen Manager aufgetreten. Der ehemalige Holzmann-Manager Rappert wurde beispielsweise aufgrund einer Missachtung der Risikolage bei Entscheidungen über Bauprojekte verklagt. Vgl. Werres 2000, S. 92.

[201] Simons unterscheidet Corporate Strategy (Where to compete) und Business Strategy (How to compete); vgl. Simons 2000, S. 16-18. Weiterhin werden in der Literatur die Organisationsplanung und die Führungskräfteplanung als strategische Führungsaufgaben dargestellt.

[202] Vgl. Hahn 1999, S. 42.

[203] Vgl. Simons 2000, S. 255-273.

delegiert und dezentralisiert. Das Topmanagement nimmt demzufolge im laufenden operativen Geschäft eine überwachende Rolle ein und greift lediglich in Ausnahmenfällen korrigierend ein.[205] Für seine überwachende Tätigkeit sind aggregierte Informationen zu operativen Risiken von hoher Bedeutung. Aus dem operativen Geschäft entstehen unterschiedlichste Risiken, die sich negativ auf den andauernden Erfolg des Gesamtunternehmens auswirken können.[206] Für das Management ist es wichtig, eine Vorstellung bezüglich der aktuellen Risikolage des Gesamtkonzerns sowie einzelner Unternehmensbereiche, wie Sparten oder Unternehmensfunktionen, zu entwickeln. Nur bei präzisen aggregierten Informationen zum Risikoexposure kann die Unternehmensführung rationale Entscheidungen zum Management wichtiger Risiken in unterschiedlichen Unternehmensbereichen treffen. Wie auch im strategischen Bereich sollten Risiken nicht gänzlich vermieden, sondern im Hinblick auf ein optimiertes Verhältnis von zu erwartenden Erträgen und Risiken bewusst eingegangen werden.

Aus den in den Abschnitten 3.1.1 bis 3.1.5 dargestellten Entwicklungen wird ersichtlich, dass die Erstellung von qualitativ hochwertigen Berichten zur Risikolage des Unternehmens und der Unternehmensbereiche eine zunehmend bedeutende Aufgabenstellung des Controllings darstellt. Aufgrund dieser Entwicklungen ist zu erwarten, dass sich sowohl in der Praxis als auch in der Theorie weitere Konzepte für eine Aggregation von Risikoinformationen entwickeln werden.

3.2 Grundlagen der Aggregation von Finanzinformationen

Aggregationen werden durchgeführt, um aus einer großen Menge von Daten die wichtigen Informationen zu isolieren. Eine Aggregation basiert somit auf Methoden der Informationsverdichtung.[207] Im folgenden Abschnitt wird auf einige Hintergründe der Aggregation von Daten im Rahmen eines Managementinformationssystems eingegangen. Insbesondere wird das Finanzsystem als Beispiel für ein komplexes und weit verbreitetes System der Aggregation unternehmensweiter Daten dargestellt. Hierauf basierend werden einige wichtige Eigenschaften eines Risikoaggregationssystems abgeleitet.

---

[204] Vgl. Wöhe 2002, S. 107/108.
[205] Vgl. Müller-Stewens/Lechner 2003, S. 438-442. In der Literatur werden u. a. die Begriffe Management by Objectives und Management by Exception für die dezentralen Managementkonzepte verwendet. Vgl. z. B. Hahn/Hungenberg 2001, S. 260-262.
[206] Vgl. Wolf/Runzheimer 2001, S. 24-26.
[207] Siehe Abschnitt 3.4.1.

3.2.1 Aggregation von Managementinformationen

Der wichtigste Grund für eine Aggregation von Daten besteht in der Beschränkung der menschlichen Auffassungsgabe und geistigen Kapazität. Ein Mensch kann in einem bestimmten Zeitraum lediglich ein beschränktes Volumen von Daten und eine beschränkte Komplexität von Inhalten überschauen. In der Industrie werden von den Unternehmensführern in kurzer Zeit und in schneller Abfolge Entscheidungen zu komplexen Themenstellungen verlangt. Auch wenn davon auszugehen ist, dass es sich bei Führungsmitgliedern großer kapitalmarktnotierter Unternehmen um überdurchschnittlich intelligente und in betriebswirtschaftlichen Problemstellungen erfahrene Menschen handelt[208], müssen die Informationen für das Topmanagement eines Unternehmens sorgfältig selektiert und aufbereitet werden. Die Themenkomplexe müssen in einem Managementinformationssystem auf einer bezüglich des Inhalts und des Umfangs verständlichen Ebene zusammengefasst werden.[209] Diese Zusammenfassung muss den Detaillierungsgrad der betrachteten Problemstellung vermindern und zugleich die wesentlichen Informationen zu dem relevanten Themenkomplex komprimiert darstellen. Die Lösung des Konfliktfeldes zwischen Vereinfachung und Informationsgehalt einer Materie stellt somit eine wesentliche Anforderung an eine Aggregation von Daten in Managementinformationssystemen dar.

3.2.2 Aggregation von Daten und Systemtheorie

Durch den Kern der Komplexitätsreduktion ist die Aggregation eng mit den Ansatzpunkten der Systemtheorie verbunden. Diese stellt einen Ansatz dar, die komplexen Vorgänge in einem dynamischen System durch vereinfachende Techniken zu erfassen und somit für eine Analyse aufzubereiten.[210]

Die Systemtheorie betrachtet ein System als eine geordnete Gesamtheit von Elementen, Verbindungen, Systemgrenzen und Prozessen. Aus der Kombination dieser Bestandteile wird das statische wie auch das dynamische Verhalten eines Systems bestimmt. Der Grund-

---

[208] Die Führungsmitglieder einer Aktiengesellschaft haben aufgrund der aktienrechtlichen Bestimmungen zu ihrer Ernennung einen sorgfältigen Selektionsprozess durchlaufen. An Vorstandsmitglieder bestimmter Branchen, beispielsweise bei Banken, werden zudem umfangreiche Anforderungen bezüglich branchenspezifischer Erfahrungen gestellt. Vgl. Oechsler 2003, S. 310.

[209] Die angebotenen Informationen müssen unter Beachtung von Faktoren, wie dem Umfang des technischen Informationsangebots sowie der Nachfrage des Managements, zusammengestellt werden. Bei der Nachfrage des Managements besteht eine subjektive und eine objektive Komponente. Vgl. Schneider/Pichler 2002, S. 655/656.

[210] Die Systemtheorie ist eine Metatheorie, eine Theorie der Theorie. Sie stellt somit einen Ansatz zur Theoriebildung dar. Durch die Techniken der Systemtheorie können komplexe Systeme vereinfacht dargestellt und somit für eine Theoriebildung „vorbereitet“ werden. Vgl. Wilms 2001, S. 9.

gedanke des Systemansatzes besteht darin, dass in einem bestimmten Untersuchungszusammenhang nur die im jeweiligen Kontext relevanten Eigenschaften des Systems analysiert werden. Der Systemansatz kann demzufolge als eine Art dynamischer Filter betrachtet werden, der gewisse Elemente oder Eigenschaften in den Vor- oder Hintergrund rücken lässt.[211] Abbildung 5 verdeutlicht den Ansatzpunkt der Systemtheorie. Ein System wird in Elemente, Verbindungen und Systemgrenzen untergliedert. Zum Zweck der Analyse können diese Bestandteile variiert, untersucht oder weiter untergliedert werden.[212]

	Systemebene	**Systembegriff**
⇧	Nächsthöhere Systemebene	Übersystem, Obersystem, Supersystem
X	Betrachtete Systemebene	System
⇩	Nächsttiefere Systemebene	Untersystem, Untergeordnetes System, Subsystem
	Tiefste in einem bestimmten Zusammenhang noch interessierende Systemebene	Element, Verbindungen
	Umgebung des Systems	Umsystem, Umwelt

Abbildung 5: Grundprinzip des Systemansatzes [213]

Die für die Aggregation wichtigen Ansatzpunkte der Systemtheorie sind im Folgenden aufgeführt:

- *Vereinfachung*: Wie in den letzten Absätzen beschrieben, besteht ein Kerngedanke des Systemansatzes in der Vereinfachung komplexer Gegebenheiten. Es werden lediglich die wichtigen Elemente und Prozesse eines Systems auf einer vereinfachten Abstraktionsebene analysiert. Eine Betrachtung weiterer Systembestandteile und eine genauere Untersuchung der in die Analyse einbezogenen Elemente und Prozesse unterbleibt.[214] In den Wirtschafts- und Sozialwissenschaften ist die „systematische Vereinfachung" von grundlegender Bedeutung. Aufgrund der komplexen Zusammenwirkung von technischen, psychologischen und soziologischen Prozessen lassen sich viele Forschungsobjekte dieser Wissenschaften lediglich vereinfacht erfassen. Die Systemtheorie liefert eine formale Grundlage für den Gebrauch von Vereinfachungen als Erfassungs- und Analysemethodik.[215]

[211] Vgl. Teubner 1999, S. 10.
[212] Der Systemansatz ist detailliert in der Literatur dargestellt. Vgl. z. B. Krallmann/Frank/Gronau 1999, S. 8-24; Horvath 2002, S. 98-111.
[213] Vgl. Horvath 2002, S. 99.
[214] Vgl. Krallmann/Frank/Gronau 1999, S. 104.
[215] Vgl. Gomez 1981, S. 29-36.

- *Kybernetik*: Unter Kybernetik wird das Steuerungsverhalten eines Systems verstanden. Das Steuerungsverhalten von Systemen basiert auf Regelkreisen von Stellgliedern und Rückkopplungselementen. Für ein Verständnis der dynamischen und somit sich im Zeitverlauf ändernden Prozesse eines Systems ist die Betrachtung der Kybernetik von elementarer Bedeutung. Schwerpunkt der kybernetischen Analyse bestimmter Objekte ist, die wichtigsten steuernden und somit dynamischen Elemente und Prozesse eines Systems zu identifizieren.[216] Bei einem Verständnis der grundlegenden kybernetischen Prozesse eines Systems kann dessen Verhalten auch bei Betrachtung auf hohem Aggregationsniveau mit hinreichender Genauigkeit modelliert werden.

- *Flexibilität*: Wie in Abbildung 5 ersichtlich, können nach dem Systemansatz die Grenzen des betrachteten Systems verschoben werden. Ein Element eines Systems kann in einer veränderten Betrachtungsweise beispielsweise als eigenständiges System analysiert werden.[217] Eine derartig dynamische Betrachtung kann den Verlust an Information ausgleichen, der durch die Vereinfachung in Kauf genommen wird. Bei einer Schaffung von flexiblen Auswertungsmechanismen können die Ursachen von Problemstellungen bei Bedarf im Detail untersucht werden.[218]

Ein Beispiel für ein durch systemtechnische Ansätze geprägtes Managementinformationssystem stellt die Balanced Scorecard dar. Bei der Balanced Scorecard wird der Ansatz verfolgt, auf höchster Aggregationsebene durch gezielte Selektion der Indikatoren die elementaren dynamischen Prozesse eines Unternehmens zu erfassen und zu steuern.[219]

3.2.3 Aggregation von Finanzdaten im Unternehmen[220]

3.2.3.1 Datengrundlage der Aggregation

Das Finanzsystem basiert auf einer umfassenden Aggregation sämtlicher monetär bewerteten Vorgänge in einem Unternehmen. Einzelne Geschäftsvorfälle wie Ein- und Auszahlungen sowie kalkulatorische Buchungsvorgänge bilden die unterste Aggregationsebene des Finanzsystems eines Unternehmens. Die Vorfälle werden in der Finanzbuchhaltung sowie der

[216] Vgl. Wilms 2001, S. 87-91.
[217] Vgl. Wilms 2001, S. 81/82.
[218] In EDV-gestützten Informationssystemen wird die Flexibilität zumeist über Drill Down-Mechanismen sowie flexible Anpassungsmöglichkeiten von Berichten berücksichtigt. Vgl. Schneider/Pichler 2002, S. 659.
[219] Vgl. Kaplan/Norton 2001, S. 54-73; Burger/Buchhart 2002, S. 207/208.
[220] Als Finanzdaten werden im Folgenden die Daten der Aufwands- und Ertragsrechnung sowie der Kosten- und Leistungsrechnung verstanden. In vielen Rechnungswesensystemen stellen die-

Kostenartenrechnung nach Kategorien klassifiziert erfasst. Die Kategorien der Erfassung können unterschiedlich ausgestaltet sein.[221] Tabelle 2 stellt unterschiedliche Dimensionen dar, nach denen ein Vorfall beispielsweise erfasst werden kann.

Art der Dimension	Beschreibung
Vorfallsinhalt/Kostenart	Inhaltliche Klassifikation des Buchungsvorfalls
Geschäftsbereich	Zurechnung des Geschäftsvorfalls zu einer Unternehmenseinheit
Kostenstelle/Profit Center	Zurechnung des Geschäftsvorfalls zu einem Subsystem eines Geschäftsbereichs
Region/Land	Zuordnung eines Geschäftsvorfalls nach geografischen Gesichtspunkten
Kostenträger/Produkt	Zuordnung zu einem Kostenträger/Produkt
Verantwortungsbereich	Zuordnung zum Verantwortungsbereich einer speziellen Person
Herstellungsort	Erfassung des Produktionsortes bei produktspezifischen Geschäftsvorfällen
Zeit	Aufzeichnung des genauen Zeitpunkts des Vorfalls

Tabelle 2: Klassifikationsdimensionen von Geschäftsvorfällen

Jeder Vorfall wird im Datensystem eines Unternehmens als ein einzelnes, mit unterschiedlichen Merkmalen definiertes Datenelement gespeichert. Im Rechnungswesen eines Unternehmens liegt demnach eine umfangreiche Datenbasis für unterschiedliche Auswertungs- und Aggregationsmechanismen vor. Durch neue Technologien, wie Data Warehouses, lassen sich Finanzdaten flexibel und schnell auswerten.[222]

3.2.3.2 Aggregation von Daten im externen Rechnungswesen

Grundlegendes Erfassungsinstrument des externen Rechnungswesens ist die Finanzbuchhaltung. Diese hat die Aufgabe, sämtliche wirtschaftlich relevanten Vorgänge chronologisch und lückenlos auf Konten aufzuzeichnen.[223] Die Daten der Finanzbuchhaltung bilden die Basis der im Rahmen der externen Rechnungslegung ermittelten und publizierten Finanzstatements. Die Rechenwerke, wie Bilanz, GuV oder Kapitalflussrechnung, entstehen aus einer durch die Rechnungslegungsvorschriften festgelegten Verrechnungsmethodik der in der

se Rechnungen die Basis für die weiteren Rechenwerke dar (z. B. Liquiditätsrechnung, Investitionsrechnung).

[221] Die inhaltliche Klassifikation eines Geschäftsvorfalls bzw. einer kalkulatorischen Buchung wird zumeist nach Konten bzw. Kostenarten vorgenommen. Die weiteren Merkmalskategorien werden durch firmenspezifische Klassifikationskategorien vorgegeben.

[222] Vgl. Mertens/Griese 2000, S. 24-26; Fröhling 2000a, S. 140-149.

[223] Vgl. Döhring/Buchholz 2001, S. 2.

Buchhaltung erfassten Geschäfts- oder Buchungsvorfälle.[224] Die Finanzstatements können somit als nach externen Vorschriften aggregierte Darstellungen der in einer bestimmten Zeitperiode angefallenen Geschäftsvorfälle interpretiert werden. Die Regelungen der Aufstellung der Finanzberichte sind weitgehend von den Rechnungslegungsnormen vorgegeben. Es bestehen bestimmte Wahlrechte bei der Ansetzung oder Bewertung einzelner Positionen. Insbesondere bei den internationalen Rechnungslegungsregeln IAS/IFRS und US GAAP sind die Spielräume jedoch als unwesentlich zu bezeichnen.[225] Es kann somit festgestellt werden, dass die Aggregationsregeln im Rahmen der externen Rechnungslegungsregeln weitgehend vorgegeben sind. Die unternehmensindividuellen Konfigurationsmöglichkeiten der Finanzstatements sind als begrenzt anzusehen. Eine Tendenz zur Flexibilisierung der externen Zahlenwerke ist in der Segmentberichterstattung zu sehen. Nach den Vorschriften des FAS 131 können hier auch Zahlen der internen Steuerungsrechenwerke publiziert werden.[226]

3.2.3.3 Aggregation von Daten im internen Rechnungswesen

Das interne Rechnungswesen kann als Managementinformations- und Steuerungsrechnung bezeichnet werden.[227] Es zeichnet sich vor allem durch seinen Zukunftsbezug und durch seine flexiblen Auswertungsmethodiken aus. Das Controlling ist ein Hauptträger des internen Rechnungswesens.[228]

Hinsichtlich formaler sowie inhaltlicher Dimensionen der Erfassung und Aggregation von Geschäftsvorfällen ist das interne Rechnungswesen heute weitgehend von externen Rechnungslegungsregeln abhängig. Dies ist vor allem auf die in Abschnitt 2.1.6 kurz dargestellte Tendenz der Konvergenz zwischen dem internen und dem externen Rechnungswesen zurückzuführen. Auch bezüglich der rechnerischen Aggregation von Daten werden intern zumeist die externen Methoden übernommen. In Konzernen wird heute im Regelfall nach internen Gewinn- und Verlustrechnungen und Bilanzen gesteuert, die ähnlich wie die externen Rechenwerke aufgebaut sind.[229] Im Bezug auf die Segmentierung der internen Pla-

---

[224] Ziel der externen Rechenwerke ist es, einen allgemeinen Zahlenrahmen vorzugeben, mit dem der wirtschaftliche und finanzielle Zustand unterschiedlicher Unternehmen möglichst objektiv ermittelt und verglichen werden kann. Vgl. Bruns 2002, S. 176-178.

[225] Vgl. Born 2002, S. 37.

[226] Nach FAS 131 steht der „Management Approach" bei den Ermittlungsgrundsätzen für Segmentdaten im Vordergrund. Hingegen sollten nach IAS 14 und DRS 3 entsprechend dem Einfluss des „Disaggregation Approach" weitgehend die im Jahresabschluss verwendeten Rechnungslegungsregeln für die Bestimmung von Segmentdaten verwendet werden. Vgl. Coenenberg 2001, S. 782-784; Currle 2000, S. 46.

[227] Unter Steuerung wird hier der integrierte Prozess von Planung, Steuerung und Kontrolle verstanden. Vgl. Schweitzer/Küpper 1998, S. 4-8.

[228] Siehe Abschnitt 2.1.4.

[229] Vgl. Reichmann 2001, S. 79-85.

nungs- und Erfolgsrechnung nach einzelnen Managementeinheiten ergeben sich hingegen unterschiedliche Möglichkeiten der Ausgestaltung des internen Aggregationssystems. Abhängig von der Organisationsausrichtung eines Konzerns kann das Rechensystem eng- oder weitmaschig um funktionale, geografische oder divisionale Organisationseinheiten gelegt werden.[230]

Eine wesentliche Aufgabe des internen Rechnungswesens besteht in der Bereitstellung von flexiblen Auswertungsmechanismen auf unterschiedlichen organisatorischen Aggregationsniveaus. Das interne Rechnungswesens muss sowohl eine aggregierte Erfolgsrechnung des gesamten Konzerns wie auch eine Auswertung auf weniger aggregierten Ebenen, wie dem Tochtergesellschafts- oder dem Kostenstelleniveau, ermöglichen. Um diesen Anforderungen entsprechen zu können, haben sich in der Praxis unterschiedliche Methoden entwickelt.

Die stufenweise Erfolgsrechnung

Ein in Praxis und Literatur verbreitetes Instrument der internen Aggregation von Finanzdaten ist die stufenweise Erfolgsrechnung. Nach dem verbreiteten Teilkostenkonzept wird diese in der Praxis häufig in Form einer mehrstufigen Deckungsbeitragsrechnung umgesetzt. Bei dieser Technik werden für unterschiedliche Hierarchieebenen des Unternehmens Erträge erfasst und den variablen und bereichsfixen Kosten gegenübergestellt.[231] Zugleich erfolgt eine Segmentierung der zugerechneten Kosten und Erlöse in horizontaler Ebene nach Unternehmensbereichen.[232] In Abbildung 6 ist das Prinzip einer stufenweisen Zuordnungsrechnung dargestellt. Das Ziel der mehrstufigen Erfolgsrechnung kann in einer Dezentralisierung der Entscheidungskompetenzen bei gleichzeitiger zentraler Kontrollmöglichkeit gesehen werden. Einzelnen Organisationseinheiten kann unter Einhaltung des Verursachungsprinzips die Verantwortung für bestimmte Sach- als auch Budgetziele übertragen werden. Zudem stehen durch die differenzierte Abrechnung zentral und dezentral umfassende Auswertungsmöglichkeiten zur Verfügung. Entlang der Führungshierarchie des Unternehmens können horizontal segmentiert jeweils verdichtete Kennzahlen ermittelt werden.[233]

[230] Vgl. Hahn/Hungenberg 2001, S. 856; Sinzig 2003, S. 132.

[231] Die stufenweise Fixkostendeckungsbeitragsrechnung beruht auf einer Teilkostenrechnung. Den Kostenträgern werden variable Kosten sowie Produktfixkosten zugeordnet. Eine weitere Aufspaltung des Fixkostenblocks geschieht nach Objekten wie Produktgruppen oder Abrechnungsbereichen. Durch diese Technik soll eine optimale Steuerung des Produktprogramms ermöglicht werden. Vgl. Jorasz 2000, S. 271-290.

[232] Vgl. Küpper 2001, S. 276.

[233] Eine Darstellung des Aggregationsmechanismus der Ergebnisrechnung bei Siemens findet sich in: Ziegler 1994, S. 180-187.

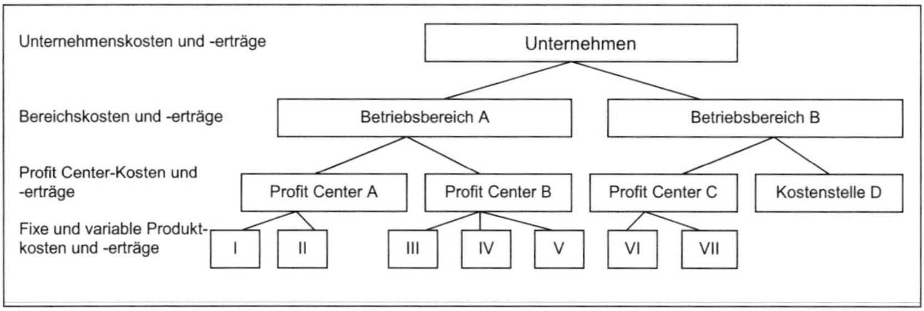

Abbildung 6: Prinzipdarstellung einer mehrstufigen Erfolgsrechnung

Aggregationsstufen und Aggregationsdimensionen

Abbildung 6 verdeutlicht, dass Aggregationsstufen ein zentrales Element einer Aggregationsrechnung darstellen. Auf jeder Aggregationsstufe werden die einzelnen Elemente der tiefer liegenden Stufen zusammengefasst. Die Stufen sind jeweils bestimmten Objekten zugeordnet. In der dargestellten Struktur stimmen die Stufen beispielsweise mit der hierarchischen Organisationsstruktur der Unternehmung überein. Das zweite zentrale Element einer Aggregation bilden Dimensionen. In Abbildung 6 ist lediglich die organisatorische Dimension der Aggregation dargestellt. Simultan zur organisatorischen Dimension bestehen weitere, beispielsweise regionale oder kostenartenspezifische Dimensionen.[234] Bei einer Aggregationsauswertung wird für jede Dimension eine bestimmte Aggregationsebene als Auswertungsgrundlage verwendet. Beispielsweise werden die Umsätze eines bestimmten Landes (regionale Dimension) für sämtliche Produkthierarchien eines Unternehmens (produktspezifische Dimension) aggregiert. Auf der anderen Seite lassen sich Umsätze oder die Herstellungskosten (Dimension der Erlös- und Kostenarten) für ein bestimmtes Produkt über sämtliche Länder aggregieren.

Aggregierte Werte basieren zumeist auf arithmetischen Operationen mit einzelnen Subaggregationswerten.[235] Die Gesamtkosten eines Unternehmens lassen sich beispielsweise aus der Summe der aggregierten Werte der einzelnen Kostenpositionen errechnen (siehe Abbildung 7). Mit Ausnahme der Dimension der GuV-Positionen wird in diesem Beispiel jeweils die höchste Aggregationsstufe der verschiedenen Dimensionen betrachtet.

---

[234] Vgl. Garrison/Noreen 2000, S. 563/564; Noack 2000, S. 356-359.

[235] Ausnahme: Bestimmte Werte, wie Konsolidierungsbuchungen oder pauschale Korrekturen, können direkt auf eine höhere Stufe gebucht werden. Die Summe der einzelnen Subaggregationswerte ergibt in diesem Fall nicht den Wert der oberen Aggregationsstufe.

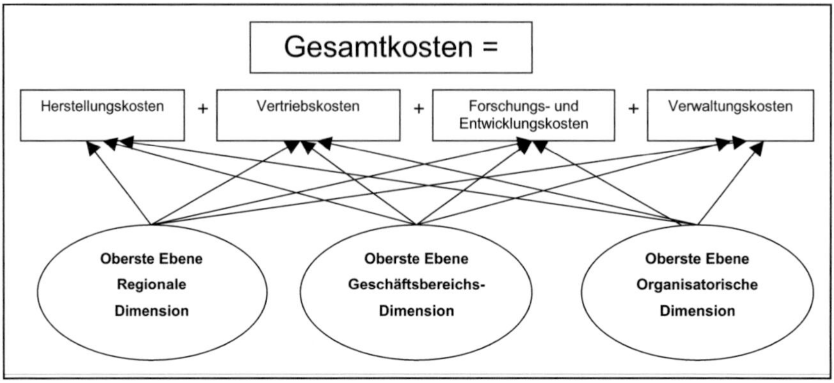

Abbildung 7: Aggregationsdimensionen der Gesamtkostenbetrachtung

3.3 Die Risikoaggregation

3.3.1 Abgrenzung Risikoaggregation/Finanzdatenaggregation

Das System der Aggregation von Risikodaten ist eng mit dem traditionellen Finanzsystem eines Unternehmens verbunden. Wie beim Finanzdatensystem wird auch im Risikoaggregationssystem eines Unternehmens das Ziel verfolgt, für Management und Eigentümer geeignete Informationen zu ermitteln und bereitzustellen.[236] Auch aus methodischer Sicht besteht eine enge Verbindung zwischen dem Finanzsystem und einer integrierten Risikoaggregation. Zumindest in großen Unternehmen werden Risiken vielfach in einem monetären Standard bewertet. Bei einer monetären Bewertung kann eine Aggregation von unterschiedlichen Risikoarten durchgeführt werden.[237] Da sich das Rechnungswesen primär durch die Behandlung von monetär bewerteten Sachverhalten definiert[238], kann die Risikoverarbeitung in dieser Hinsicht als integrierter Bestandteil des Finanzsystems interpretiert werden.

Ein elementarer Unterschied zwischen dem Finanzsystem und dem Risikoaggregationssystem einer Unternehmung besteht in der Standardisierung. Die Aggregationsmethodik des Rechnungswesens ist weitgehend normiert.[239] Bei der Aggregation von Risikodaten bestehen bisher weniger Regelungen. In Gesetzen wie dem KonTraG oder Vorschriften wie dem

[236] Vgl. Meulbroek 2002, S. 57-62.

[237] Durch die monetäre Bewertung werden unterschiedliche Risiken auf einen Standard „normiert“. Nur durch eine quantitative Normierung ist eine Vergleichbarkeit und eine Aufrechenbarkeit gegeben. Siehe weiterhin Kapitel 6.3.1.1.

[238] Vgl. Eisele 2002, S. 3.

DRS 5 ist bisher für Industrieunternehmen nur der grobe Rahmen eines Risikomanagements und eines Risikoaggregationssystems vorgeschrieben. Die detaillierte Auslegung eines derartigen Systems ist den Unternehmen bisher selbst überlassen.[240] Bei der Ausgestaltung eines Risikoaggregationssystems stehen den Unternehmen somit erheblich mehr Freiräume zur Verfügung, als dies bei der Einrichtung eines Finanzdatensystems der Fall ist.

3.3.2 Dimensionen eins Risikoaggregationssystems

Analog zum Finanzdatensystem des Unternehmens sollte auch das Risikoaggregationssystem flexible Auswertungen nach unterschiedlichen Dimensionen ermöglichen. In der Literatur wird zumeist die Dimension der Risikofelder bzw. der Risikoarten dargestellt.[241] Weiterhin sind analoge Dimensionen wie bei der Aggregation von Finanzdaten denkbar.

3.3.2.1 Aggregation nach Risikoarten

Eine Aggregation nach Risikoarten ermöglicht es, Aussagen über das Risikoexposure eines betrachteten Unternehmens oder Unternehmensbereiches bezüglich einer bestimmten Risikofaktorklasse zu treffen. Zumeist wird eine Risikoart nach dem Ursprung eines Risikos definiert. Es wird nicht primär beachtet, in welchen Bereichen sich ein Risiko auswirkt.[242] Hingegen wird betrachtet, welcher inhaltlicher Faktor für ein Risiko verantwortlich ist. Es existiert kein allgemein gültiger Standard für eine Klassifikation von Risikoarten.[243] Demzufolge finden sich in Literatur und Praxis unterschiedliche Ansätze der Klassifikation. Entsprechend den zumeist in der Literatur zum industriellen Risikomanagement aufgezeigten Klassifikationsvorschlägen werden eine Vielzahl von inhaltlich definierten Risikoarten gebildet. Die Risikogruppen stehen in der einstufigen Hierarchie der Risikoarten auf einer Ebene.[244] Alternativ existiert ein von Finanzinstitutionen verwendetes, eher hierarchisches Klassifikationsschema. Bei diesem, in Tabelle 3 in einer Ausprägung dargestellten Schema werden die einzelnen

---

[239] Siehe Abschnitt 3.2.3.2.

[240] Vgl. Hommelhoff/Mattheus 2000, S. 15-17; Naumann 2000, S. 323/324.

[241] Siehe Abschnitt 2.2.4.2.

[242] Das Versagen von operativen Kontrollprozessen im Produktionsbereich kann sich in verschiedenen Unternehmensbereichen oder -prozessen in unterschiedlichsten Schäden auswirken. Es kann beispielsweise ein auf die Produktion beschränkter Schaden auftreten. Als Folge können im Vertrieb Schäden durch Lieferprobleme entstehen. Vgl. Wolf/Runzheimer 2001, S. 35.

[243] Vgl. Kajüter 2001b, S. 110. Es bestehen Klassifizierungen für Risiken einzelner Branchen. Das Bundesaufsichtsamt für Kreditwesen hat beispielsweise Risiken für Kreditinstitute klassifiziert. Zudem sind die Risikoarten für Finanzinstitute und Versicherungen in DRS 5-10 und DRS 5-20 enger definiert. Eine branchenübergreifende standardisierte Klassifikation besteht bisher jedoch nicht.

[244] Vgl. u. a. Lück/Henke/Gaenslen 2002, S. 231. Siehe auch DRS 5.17.

Risikoarten wenigen übergeordneten Risikoklassen zugeordnet.[245] Auch wenn sich dieses Schema in der Praxis vor allem im Finanzsektor findet, wird es in dieser Arbeit zur Klassifikation von industriellen Risiken verwendet. In Tabelle 3 ist der verwendete Klassifikationsansatz dargestellt.[246] Aufgrund der anhand weniger Grundcharakteristika vorgenommenen Aufteilung sämtlicher Unternehmensrisiken in wenige abgrenzbare Obergruppen eignet er sich für die im Rahmen dieser Arbeit durchgeführte Analyse.

Risikoklasse	Kurzbeschreibung
Finanzrisiken	Marktpreisrisiken von Finanzaktiva, Gegenparteirisiken
Operationelle Risiken	Prozessrisiken und Externe Risiken
Kurz-/mittelfristige Geschäftsrisiken	Mit der Wertschöpfungskette verbundene Risiken; vielfach Mengen- und Preisrisiken
Strategische Geschäftsrisiken	Mit dem Ressourcen- und Potentialaufbau verbundene längerfristige Risiken

Tabelle 3: Risikoklassen

3.3.2.1.1 Finanzrisiken

Finanzrisiken entstehen in der Industrie vor allem aufgrund von Marktpreisschwankungen von Finanzprodukten und Rohstoffen. Auf der Marktbindung basierende Charakteristika von Finanzrisiken bestehen unter anderem darin, dass positive und negative Abweichungen vom erwarteten Wert eintreten können und dass eine vergleichsweise hohe Verfügbarkeit von Daten gegeben ist.[247] Zudem existiert bezüglich des Risikomanagements bei Finanzrisiken die Eigenheit, dass diese vielfach über Finanzmärkte durch Inkaufnahme bestimmter Absicherungskosten an andere Marktpartner übertragen werden können. Für Industrieunternehmen sind vor allem das Währungs-, das Zinsänderungs- und das Rohstoffpreisrisiko von Bedeutung.[248] Durch die Verbreitung von kapitalmarktorientierten Pensionsfonds hat zudem der Einfluss der Entwicklung der Kapitalmarktpreise auf die Ergebnissituation von Industrie-

[245] Vgl. Credit Suisse 2002, S. 60; Beeck/Kaiser 2000, S. 636-638; Krammer et al. 2001, S. 1453. In der Praxis finden sich teilweise leicht differenzierte Ausprägungen des Schemas. Beispielsweise verwendet die Deutsche Bank eine vergleichbare Risikoartenklassifikation, wobei die Finanzrisiken in Markt- und Kreditrisiken aufgeteilt sind. Vgl. Deutsche Bank 2003, S. 197/198. Siehe auch DRS 5-10.9.

[246] Im Folgenden wird nicht zwischen den Risikoklassen der Erfolgs- und Liquiditätsrisiken unterschieden. Mittelfristig wirken sich realisierte Risiken zumeist sowohl in Erfolgs- wie Liquiditätskennwerten aus.

[247] Finanzrisiken weisen vielfach die Eigenschaften von Verteilungsrisiken auf.

[248] Vgl. Verband deutscher Treasurer 1999, S. 116.

unternehmen zugenommen.[249] Ein weiteres Finanzrisiko stellt das Gegenparteirisiko dar. Bei Industriefirmen ist dieses Finanzrisiko jedoch von geringerer Bedeutung als bei Banken.[250] Bis vor wenigen Jahren war das industrielle Risikomanagement fast ausschließlich auf das Management von finanziellen Risiken beschränkt.[251] Die Instrumente und Verfahren zum Management finanzieller Risiken in industriellen Unternehmen wurden zumeist aus dem Risikomanagement des Bankensektors übernommen.

3.3.2.1.2 Operationelle Risiken

Unter der Gruppe der operationellen Risiken werden in dieser Arbeit entsprechend einer weiten Definition sämtliche Risiken verstanden, die sich nicht den Geschäfts- oder den Finanzrisiken zurechnen lassen.[252] Zumeist handelt es sich bei diesen Risiken um Prozess- oder externe Ereignisrisiken.[253] Für diese Arbeit sind unterschiedliche Charakteristika der Risikoklasse von Bedeutung. Zum einen besteht bei diesen Risiken häufig eine ausschließliche negative Risikoausprägung. Vielfach entsteht beim Eintritt eines mit einem operationellen Risiko verbundenen Ereignisses ein monetärer Schaden.[254] Weiterhin sind diese Risiken oft nicht direkt mit den eigentlichen Kernzielgrößen des Managements verbunden.[255] Die Risiken werden für den Betrieb des Kerngeschäfts in Kauf genommen. Durch entsprechende Kontrollprozesse sollen die Risiken weitgehend reduziert werden. Eine direkte Berücksichtigung der Risikofaktoren im finanziellen Controlling-Steuerungssystem ist jedoch vielfach nicht gegeben. Bei operationellen Risiken besteht zudem ein Identifikations- und Bewertungsproblem. Da sich die Risiken tendenziell mit geringer Wahrscheinlichkeit realisieren, ist es ex ante schwierig, das gesamte Portfolio der bestehenden operationellen Risiken zu erfassen und zu bewerten.[256] Die Identifikationsproblematik wird in dieser Arbeit nicht detailliert betrachtet.[257] Im Folgenden werden einige wichtige der Klasse der operationellen Risiken zurechenbare Risikoarten aufgeführt.

---

[249] Vgl. Sammer 2002b, S. 1-4.

[250] Bei Banken stellt das Gegenparteirisiko (Kreditrisiko und Erfüllungsrisiko) vielfach die Risikoklasse mit dem höchsten Risikoexposure dar. Bei Industrieunternehmen sind im Normalfall andere Finanzrisiken von höherer Bedeutung. Das Risiko der Außenstände kann im Einzelfall jedoch auch hier eine relevante Größenordnung einnehmen.

[251] Vgl. Meulbroek 2002, S. 56.

[252] Vgl. Beeck/Kaiser 2000, S. 637. Von der Bankenaufsicht werden ähnliche Definitionen verwendet. Vgl. Deutsche Bank 2003, S. 198.

[253] Vgl. Abschnitt 5.3.2.1.

[254] Im Gegensatz zu den Finanzrisiken weisen operationelle Risiken vielfach den Charakter eines Ereignisrisikos auf.

[255] Durch die Bearbeitung der Risikofaktoren lassen sich vielfach keine Effizienzgewinne erzielen. Demzufolge besteht kein direkter Optimierungsanreiz.

[256] Es bestehen wenige Erfahrungswerte für diese Risiken. Vgl. Faisst/Kovacs 2003, S. 346.

Rechtliche Risiken

Rechtliche Risiken umfassen das weite Feld einer potentiellen rechtlichen Inanspruchnahme eines Unternehmens. Das rechtliche Risikoprofil von Unternehmen ist sehr von branchen- und unternehmensindividuellen Faktoren abhängig. Nach deutschem Recht lassen sich die Risiken grob in Risiken aus zivilrechtlichen (u. a. aus gesellschaftsrechtlichen) und aus öffentlich-rechtlichen Vorschriften untergliedern.[258] Vor allem durch die zunehmende Internationalisierung der Geschäftsaktivitäten der Industrieunternehmen haben rechtliche Risiken an Bedeutung gewonnen. Die Unternehmen sind heute dem Risiko potentieller Klagen aus unterschiedlichen Rechtsordnungen ausgesetzt.[259] Ein in den meisten Branchen an Bedeutung gewinnendes rechtliches Risiko stellt beispielsweise das der Produkthaftung dar.[260]

Betriebliche Risiken

Unter betrieblichen Risiken werden Leistungsrisiken verstanden, die entlang den primären wertschöpfenden Tätigkeiten sowie den unterstützenden Funktionen entstehen. Die Risiken basieren auf Prozessfehlern, die nicht durch Kontrollen entdeckt und verbessert werden.[261] Die Besonderheit von betrieblichen Risiken besteht darin, dass sie zum großen Teil von internen Faktoren abhängen und somit stark zwischen den unterschiedlichen Unternehmen einer Branche als auch zwischen den Branchen variieren. Sie entstehen durch das komplexe Zusammenspiel von Faktoren wie Prozessen, Unternehmenskultur, Kontrollsystemen, Mitarbeiterqualifikation und Ereignissen der Unternehmensumwelt.[262] Unter dem Begriff betriebliche Risiken können wichtige Risiken wie Umweltrisiken, IT-Risiken oder Betreiberrisiken subsumiert werden.[263]

Neben den aufgeführten Risikoarten können weitere Risiken der Klasse der operationellen Risiken zugeordnet werden. Ein Beispiel stellt das Reputationsrisiko dar.[264]

3.3.2.1.3 Geschäftsrisiken

Geschäftsrisiken stehen mit dem eigentlichen Kerngeschäft der Unternehmung in Verbindung. Geschäftliche Risiken beziehen sich vielfach auf den Absatzmarkt. Geschäftliche Risi-

[257] Der Schwerpunkt dieser Arbeit besteht in dem Prozessschritt der Risikoaggregation, nicht in der Risikoerfassung. Zur Risikoidentifikation siehe Abschnitt 2.2.4.2.

[258] Vgl. Meyding/Fabian 2000, S. 288.

[259] Vgl. Scholl 2001, S. 248-252.

[260] Vgl. Gleißner 2001b, S. 118. Beispielsweise ist der Bayer-Konzern durch den Fall Lipobay heute einer Vielzahl von Klagen ausgesetzt.

[261] Vgl. Saitz 1999, S. 78.

[262] Vgl. Hoffman 2002, S. 296.

[263] Zu Betreiberrisiken siehe: Falter/Michel 2000, S. 477.

ken können jedoch auch in weiteren Gebieten wie beispielweise dem Einkauf, der Kalkulation oder der Produktion und Logistik bestehen. Die Risiken lassen sich vielfach auf Mengen- oder Preisentwicklungen zurückführen.[265] Wie bei den operationellen Risiken besteht bei vielen geschäftlichen Risiken die Identifikations- und die Bewertungsproblematik. Ex ante ist es schwierig, die Risiken korrekt aufzulisten und zu bewerten.

Geschäftsrisiken beziehen sich auf Risikofaktoren, die im direkten Managementeinfluss stehen. Es ist strittig, ob diese aus den Absatzmärkten und sonstigen Einflussgebieten des Linienmanagements entstehenden Risiken zum Bereich des Risikomanagements gezählt werden sollten. Es kann argumentiert werden, dass das Management von Geschäftsrisiken zu den originären Kernkompetenzen der Unternehmung gehört und somit dem Linienmanagement überlassen werden sollte. Wird das Risikomanagement jedoch als umfassendes Managementunterstützungssystem interpretiert, sollte die Risikoart des Geschäftsrisikos zumindest in diagnostische Risikoberichtsstrukturen integriert werden.[266]

Operative Geschäftsrisiken

Ein elementares operatives kurzfristiges Geschäftsrisiko stellt das Absatzrisiko da. Unter Absatzrisiken werden Verlustgefahren verstanden, die bei der „Veräußerung der Produkte bzw. nach deren Fertigstellung auftreten".[267] Kurzfristige Absatzrisiken können auf unterschiedliche Ursachen zurückzuführen sein. Zum einen können konjunkturelle Faktoren, verschärfte Konkurrenz oder Händlerpolitiken zu Absatzrisiken führen. Wie im letzten Absatz beschrieben, können auch weitere, beispielsweise aus der Produktion stammende Risiken den operativen Geschäftsrisiken zugeordnet werden.[268] Im Bezug auf regulatorische Eingriffe oder Prozessprobleme sind die operativen Geschäftsrisiken häufig schwer von den operationellen Risiken zu trennen. Bestehen beispielsweise Risiken aufgrund von falsch prognostizierten Produktionsmengen oder Rohstoffpreisen, so ist dies bei einem korrekt verlaufenen Prognoseprozess nicht den operationellen, sondern den geschäftlichen Risiken zuzuordnen.

Strategische Geschäftsrisiken

Strategische Risiken sind mit Entscheidungen bezüglich des längerfristigen Potentialaufbaus von Unternehmenskapazitäten verbunden.[269] Strategische Risiken wirken sich im Aktivitäten-

---

264 Entsprechend der Definition operationeller Risiken nach Basel II wurde dieses Risiko explizit ausgeschlossen. Vgl. Mathmann 2003, S. 164.

265 Vgl. Beeck/Kaiser 2000, S. 637/638.

266 Vgl. Töpfer/Heymann 2000, S. 230.

267 Vgl. Rogler 2001, S. 224.

268 Operative Geschäftsrisiken können entlang der gesamten Wertschöpfungsketten im Unternehmen auftreten. Vgl. Burger/Buchhart 2002, S. 40.

269 Strategische Risiken können als „all jene Risiken, die zu einer wesentlichen Beeinträchtigung der Erfolgspotentiale eines Unternehmens führen können", interpretiert werden. Vgl. Gleißner 2000, S. 1625.

und Produktportfolio eines Unternehmens aus. Die meisten Unternehmenskrisen lassen sich im Endeffekt vergangenen strategischen Fehlern zurechnen.[270] Portfoliorisiken entstehen dadurch, dass Unternehmen keine ausreichenden Marktpotentiale generieren können. Über den Zeitverlauf können hierdurch Absatzprobleme entstehen, die wiederum zu finanziellen Krisen und schließlich zu einer Insolvenz führen können.[271] Die systematische Behandlung von strategischen Risiken ist ein Kernbestandteil des strategischen Managementprozesses.[272] Das strategische Risikomanagement ist demzufolge enger als das operative Risikomanagement mit den Kernprozessen eines Unternehmens verbunden.

Anzumerken ist, dass sich das strategische Risikomanagement trotz seines häufig langfristigen Ansatzes auf die kurzfristige Risikosituation auswirken kann. Strategische Investitions- oder Desinvestitionsentscheidungen können die Risikosituation eines Unternehmens kurzfristig erheblich verändern. Langfristig beeinflussen strategische Geschäftsentscheidungen das Gesamtrisiko eines Unternehmens. Kurzfristige Finanz-, Geschäfts- oder operationelle Risiken sind letztendlich Resultate der vergangenen langfristigen strategischen Entscheidungen. Es kann somit gefolgert werden, dass eine kurzfristig negative Risikosituation vielfach auf sich realisierte vergangene strategische Risiken zurückzuführen ist.

3.3.2.2 Aggregation nach sonstigen Dimensionen

Neben der Betrachtung des Risikoexposures nach Risikoarten ist es für interne Analysezwecke sinnvoll, die Risiken nach weiteren Dimensionen wie Unternehmens- und Verantwortungsbereichen zu aggregieren. Nur bei der Verfügbarkeit von flexiblen Analysemöglichkeiten kann die Unternehmensführung die Risikolandschaft ihres Unternehmens erfassen und aktiv steuern. Die Dimensionen einer Aggregation können beispielsweise analog zu denen des klassischen Finanzsystems einer Unternehmung aufgebaut werden. Denkbar sind u. a. die folgenden Dimensionen der Aggregation von Risiken:[273]

- Regionale Aggregation von Risiken
- Produkt-/Produktgruppenspezifische Aggregation von Risiken
- Geschäftsbereichsspezifische Aggregation von Risiken
- Unternehmensprozessbezogene Aggregation von Risiken
- Funktionale Aggregation von Risiken
- Verantwortungsbereichsbezogene Aggregation von Risiken

---

[270] Nach bestimmten Schätzungen beruhen 60% der Insolvenzen auf „strategischen Krisen". Vgl. Grunwald/Grunwald 2001, S. 65.

[271] Siehe Abschnitt 3.1.5. Zudem kann sich das Portfoliorisiko bei kapitalmarktbasierten Unternehmen in einer feindlichen Übernahme einer Unternehmung auswirken. Ein übernehmendes Unternehmen kann die Ressourcen evtl. effizienter einsetzen.

[272] Vgl. Hahn/Hungenberg 2001, S. 1126/1127.

3.4 Methodische Grundlagen der Aggregation von Daten

Eine Risikoaggregation sollte auf eine möglichst einfache und nachvollziehbare Weise erfolgen. Vor allem um Akzeptanz für ein derartiges System zu schaffen, sollte dessen Funktionsweise auch ohne spezifische Vorkenntnisse verständlich sein.[274] In der Literatur wird beschrieben, dass insbesondere die Implementierung von neuartigen Methoden auf eine Vielzahl von organisatorischen und psychologischen Hindernissen trifft.[275] Um in der gesamten Unternehmung eine hohe Akzeptanz zu erhalten, müssen neuartige Ansätze auch von Mitarbeitern ohne tief gehende betriebswirtschaftliche oder mathematische Kenntnisse verstanden werden können.[276] Trotz der notwendigen Forderung nach Einfachheit sind für eine systematische Behandlung von Risiken Methoden mit einer gewissen Komplexität unerlässlich. Es existiert somit ein Zielkonflikt zwischen der Schaffung von Detailgenauigkeit durch einen umfassenden Methodeneinsatz und der Forderung nach Einfachheit und Verständlichkeit. Im Folgenden werden zwei grundlegende Methodengebiete der Risikoaggregation dargestellt. Einerseits wird die Methodik der Verdichtung in Kennzahlensystemen beschrieben. Anschließend werden einige grundlegende statistische Konzepte dargestellt.

3.4.1 Kennzahlen

Kennzahlen werden zu dem Zweck eingesetzt, komplexe Sachverhalte in quantitativer, konzentrierter Form zu erfassen und wiederzugeben.[277] Der Grund für die Verwendung von Kennzahlen liegt primär in der Notwendigkeit der Schaffung von Vergleichsmaßstäben. Lediglich in einem Zeitvergleich, dem Vergleich mit einem anderen Betrieb oder einem Soll-Ist-Vergleich kann ein betriebswirtschaftliches System bezüglich seiner Entwicklung beurteilt werden.[278] Durch die Verwendung von Kennzahlen kann auch bei komplexen Objekten eine Vergleichbarkeit geschaffen werden.

Im Einzelnen werden Gliederungs-, Beziehungs- und Indexzahlen unterschieden.[279] Eine Gliederungszahl ist das Verhältnis einer Teilmenge zur Gesamtmenge einer bestimmten Grundgesamtheit. Bei Beziehungszahlen wird das Verhältnis von verschiedenartigen, inhaltlich jedoch verbundenen Größen ermittelt. Indexzahlen werden vor allem zur Analyse der

[273] Siehe Abschnitt 3.2.3 sowie die dort zu Aggregationsdimensionen angegebenen Literaturquellen.
[274] Vgl. Simons 2000, S. 220.
[275] Vgl. Weber 2002, S. 339; Bierach 2002, S. 96/97.
[276] Vgl. Hoffman 2002, S. 28.
[277] Vgl. Reichmann 2001, S. 19.
[278] Vgl. Zdrowomyslaw/Kasch 2002, S. 7-20; Coenenberg 2001, S. 892/893.
[279] Vgl. Coenenberg 2001, S. 894-896.

zeitlichen Entwicklung heterogener Grundmengen verwendet.[280] Sie beziehen sich jeweils auf einen in der Zeitreihe fixierten Ausgangspunkt. Auch absolute Zahlen, die sich aus der Addition bzw. Subtraktion einzelner Werte ergeben, werden in der Literatur als Kennzahlen bezeichnet.[281]

Kennzahlen werden häufig im Zusammenhang mit weiteren Kennzahlen verwendet. Dabei werden die Zahlen zumeist in einer Hierarchieform dargestellt. Ein in sich geschlossenes System von mehreren Kennzahlen wird als Kennzahlensystem bezeichnet. Eine Klassifizierungsmöglichkeit besteht beispielsweise in einer Unterscheidung von mathematischen und empirischen Kennzahlensystemen. Bei den empirischen Systemen wird das Ziel verfolgt, ein konsistentes System aus unterschiedlichen Indikatoren zur Ermittlung des Zustands eines komplexen Gegenstandes aufzubauen. Mathematische Kennzahlensysteme zeichnen sich dadurch aus, dass festgelegte mathematische Relationen zwischen den Systemelementen bestehen.[282]
Eine elementare Eigenschaft von Kennzahlen besteht in der Informationsverdichtung. In dieser Eigenschaft ist die Kennzahlenbildung eng mit der Aggregation von Daten verbunden. Die Informationen unterschiedlicher Ebenen werden aggregiert und mit hinreichender Genauigkeit und Aktualität konzentriert in einer Zahl erfasst.

Spitzenkennzahlen befinden sich auf der höchsten Aggregationsebene hierarchisch aufgebauter Kennzahlensysteme. Insbesondere in der Unternehmenssteuerung sind Spitzenkennzahlen von hoher Bedeutung. Eine Spitzenkennzahl (englisch: Key Performance Indicator) ermöglicht die Ausrichtung eines umfassenden Systems von Kennzahlen auf eine Variable. Durch eine Spitzenkennzahl wird die „Sprache“ in einem Unternehmen im Bezug auf einen bestimmten Sachverhalt vereinheitlicht. Es wird eine Zielkongruenz zwischen den verschiedenen Einzelzielen der Unternehmensbereiche geschaffen. Bereichsbezogene Kennzahlen eines Unternehmens können im Hinblick auf die übergeordnete Zielgröße geplant und kontrolliert werden.[283]

---

280 Der Index wird in der Regel als gewichtetes Mittel der einzelnen Zahlenwerte berechnet und im Ursprungsjahr auf eine bestimmte Größe, z. B. 100% oder 1, normiert.

281 Vgl. Zdrowomyslaw/Kasch 2002, S. 69.

282 Vgl. Reichmann 2001, S. 22/23, Serfling 1992, S. 255.

283 Eine der in der Literatur am häufigsten dargestellten Spitzenkennzahlen ist der ROI des klassischen Kennzahlensystems von Du Pont. Dieses System wird vielfach beschrieben, da es das erste System war, welches den Ansatz verfolgte, sämtliche finanziellen Daten eines Unternehmen im Hinblick auf eine gemeinsame Zielgröße auszurichten. Auch wertorientierte Steuerungsgrößen können als Spitzenkennzahlen unternehmensübergreifender Kennzahlensysteme interpretiert werden. Vgl. Aders/Hebertinger 2003, S. 10. Siehe zudem Abschnitt 3.1.1.2.

Auch für Risikomanagementsysteme kann es als vorteilhaft angesehen werden, eine übergeordnete Variable bzw. Relation als unternehmensweite Risikokennzahl zu definieren.[284] Eine konsolidierte Risikogröße könnte maßgeblich dazu beitragen, die Risikoprozesse eines Unternehmens auf ein Ziel auszurichten und somit Akzeptanz für das Risikomanagement zu schaffen. Im Bankbereich bestehen in einigen Fällen bereits Systeme, die eine integrierte Verdichtung aller Risiken zu einer Kennzahl ermöglichen. Analog zur Finanzberichterstattung eines Unternehmens können Risiken auf Konzernebene nach Risikoarten oder Risikoträgern aggregiert dargestellt werden.[285]

3.4.2 Grundlegende statistische Ansätze

Unternehmensbezogene Daten lassen sich theoretisch mit einer Vielzahl statistischer Verfahren analysieren. Aufgrund des Postulats nach Verständlichkeit und Einfachheit eines betrieblichen Risikomanagementsystems sollten jedoch in der Praxis nur einfache und von vielen Leuten nachvollziehbare Methoden verwendet werden. In dieser Arbeit werden demzufolge lediglich vergleichsweise einfache Verfahren der Statistik dargestellt.[286]

3.4.2.1 Lage- und Streuungsparameter - Erwartungswert, Varianz, Kovarianz

Die Kennzahlen Erwartungswert, Varianz und Kovarianz können als Basisgrößen einer statistischen Erfassung von Risiken interpretiert werden. Anhand dieser Größen können im Rahmen von deskriptiven statistischen Ansätzen beliebige Datensätze charakterisiert werden.[287]

Erwartungswert:	$E(x) = \sum x(f(x))$
Varianz:	$Var(x) = \sum (x - E(x))^2 f(x)$
Kovarianz:	$Cov(x, y) = \sum \sum (x - E(x))(y - E(y))f(x, y)$

Abbildung 8: Basisparameter der mathematischen Risikoerfassung

[284] Vgl. Culp 2002, S. 19.
[285] Vgl. z. B. HVB Group 2002, S. 13/14.
[286] Im Rahmen dieses Abschnitts werden nur einige Grundlagen aus der Statistik dargestellt.
[287] In diesem Abschnitt werden einige wichtige Parameter beschrieben. Alternative Lageparameter sind beispielsweise der Modus oder der Median. Weitere Maßzahlen einer empirischen Verteilung stellen beispielsweise Quantile, Schiefe und Exzess dar.

Der Erwartungswert E(x) gibt die durchschnittlich zu erwartende Ausprägung eines bestimmten Zufallsexperiments wieder. Ein geeignetes Maß für das Risiko stellt die Varianz Var(x) dar. Die Varianz ist die zu erwartende quadratische Abweichung des Ergebnisses eines Zufallsexperiments vom Erwartungswert.[288] Über die beiden Parameter des Erwartungswertes und der Varianz kann die Erwartung bezüglich eines Zufallsexperiments, wie die Gewinnentwicklung eines Unternehmens, in einer bestimmten Periode sowohl als Punkt- als auch als Intervallschätzung abgeben werden. Die Kovarianz Cov(x,y) betrachtet die Wechselwirkung zwischen verschiedenen Zufallsexperimenten. Über die Bestimmung der Kovarianz können Erwartungen über gleichgerichtete oder entgegengesetzte Entwicklungen bestimmter Variablen definiert und in statistische Modelle integriert werden. Insbesondere bei der Annahme von normalverteilten Risikovariablen[289] kann im Rahmen von induktiven, beurteilenden statistischen Verfahren durch Spezifizierung der drei in Abbildung 8 dargestellten Parameter die Zusammenwirkung einer Vielzahl von Risiken modelliert und berechnet werden.[290]

3.4.2.2 Wahrscheinlichkeitsverteilungen

Wahrscheinlichkeitsverteilungen spielen bei jeglicher Risikobetrachtung eine wichtige Rolle. Durch Wahrscheinlichkeitsverteilungen lassen sich unterschiedlichste Formen von mehrwertigen Zukunftserwartungen darstellen und mathematisch verarbeiten. Implizit werden auch bei einfachsten Methoden der Risikoquantifizierung Wahrscheinlichkeitsverteilungen verwendet. Für ein Risikomanagement ist es von Bedeutung, Denkprozesse in Wahrscheinlichkeiten anzuregen. Hierdurch kann ein bewusster Umgang mit Risiken im Unternehmen gefördert und Akzeptanz für das Risikomanagement geschaffen werden.[291] Im Rahmen der Risikoanalyse werden Verteilungen beispielsweise als Eingangsparameter für Simulationsmodelle verwendet. Zudem könnten einfache Wahrscheinlichkeitsverteilungen und deren Parameter als zukunftsgerichtete Reporting- oder als Vorgabegrößen im Rahmen eines risikoorientierten Berichtssystems verwendet werden. Im Rahmen der beurteilenden, induktiven Statistik können, basierend auf bestimmten Verteilungsannahmen, Risikogrößen wie der Value at Risk (VaR) berechnet werden.[292] In Kapitel 5 dieser Arbeit wird der Einsatz von quantitativen Verfahren der Risikoaggregation in einem Controllingprozess untersucht.

[288] Vgl. Gleißner/Wolfrum 2001, S. 151.
[289] Siehe Abschnitt 3.4.2.2.
[290] Eine Modellierung verschiedener normalverteilter Variablen anhand der beschriebenen Parameter wird als Varianz/Kovarianz-Ansatz bezeichnet. Beim CAPM wird das Risiko beispielsweise über den Varianz/Kovarianz-Ansatz modelliert. Siehe Abschnitt 2.2.2.1.
[291] Vgl. Hölscher 2002, S. 5/6.
[292] Vgl. Schierenbeck 2003b, S. 64-80. Siehe Abschnitt 5.1.2.1.

3.4.2.2.1 Risikomodellierung anhand diskreter Verteilungen

Diskrete Verteilungen können im Gegensatz zu stetigen Verteilungen keine beliebigen Merkmalswerte einnehmen. Der Wertebereich ist auf „abzählbar unendlich“ oder eine limitierte Anzahl von Ausprägungen reduziert.

Einpunktverteilungen

Einpunktverteilungen stellen Schätzungen unter Sicherheit dar. Es wird angenommen, dass ein bestimmter Wert (x_1) mit hundertprozentiger Sicherheit eintreten wird. Planungsrechnungen basieren in vielen Fällen auf der Annahme einer Einpunktverteilung. Jegliches potentielle Risiko wird hierbei vernachlässigt. Zusätzliche Informationen, beispielsweise die Abschätzung eines Schwankungsintervalls, werden nicht berücksichtigt.

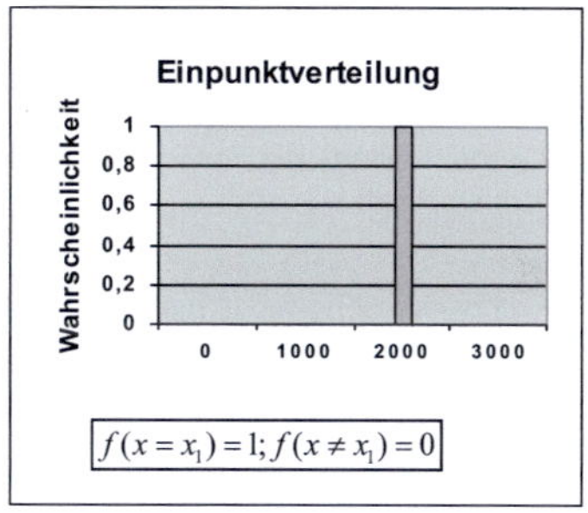

Abbildung 9: Einpunktverteilung

Zweipunktverteilung (Bernoulliverteilung)

Bei der Zweipunktverteilung bestehen zweiwertige Zukunftserwartungen. Es wird vorausgesetzt, dass lediglich einer der beiden spezifizierten Zukunftszustände eintreten wird.[293] Diese Verteilung kann beispielsweise zur Erfassung des Risikos bestimmter Ereignisse oder potentieller Schadensfälle eingesetzt werden.[294] Ihr Vorteil liegt in der Verständlichkeit und Einfachheit sowie in der realitätsnahen Abbildung von einzelnen Ereignisrisiken.[295] Ein Nachteil besteht in der Vernachlässigung der Varianz der möglichen Schadenshöhen und Eintrittswahrscheinlichkeiten. In der Praxis wird dieser Nachteil jedoch zugunsten der Einfachheit häufig in Kauf genommen.

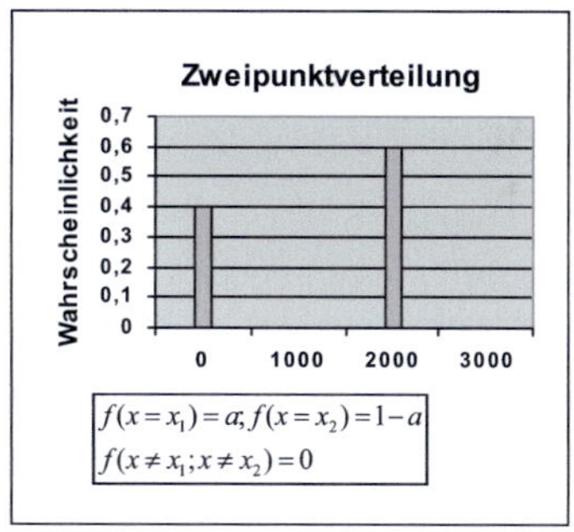

Abbildung 10: Zweipunktverteilung

---

293 Vgl. Bol 2004, S. 50.

294 Es bestehen lediglich zwei alternative Möglichkeiten: Ein Ereignis, z. B. ein Schadensfall, tritt ein oder nicht.

295 In Risikomanagementsystemen der Praxis wird diese Verteilung häufig verwendet. Vgl. z. B. Diederichs/Danowski 2002, S. 575. Siehe zudem Abschnitt 5.2.3 (Risk Map).

Weitere, weniger einfach verständliche diskrete Wahrscheinlichkeitsverteilungen stellen beispielsweise die Hypergeometrische, die Binomial- oder die Poisson-Verteilung dar. Diese werden in der Literatur vielfach beschrieben.[296]

3.4.2.2.2 Risikomodellierung anhand stetiger Verteilungen

Im Gegensatz zu diskreten Verteilungen existieren bei den Ereignisräumen von stetigen Verteilungen keine Beschränkungen. Für viele Risiken stellen diese Verteilungen eine realistische Repräsentation dar.[297] Aufgrund des höheren Abstraktionsniveaus und der größeren mathematischen Komplexität werden derartige Wahrscheinlichkeiten in der industriellen Praxis bisher selten standardisiert für gesamtunternehmensbezogene Risikoreportingprozesse eingesetzt.[298]

Gleichverteilung

Die Gleichverteilung ist die mathematisch einfachste stetige Verteilungsform. Die betrachtete Zufallsvariable kann nach dieser Verteilung lediglich Werte innerhalb des Intervalls zwischen a und b einnehmen. In diesem Intervall sind die zu erwartenden Eintrittsmöglichkeiten „gleichverteilt". Kein Wert besitzt eine höhere Eintrittswahrscheinlichkeit. Durch die Gleichverteilung können im praktischen Risikomanagement mögliche Verteilungsrisiken auf verständliche Weise vergleichsweise realitätsnah[299] modelliert werden. Für die Ergebnisse muss keine Punkt-, sondern eine Intervallschätzung vorgenommen werden.

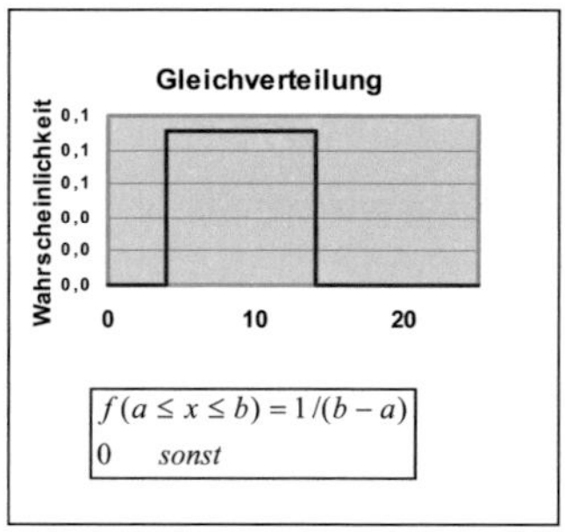

Abbildung 11: Gleichverteilung

[296] Vgl. u. a. Bamberg/Baur 1987, S. 99-103; Bol 2004, S. 49-57.

[297] Die reale Unsicherheit lässt sich über stetige Verteilungen besser abbilden. Bei vielen Risiken lässt sich keine genaue Eingrenzung der Ergebnismöglichkeiten vorgeben. Bestimmte Intervalle oder Werte sind wahrscheinlicher als andere. Ausschließen lässt sich jedoch nicht, dass ein abweichendes Ergebnis eintritt.

[298] Hingegen werden für Finanzrisiken auf diskreten Wahrscheinlichkeiten basierende Verfahren in spezialisierten Abteilungen verwendet. Vgl. Gebhardt/Mansch 2001, S. 70-72.

[299] Im Vergleich zur Modellierung anhand diskreter Verteilungen wie der Zweipunktverteilung.

Normalverteilung

Aufgrund des zentralen Grenzwertsatzes der Statistik kann die Normalverteilung als eine der für die Finanztheorie und Finanzpraxis wichtigsten Verteilungen bezeichnet werden.[300] Nach diesem Gesetz ist die Summe von vielen identisch unabhängig verteilten Zufallsversuchen stets normalverteilt.[301] Auf Basis dieses Gesetzes kann die Normalverteilung für die Approximation einer Vielzahl von realen Risikozusammenhängen verwendet werden.[302] Aufgrund der komplexeren mathematischen und inhaltlichen Zusammenhänge wird diese Verteilung in der Praxis bisher lediglich in speziellen Anwendungsgebieten des Risikomanagements eingesetzt.[303] Über die Normalverteilungen können nur symmetrisch verteilte Risiken modelliert werden.

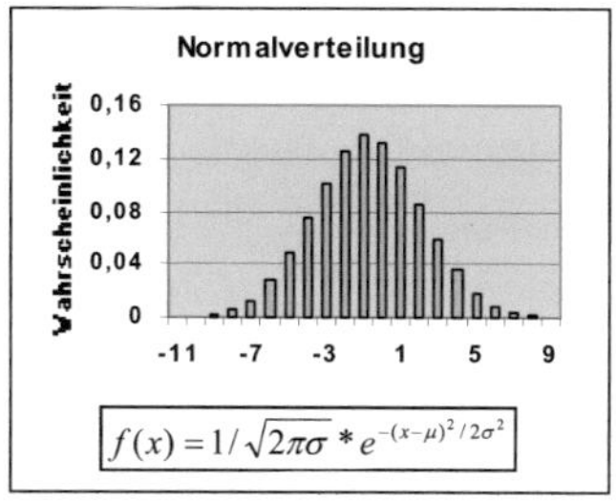

Abbildung 12: Normalverteilung

Betaverteilung

Eine stetige Verteilung, die sich anhand der Festlegung weniger Parameter flexibel für die Modellierung unterschiedlicher Risikoarten und Verteilungen verwenden lässt, stellt die in Abbildung 13 aufgezeigte Betaverteilung dar.

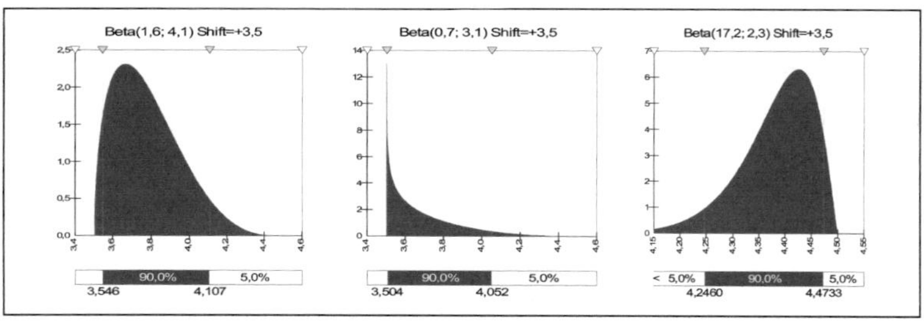

Abbildung 13: Betaverteilung

Anhand der Spezifikation von lediglich drei Parametern können die verschiedensten symmetrischen oder asymmetrischen Verteilungsverläufe spezifiziert werden.[304] Für eine realitäts-

[300] Vgl. Pechtl 2003, S. 24.

[301] Nach dem zentralen Grenzwertsatz konvergiert die Summe der Ergebnisse einer Anzahl von unabhängigen identischen Experimenten immer gegen die Normalverteilung. Vgl. Fahrmeir/Künstler/Pigeot/Tutz 2003, S. 315.

[302] Vgl. Fahrmeir/Künstler/Pigeot/Tutz 2003, S. 313-316; Schierenbeck 2003b, S. 65/66.

[303] Ein Beispiel stellt das Finanzrisikomanagement dar; siehe Fußnote 298. Ein auf der Normalverteilung basierendes System der Risikobehandlung beruht lediglich auf den im Abschnitt 3.4.2.1 beschriebenen Parametern (Erwartungswert, Varianz, Kovarianz).

[304] Bei der Betaverteilung müssen die Parameter α, β und der Shift spezifiziert werden.

konforme Modellierung von Risiken würde die Betaverteilung somit eine geeignete Verteilung darstellen.[305] Beispielsweise können Experten eines Analysegebietes auch ohne statistische Vorkenntnisse subjektive Verteilungen grafisch darstellen. Rechnerintern kann eine bestimmte grafische Verteilung durch eine Betaverteilung approximiert werden.

Weitere in der Literatur zum Risikomanagement vorgeschlagene stetige Verteilungen stellen die Student-, Lognormal-, Exponential-, Trapez- oder die Dreiecksverteilung dar.[306]

3.4.2.3 Komplexere Statistikansätze - Beispiel Bayes'sche Statistik

In der Literatur wird eine Vielzahl von statistischen Ansätzen zur Erfassung des Konzeptes des Risikos dargestellt. Theoretisch könnten viele dieser Ansätze die Risikobehandlung in praktischen Controllingprozessen verbessern. Ein Hindernis für eine Implementierung vieler statistischer Ansätzen in der industriellen Controllingpraxis besteht darin, dass es aufgrund ihrer Komplexität in der betrieblichen Praxis schwierig ist, ein weitgehendes Verständnis und somit Akzeptanz für diese Verfahren zu schaffen.[307] Sowohl in den tieferen Ebenen der Unternehmenshierarchie als auch in der Führungsebene der Unternehmen existieren wenige Personen mit Kenntnissen zur Verwendung und Interpretation komplexer statistischer Verfahren.[308] Die Ansätze können für spezielle Anwendungen innerhalb fachlich qualifizierter und spezialisierter Abteilungen eingesetzt werden.[309] Ein umfassender Einsatz in einer integrierten Reportingstruktur eines Konzerns ist jedoch zum momentanen Stand der Entwicklung nicht möglich.[310] Als Beispiel für einen theoretisch im Rahmen der Risikoaggregation sinnvoll einsetzbaren komplexeren statistischen Ansatz werden in diesem Abschnitt die Grundgedanken der Bayes'schen Statistik dargestellt.

---

305 Beispielsweise wird die Betaverteilung in einer Studie der Federal Reserve als Möglichkeit der Modellierung von Verlustwahrscheinlichkeiten vorgeschlagen. Vgl. Meier 2001, S. 33.

306 Vgl. Bol 2004, S. 64-70. Insbesondere die Dreiecksverteilung dürfte in der Praxis einfach vermittelbar sein. Es müssen lediglich die Parameter der Randwerte sowie des Wertes mit der höchsten Wahrscheinlichkeit festgelegt werden.

307 Weiterhin kann argumentiert werden, dass viele statistische Verfahren in der Praxis nur korrekte Ergebnisse erbringen, wenn die Eingangsinformationen richtig spezifiziert werden. Die korrekten Eingangsinformationen stehen in der Praxis selten zur Verfügung.

308 Verfahren, die lediglich von Mathematikern oder statistisch fundiert ausgebildeten Personen verstanden werden, können nicht in umfassenden Reportingstrukturen eingesetzt werden.

309 Im Treasury werden beispielsweise komplexe statistische Verfahren eingesetzt. Diese Funktion weist abgrenzbare Aufgabengebiete auf und verfügt über speziell ausgebildete Mitarbeiter.

310 Siehe in Abschnitt 3.5 das Kriterium Einfachheit. Im Rahmen regulatorischer Anforderungen, beispielsweise als Folge der in Abschnitt 5.1.2.4 dargestellten Anforderungen an die Modellierung von operationellen Risiken, ist es hingegen denkbar, dass die Verwendung von komplexeren quantitativen Verfahren im Industriebereich längerfristig zunehmen wird. Siehe zudem Abschnitt 5.5.

Die zumeist verwendeten statistischen Verfahren beruhen auf der Annahme konstanter Verteilungsparameter. Als Ergänzung zu diesem frequentistischen statistischen Ansatz wird in der Literatur gefordert, Methoden der Bayes'schen Statistik einzusetzen. Im Gegensatz zu den traditionellen Verfahren zeichnet sich dieser Ansatz durch zwei Besonderheiten aus. Zum einen setzt er keine Konstanz der Verteilungsparameter voraus. Diese Parameter werden nach Bayes als Risikovariablen definiert. Zudem können in diesem Ansatz subjektive Einschätzungen und objektiv gemessene Daten gleichzeitig berücksichtigt werden.[311]

Bei den Bayes'schen Ansätzen wird zwischen der anhand von Schätzverfahren ermittelten oder subjektiv geschätzten Priori-Verteilung, den anhand eines Experimentes gemessenen neuen Informationen und der Posteriori-Verteilung unterschieden. Auf Basis der aus den neuen Experimentaldaten gewonnenen Informationen wird die Priori-Verteilung zur Posteriori-Verteilung „aktualisiert". Der Ansatz baut somit auf einem alternativen Wahrscheinlichkeitskonzept auf. Die Wahrscheinlichkeit wird nicht als konstant und objektiv, sondern als teilweise subjektiv und sich verändernd interpretiert. Lernprozesse können statistisch abgebildet werden. [312]

Ausgangspunkt der Bayes'schen Statistik bilden bedingte Wahrscheinlichkeiten und der Satz von Bayes. Anhand der Priori-Verteilung sowie neu bestimmter experimenteller Daten wird die neue Posteriori-Verteilung eines betrachteten Zufallsprozesses ermittelt.

Satz von Bayes:[313] $$P(A_i|B) = \frac{P(A_i)\ P(B|A_i)}{\sum_{j=1}^{n} P(A_j)\ P(B|A_j)}$$

$P(A_i|B)$ Posteriori-Wahrscheinlichkeit

$P(B|A_i)$ Priori-Wahrscheinlichkeit

Entsprechend einer Anwendung dieses Ansatzes kann ein ökonomisches Element in die Betrachtungsweise der Informationsgewinnung integriert werden. Es wird abgeschätzt, wie hoch der Wert des Informationsgewinns durch ein weiteres Experiment durch die Reduktion der Varianz des geschätzten Parameters ist. Somit können Informationsprozesse bezüglich ihrer Effizienz ex ante approximativ bewertet werden. Ein Nachteil des Bayes'schen Verfahrens besteht in seinem hohen rechnerischen Aufwand. Zudem sind für die Verwendung und

---

[311] Vgl. Norland/Stabile 2003, S. 4/5; Judge et al. 1988, S. 117/118; Koch 2000, S. 1.
[312] Vgl. Alexander 2003a, S. 137-140.
[313] Vgl. Bartsch 1997, S. 593.

Interpretation der Ergebnisse statistische Vorkenntnisse notwendig.[314] Trotz der Vorteile dieses Ansatzes ist es somit unwahrscheinlich, dass sich eine derartige Methode in den umfassenden industriellen Reportingstrukturen des Controllings durchsetzen kann. Für spezifische Anwendungen in spezialisierten Abteilungen kann sich ein derartiger Ansatz hingegen eignen.[315]

3.5 Kriterien zur Beurteilung der Verfahren der Risikoaggregation

In den Kapiteln 4-6 dieser Arbeit werden einzelne Verfahren der Risikoaggregation entsprechend der Fragestellung dieser Arbeit untersucht. Die Untersuchung erfolgt anhand unterschiedlicher Kriterien. Im Folgenden wird auf die Selektion der verwendeten Kriterien eingegangen. Im Vergleich zu ähnlichen in der Literatur aufgeführten Untersuchungen werden in dieser Arbeit wenige und pauschale Kriterien verwendet.[316] In Anbetracht der weiten Sichtweise dieser Arbeit ist ein derartiger Ansatz gerechtfertigt.[317]
Bei der Auswahl der Kriterien wird weitgehend auf die in Abschnitt 3.2.2 erläuterten Grundlagen der Risikoaggregation zurückgegriffen. In diesem Abschnitt wurde beschrieben, dass die Flexibilität, die Einfachheit und die Beachtung des steuernden, kybernetischen Prozesses der Unternehmung wichtige Eigenschaften eines Aggregationsmechanismus darstellen. Die Flexibilität, die Einfachheit und die Einbindungsmöglichkeiten in den steuernden Mechanismus des Controllings werden somit in dieser Arbeit als Kriterien bei der Beurteilung von Aggregationsmethoden verwendet. Zudem wird das Kriterium der Güte gewählt. Ohne über eine hinreichende Güte bei der Aggregation zu verfügen, kann kein Aggregationsmechanismus dauerhaft im Informations- und Steuerungssystem des Controllings eingesetzt werden.

Flexibilität

In Abschnitt 3.2.2 wurde dargestellt, dass ein verwendeter Aggregationsmechanismus nicht nur auf die Ermittlung einer einzelnen Spitzenkennzahl ausgerichtet sein sollte. Zusätzlich sollten Möglichkeiten einer Desaggregation nach verschiedenen Dimensionen existieren. Die für die Risikoaggregation wichtigen Dimensionen stellen beispielsweise unternehmensbereichsbezogene Dimensionen, produktbezogene Dimensionen, prozessbezogene Dimensio-

---

[314] Siehe zum Einsatz von Bayes'schen Belief-Netzwerken in Systemen zur Erfassung von operationellen Risiken: Faisst/Kovacs 2003, S. 348.

[315] Beispielsweise werden Bayes'sche Ansätze zunehmend im Risikomanagement der Banken für spezifische Anwendungen eingesetzt. Vgl. Alexander 2003a, S. 167; Alexander 2003b, S. 285-291.

[316] Vgl. Schierenbeck 2003b, S. 518; Faisst/Kovacs 2003, S. 344/345.

[317] In den beschriebenen Beiträgen der Literatur (siehe Fußnote 316) werden zumeist für eingegrenzte Spektren von Risikoarten eingesetzte Aggregationsverfahren untersucht. In dieser Arbeit wer-

nen, zeitliche Dimensionen oder Risikoarten dar.[318] Ein qualitativ hochwertiger Aggregationsmechanismus sollte flexible Möglichkeiten einer Desaggregation nach den beschriebenen Dimensionen ermöglichen. Nur durch Bereitstellung von flexiblen und differenzierten Analyse- und Steuerungsmethoden kann die Unternehmensleitung die Risikosituation übergreifend erfassen und lenken.

Einfachheit

Das Kriterium der Einfachheit bezieht sich im Kontext dieser Arbeit auf zwei Faktoren. Zum einen muss bei einem Aggregationsmechanismus eine prozessuale Einfachheit gegeben sein. In Zeiten des Lean Managements sollte ein Risikoinformationssystem keine übermäßigen Ressourcen binden. Es sollte flexibel in das bestehende Führungssystem eingebunden werden können, ohne dass hierfür eine erhebliche Anzahl neuer Mitarbeiter oder neue Systeme integriert werden müssen.[319]

Zum anderen sollte neben der Forderung nach einer organisatorischen Einfachheit eine inhaltliche Einfachheit gewährleistet sein. Muss einem Führungsmitglied erst langwierig erklärt werden, wie eine bestimmte Kennzahl errechnet wird, so ist es schwierig, Akzeptanz für dieses Instrument zu schaffen. Das Management sollte sich eher mit dem Hintergrund der Kennzahlen als mit den Methoden zur Informationsgenerierung beschäftigen.[320]

Güte der Ergebnisse

Jedes Aggregationsinstrument basiert auf einer Vereinfachung der Realität. Es werden jeweils bestimmte Annahmen getroffen, die in der Praxis zu Verzerrungen der Ergebnisse führen. Insbesondere bei einem komplexen Gegenstand, wie der Aggregation der Informationen bezüglich des Risikos eines gesamten Konzerns, kommt es zwangsläufig zu erheblichen Vereinfachungsvorgängen. Unter dem Kriterium der Güte wird untersucht, welche Annahmen bei den verwendeten Mechanismen getroffen werden und wie stark hierdurch Ergebnisse der Aggregationsmechanismen verzerrt werden. Es wird eine Art Risikobeurteilung bezüglich der Ergebnisqualität der einzelnen Risikoaggregationsmechanismen durchgeführt. Unter der Güte der Ergebnisse wird in dieser Arbeit zudem die Anforderung nach einer möglichst vollständigen Abbildung der Risiken zumindest einer Risikoklasse eines Unternehmens verstanden. Ein Aggregationsmechanismus sollte ein gesamtes spezifiziertes Risikospektrum eines Unternehmens korrekt abbilden und nicht einzelne Risikoarten oder die Risiken einzelner Unternehmenssegmente innerhalb des Spektrums vernachlässigen.

den hingegen Verfahren für die Aggregation unterschiedlichster kurzfristiger Risikoarten beurteilt.

[318] Siehe Abschnitte 3.2.3 und 3.3.2.

[319] Vgl. Arbeitskreis Finanzierung der Schmalenbach-Gesellschaft 1996, S. 545; Wolf/Runzheimer 2001, S. 26.

Einsetzbarkeit im Controlling- und Managementprozess

Anhand des Kriteriums der Einsetzbarkeit im Controlling- und Managementprozess wird untersucht, inwiefern die aus dem Risikoaggregationsmechanismus erzeugten Resultate für das Management einer Unternehmung von praktischer Bedeutung sind. Es wird analysiert, ob die Informationen für das Management geeignet aufbereitet werden können und ob sie den Anforderungen an einen effizienten Steuerungsmechanismus genügen. Grundlage der Betrachtung sind die in Kapitel 3.1.5 aufgezeigten Managementaufgaben, aus denen die Nachfrage nach Risikoinformationen entstehen kann. Es wird untersucht, inwieweit die gewonnenen Informationen für Informationsversorgungsprozesse und für operative Steuerungsaktivitäten eingesetzt werden können. Von primärer Bedeutung ist die Einsetzbarkeit im Steuerungsprozess des Unternehmens. Ein Risikoaggregationssystem soll das Management in die Lage versetzen, das Risikoportfolio eines Unternehmens jederzeit aktiv zu erfassen und zu steuern.

[320] Vgl. Simons 2000, S. 220.

4 Kapitalmarktorientierte Verfahren der Risikoaggregation

4.1 Grundlagen der Kapitalmarkttheorie

Nach der modernen Kapitalmarktheorie lassen sich aus Kapitalmarktdaten Kennzahlen zum Risiko börsennotierter Unternehmen ableiten. Da sich die Daten auf das gesamte Unternehmen beziehen[321], stellen diese per se Risikoinformationen in hoch aggregierter Form dar.[322] In den folgenden Abschnitten wird untersucht, inwiefern diese Informationen für interne Risikoanalyse- und Risikosteuerungszwecke verwendet werden können. Zunächst wird auf Grundlagen zu Kapitalmärkten und zur Kapitalmarkttheorie eingegangen. Anschließend werden der Betafaktor des CAPM und die Arbitrage Pricing Theorie (APT) als klassische Methoden kapitalmarktorientierter Risikoaggregationsmechanismen dargestellt. Im letzten Abschnitt dieses Kapitels wird anhand der in Abschnitt 3.5 dargestellten Kriterien untersucht, inwieweit die kapitalmarktbasierten Methoden für unternehmensinterne Risikoanalysezwecke eingesetzt werden können.

4.1.1 Kapitalmärkte

Der Kapitalmarkt kann als Markt für langfristige Finanzierungsmittel definiert werden.[323] Auf Kapitalmärkten werden unterschiedliche Finanzprodukte gehandelt, die sich grob in die Klassen der lang- und mittelfristigen Kredite sowie des Eigenkapitals unterteilen lassen.[324] Zudem lässt sich eine Unterscheidung zwischen Primär- und Sekundärmarkt treffen. Auf dem Primärmarkt wird Kapital zwischen Kapitalnachfragern und Investoren gehandelt. Das Kapital wird von Anbietern, den Investoren, angeboten und von den Kapitalnachfragern, Unternehmen, Privatpersonen oder öffentliche Institutionen, nachgefragt. Im Rahmen der Kapitalmarkttheorie werden hauptsächlich Sekundärkapitalmärkte betrachtet. Auf diesen Märkten findet zumeist ein Handel zwischen Investoren statt.[325] Im Gegensatz zu den meisten Gütermärkten sind Kapitalmärkte neben dem reinen Marktmechanismus von Angebot und Nachfrage von einer Reihe weiterer Faktoren beeinflusst. Die wichtigsten Einflüsse werden von Zentralbanken, Regulierungsbehörden und den öffentlichen Haushalten ausgeübt.[326]

---

[321] Ausnahme: Tochterfirmen oder Segmente von Unternehmen, die an der Börse notiert sind. Hier beziehen sich die Börsendaten lediglich auf die notierten Segmente.

[322] Vgl. Economist 2004, S. 11.

[323] Vgl. Issing 1996, S. 48.

[324] Vgl. Lechner 1988, S. 129.

[325] In bestimmten Fällen, wie Verstaatlichungen, Akquisitionen oder Aktienrückkäufen, greifen auch öffentliche Haushalte oder Nicht-Finanzunternehmen in den Handel am Sekundärmarkt ein.

[326] Nach der Marktmikrostrukturtheorie wird der Preis auf Kapitalmärkten hauptsächlich von zwei Faktoren bestimmt. Zum einen wird er durch organisatorische und regulatorische Rahmenbedingungen beeinflusst. Zum anderen wird er durch die fundamentalen Beziehungen der Handels-

Auf dem Kapitalmarkt agieren eine Vielzahl von Personen und Institutionen über Kauf- und Verkaufsaktivitäten von Wertpapieren miteinander. Die Grundlage der Transaktionen bilden individuelle Bewertungen einzelner Wertpapiere. Erwartet ein Investor beispielsweise, dass der Wert eines Papiers aufgrund einer aktuellen Unterbewertung steigen wird, sucht er einen Handelspartner mit entgegengesetzten Erwartungen, der bereit ist, das Papier zum aktuellen Kurs zu verkaufen. Grundlage der Geschäfte sind somit zumeist unterschiedliche Erwartungen bezüglich der Wertentwicklung einzelner Wertpapiere.[327] Der an den Kapitalmärkten ermittelte Wert eines Wertpapiers entspricht dem mittleren Kurs der zu diesem Zeitpunkt durchgeführten Transaktionen. Der aktuelle Kurs kann demzufolge als ein Mittel aus den positiven und negativen Erwartungen einer Vielzahl von Investoren interpretiert werden. Da sich in den Kapitalmarktpreisen die Erwartungen vieler Experten widerspiegeln, ist es naheliegend, die Kapitalmarktwerte für unterschiedliche Auswertungen zu betriebswirtschaftlichen Fragestellungen zu verwenden.

4.1.2 Kapitalmarktdaten und wissenschaftliche Theorien

Kapitalmarktdaten bilden die Grundlage für eine Vielzahl wissenschaftlicher Theorien und Analysen. Dass Kapitalmärkte eine derartig zentrale Rolle in vielen wirtschaftswissenschaftlichen Ansätzen spielen, ist einerseits auf ihre hohe betriebs- und volkswirtschaftliche Bedeutung zurückzuführen.[328] Andererseits eignet sich der Kapitalmarkt aufgrund der umfangreich verfügbaren Daten für die Bildung und Überprüfung wirtschaftswissenschaftlicher Theorien.[329] Im Gegensatz zu vielen anderen Forschungsgebieten existieren hier sowohl in zeitlicher als auch in objektspezifischer Hinsicht umfangreiche Datenmengen. Es bestehen somit viele Möglichkeiten, theoretische Überlegungen empirisch zu testen.

Auch die moderne Kapitalmarkttheorie[330] basiert auf theoretischen Konzepten, die in verschiedenen empirischen Untersuchungen überprüft wurden. Die Ergebnisse der Untersuchungen sind unterschiedlich. Da die Theorien jedoch in einer Vielzahl von Überprüfungen nicht eindeutig verworfen werden konnten und zudem in der Praxis einen hohen Stellenwert erworben haben, scheinen zumindest die grundlegenden Prinzipien der Ansätze über eine

---

partner und deren Einschätzungen zum Wert der gehandelten Wertpapiere bestimmt. Vgl. Casey 2000, S. 4-10.

[327] Vgl. Mascarenas 1999, S. 18/19.

[328] Auf Kapitalmärkten spiegelt sich die Entwicklung von Volkswirtschaften, Sektoren und einzelnen Unternehmen wieder. Aufgrund der Ressourcenallokationsfunktion treffen auf den Kapitalmärkten Informationen zu sämtlichen wirtschaftlichen Entwicklungen zusammen.

[329] Da Kapitalmärkte auf einer automatisierten Verrechnung einer Vielzahl von Daten basieren, stehen zwangsläufig große Mengen an Daten für Analysezwecke zur Verfügung. Vgl. Brealey/Myers 2000, S. 153.

praktische Berechtigung zu verfügen. Die Entwicklung der modernen Kapitalmarkttheorie bewegt sich in der neueren Literatur in zwei Richtungen. Zum einen verfolgt sie den explikativen Ansatz, die Preisbildung auf Kapitalmärkten zu erklären. Auf der anderen Seite werden über die Kapitalmarkttheorie normative Ansätze verfolgt. Über die Theorie der Kapitalkosten werden gestaltende Aussagen zu bei Investitionsentscheidungen zu berücksichtigenden Zinssätzen getroffen.[331]

4.1.3 Basis der Kapitalmarkttheorie

Die Kapitalmarkttheorie basiert auf dem Ansatz, das Geschehen auf den Kapitalmärkten theoretisch zu erfassen und ein vereinfachtes Modell für deren Funktionsweise zu bilden. Die Kapitalmarkttheorie baut auf einer hohen Abstraktionsebene bezüglich des tatsächlichen Geschehens an den Kapitalmärkten auf. Nach der Kapitalmarkttheorie wird keine detaillierte Unterscheidung zwischen einzelnen Wertpapiertypen getroffen. Für die Theorie ist es unerheblich, welche technischen Einzelheiten mit den Finanzprodukten verbunden sind. Das gesamte Kapitalmarktgeschehen wird anhand abstrakter Wertpapiere modelliert, die eine vereinfachte Repräsentation unterschiedlicher, real existierender Finanzprodukte darstellen. Implizit wird durch die Vereinfachung angenommen, dass bereits umfangreiche Analysen zum erwarteten Ertrag und zu den Risiken eines Wertpapiers durchgeführt wurden. Abstrahiert von den tatsächlichen detaillierten Eigenschaften realer Wertpapiere kann so das Verhalten von einzelnen Papieren, wie auch von Portfolios, modelliert werden.[332]

4.1.4 Bedeutung der Kapitalmärkte für die interne Steuerung

Die Organisationseinheit der Unternehmensfinanzierung bildet die traditionelle Schnittstelle zwischen Kapitalmarkt und Unternehmung. Die Kommunikation mit den Kapitalmärkten stellt eine der Hauptaufgaben der Finanzabteilungen großer Industrieunternehmen dar. Die Finanzfunktion hat sich traditionell wenig mit dem operativen Geschäft von industriellen Unternehmungen beschäftigt. Sie hatte die Funktion, Geldmittel für die Investitionen der Unternehmensführung zu besorgen. Eine direkte inhaltliche Verbindung zwischen der Finanzierungsfunktion und dem operativen Management wurde bis zum Aufkommen der wertorientierten Management- und Finanzierungstheorie lediglich im groben Rahmen gezo-

---

[330] Siehe Abschnitt 2.2.2.1.
[331] Vgl. Perridon/Steiner 2002, S. 267/268; Schmidt 2000, S. 1702.
[332] In Rahmen der Kapitalmarkttheorie wird die Annahme getroffen, dass auf Basis einer gründlichen fundamentalen Analyse die Erwartungen bezüglich der Kursentwicklungen unterschiedlicher

gen.[333] Aufgrund des Shareholder-Value-Gedankens hat sich dies jedoch verändert. Durch die wachsende Bedeutung der Kapitalmärkte und dem steigenden Druck der Investmentfonds werden Kapitalmarktanforderungen heute direkt mit den operativen und strategischen Führungssystemen verknüpft.

Für das wertorientierte Management ist die Kapitalmarktkommunikation von hoher Bedeutung. Die Kapitalmarktnähe mit einer direkten Verbindung des operativen Geschäftes einer Unternehmung mit den Nutzenfunktionen der Investoren ist ein zentraler Ansatzpunkt der Shareholder-Value-Theorie.[334] Nach dem Shareholder-Value-Prinzip sollte die Unternehmensführung im Sinne der Investoren handeln. Die Investoren stellen demzufolge eine Art abstrakte Leitungsinstitution des Unternehmens dar. Aufsichtsgremien und Management sollten sich nach den Anforderungen der Investoren richten.[335]

Investoren haben die Möglichkeit, auf Hauptversammlungen, Pressekonferenzen etc. ihre Einschätzung bezüglich des Geschäftsgeschehens der Unternehmung darzustellen. Über diese Möglichkeiten zur persönlichen Willensdarstellung können Aktionäre ihre Leitungsfunktion direkt ausüben. Das Unternehmen sollte zudem jedoch auf die Signale des anonymen Kapitalmarkts reagieren. In Kauf- und Verkaufsaktivitäten drücken Investoren ihre Beurteilung bezüglich der Leistung eines Unternehmens aus. Insbesondere unter der Annahme effizienter Kapitalmärkte stellt die Entwicklung der Aktienkurse einen wichtigen Kommunikationskanal zwischen den Investoren und der Unternehmung dar.

4.1.4.1 Dialog Kapitalmarkt - Unternehmen

Nach dem Mitbegründer des Shareholder-Value-Ansatzes, Alfred Rappaport, existiert ein kontinuierlicher Vorgang der Kommunikation zwischen dem Kapitalmarkt und einem Unternehmen. Das Unternehmen und der Kapitalmarkt befinden sich in einem beständigen Prozess des gegenseitigen „Signalisierens und Überwachens".[336] Das Unternehmen liefert dem Kapitalmarkt Informationen wie Leistungskennzahlen oder sonstige aktuelle Mittei-

Wertpapiere auf die Parameter der Erwartungswerte, der Varianzen und der Kovarianzen reduziert werden können. Vgl. Bodie/Kane/Marcus 2002, S. 414. Siehe Abschnitt 3.4.2.1.

[333] Unter bestimmten Annahmen, wie der Möglichkeit der unbeschränkten Aufnahme und Anlage von Kapital zum risikolosen Zinssatz, kann nach dem Theorem der Fisher-Separation die Unabhängigkeit der Finanzierungs- von den Investitionsentscheidungen in einem Unternehmen theoretisch hergeleitet werden. Vgl. u. a. Rudolph 1983, S. 264-267.

[334] Vgl. Mengele 1999, S. 8-13. Aufgrund des Informationsdefizits bezüglich der individuellen Nutzenfunktionen der Investoren wird in der Finanztheorie die Orientierung am Konzept der Wertsteigerung gefordert. Bei einer Schaffung von Wert werden implizit die Nutzenfunktionen aller Investoren berücksichtigt.

[335] Vgl. Krause/Schmidbauer 2003, S. 441; Aders/Hebertinger 2003, S. 9.

[336] Vgl. Rappaport 1999, S. 119.

lungen. Die Daten werden über Medien wie Abschlüsse oder in Analystenmeetings kommuniziert. Der Markt setzt diese Informationen in Bewertungen um. Das Unternehmen sollte die Marktdaten wiederum als Grundlage für betriebliche Entscheidungen verwenden. Aus den Kapitalmarktdaten erhält das Unternehmen nicht nur Informationen zur Leistungsbeurteilung des Managements. Nach den später in diesem Kapitel dargestellten Konzepten erhält es zudem Informationen darüber, welches Risiko der Markt einem Unternehmen zuschreibt.[337]

Grundlage dafür, dass die Kapitalmarktwerte in internen Managementprozessen berücksichtigt werden können, ist die Annahme, dass die Kapitalmärkte über einen hinreichenden Informationsverarbeitungsprozess verfügen. Es sollten demnach keine systematischen Verzerrungen bei der Kapitalmarktbewertung von Unternehmen bestehen.

4.1.4.2 Informationsgenerierung der Kapitalmärkte

Die Ableitung von Parametern wie Wert oder Risiko eines Unternehmens aus den Werten des Kapitalmarktes beruht auf der Annahme effizienter Kapitalmärkte. Nur wenn davon ausgegangen werden kann, dass der Kapitalmarkt Informationen effizient verarbeitet, können kapitalmarktbasierte Kennzahlen als Grundlage für betriebliche Entscheidungen verwendet werden.[338] In Beiträgen der Literatur wird akzeptiert, dass die Kapitalmarktdaten einen verlässlichen Schätzer für den Wert eines Unternehmens darstellen.[339] Es wird somit implizit angenommen, dass die Informationsverarbeitung auf den Märkten effizient ist. Eine Effizienz kann u. a. darauf zurückzuführen sein, dass die Preise liquider Aktiva die Einschätzungen einer Vielzahl von Experten repräsentieren.[340] Aufgrund der Mittlung dieser Einschätzungen und der durchgeführten Eliminierung extremer Meinungen kann gefolgert werden, dass Kapitalmarktwerte die beste Einschätzung bezüglich des Wertes einzelner Unternehmen darstellen. Die Theorie der Kapitalmarkteffizienz ist ein zentraler Baustein der Kapitalmarkttheorie. Das CAPM baut auf der Annahme effizienter Kapitalmärkte auf.[341] In der Theorie

---

[337] Über die Marktpreisentwicklung kann das Management zudem ersehen, wie der Kapitalmarkt die Zukunft einer Branche beurteilt oder ob der Markt die Möglichkeiten von Umstrukturierungen sieht oder eine Übernahme vorwegnimmt.

[338] Wenn der Kapitalmarkt Informationen nicht effizient verarbeitet, drücken Kapitalmarktdaten falsche Allokationssignale aus. Interne, auf diesen Daten basierende Unternehmensentscheidungen können demnach nicht optimal getroffen werden.

[339] Vgl. Copeland/Koller/Murrin 1998, S. 119; Wallmeier 2000, S. 27; Economist 2004, S. 11.

[340] Es existieren unterschiedliche Ansätze, sich den Informationsverarbeitungsprozess von Märkten zu Nutze zu machen. Beispielsweise haben in den USA die Iowa Electronic Markets (Markt für Wetten auf Wahlausgänge) bei Wahlprognosen vielfach bessere Ergebnisse erzielt als die Umfragen von Meinungsforschern. Vgl. Gersemann 2003, S. 89.

[341] Vgl. Möller 1985, S. 500.

wird zwischen drei unterschiedlichen Graden der Effizienz von Kapitalmärkten unterschieden.[342]

Bei einer schwachen Effizienz der Kapitalmärkte wird vorausgesetzt, dass die in der Zeitreihe enthaltenen Informationen in den Kursen berücksichtigt sind. Es bestehen keine seriellen Korrelationen zwischen den Renditen der Wertpapiere.[343] Nach dieser Theorie sollten keine Möglichkeiten für systematische Spekulationsgewinne unter Verwendung von Verfahren der technische Aktienanalyse existieren.[344] Empirische Untersuchungen zu dieser Art der Effizienz kommen zu unterschiedlichen Ergebnissen. Zumindest Untersuchungen mit Daten höherer Renditeintervalle lassen vermuten, dass die Kapitalmarktrenditen liquider Aktien weitgehend frei von Autokorrelationen sind und sich die Kursdifferenzen im Zeitverlauf somit unabhängig verteilen. Der Markt reagiert demzufolge lediglich auf Informationen bezüglich neuer fundamentaler Sektor- und Unternehmensdaten.[345]
Als halbstreng effizient wird der Kapitalmarkt bezeichnet, wenn alle öffentlich verfügbaren Informationen in die Kapitalmarktpreise einberechnet sind. Dies bezieht sich auf jegliche Informationen, die rechtlich als Grundlage für Kapitalmarkttransaktionen verwendet werden dürfen. Die Theorie der halbstrengen Effizienz wird empirisch vor allem durch den Vergleich aktiv und passiv geführter Investmentfonds getestet.[346] Nach verschiedenen Untersuchungen zu den Renditen von aktiv und passiv geführten Portfolios scheint sich die Theorie der halbstrengen Effizienz zu bestätigen.[347] Weitere Tests der Markteffizienz bestehen in Ereignisstudien. Hierbei wird getestet, ob bestimmte Ereignisse, wie Empfehlungen von Investmentbanken, die Kurse signifikant beeinflussen. Da die Empfehlungen zumeist auf bekannten Informationen beruhen, sollten diese nach der Theorie der halbstrengen Effizienz keinen signifikanten Einfluss auf die Kapitalmarktwerte ausüben. Bei vielen Tests hat sich gezeigt,

---

[342] Vgl. Steiner/Heinke 1996, S. 584; Suarez Suaraz 1998, S. 442.

[343] Der Markt hat kein „Gedächtnis" für die vergangene Renditeentwicklung. Siehe z. B. Kim/Malz/Mina 1999, S. 7, 31.

[344] Objekte von technischen Analysen sind vergangene Wertpapierkursverläufe. Diese werden anhand von statistischen oder ökonometrischen Verfahren untersucht. Zentrales statistisches Konzept der Informationseffizienz ist der Random Walk. Sämtliche bestehenden Informationen sind in den Preisen enthalten. Die Renditen sind von durch Zufallsprozesse generierten neuen Informationen abhängig. Dementsprechend kann die Renditeentwicklung selber als Zufallsprozess interpretiert werden.

[345] Vgl. Fama 1991, S. 1609; Zimmermann 1997, S. 153. Bei der Betrachtung von kurzen Renditeintervallen (Tagen) sind nach Möller gewisse Autokorrelationen ermittelbar. Bei monatlichen Zeiträumen konnte die Hypothese der Unabhängigkeit in Untersuchungen nicht verworfen werden. Vgl. Möller 1985, S. 507.

[346] Nach der Theorie der halbstrengen Effizienz der Kapitalmärkte sollten diese lediglich bei dem Vorhandensein von Insiderwissen die Möglichkeit besitzen, systematisch höhere Renditen als der Markt zu erzielen.

[347] Vgl. Albrecht/Maurer/Mayser 1996, S. 20; Brealey/Myers 2000, S. 361/362. Ein Fakt, der gegen die Theorie spricht, ist, dass es bestimmten Investoren, wie Warren Buffet, in vielen aufeinander folgenden Jahren gelungen ist, höhere Renditen als der Aktienindex zu erzielen. Vgl. Hagstrom 2001, S. 158/159.

dass Empfehlungen insbesondere bei illiquiden Aktien einen Einfluss ausüben.[348] Die halbstrenge Effizienz hat sich demnach in der Empirie nicht eindeutig bestätigt.
Nach der Theorie der strengen Effizienz spiegeln sich jegliche Informationen, also auch Insiderinformationen, ohne Verzögerung in den Marktpreisen von Aktien wider. Dies bedeutet, dass Insidergeschäfte bei einem streng informationseffizienten Markt einen elementaren Bestandteil des Prozesses der Preisfindung darstellen.[349] Tests zum Nachweis von Insiderhandel gestalten sich in der Praxis häufig schwierig. Da Insidergeschäfte illegal sind, werden sie naturgemäß nicht dokumentiert. Eine Möglichkeit zur Überprüfung der Existenz von Insiderhandel bietet die Reaktion des Marktes auf neue Veröffentlichungen von Unternehmen. Nach dem Postulat der strengen Effizienz sollten die Veröffentlichungen vom Markt bereits vorweggenommen worden sein, so dass sich keine Marktreaktionen ergeben sollten. In Untersuchungen wurde gezeigt, dass derartige Reaktionen in der Praxis dennoch auftreten.[350] Die Theorie des streng informationseffizienten Marktes kann demzufolge nicht bestätigt werden.

Kapitalmarktanomalien sind empirisch beobachtbare Vorgänge auf Kapitalmärkten, die sich nicht mit der Theorie effizienter Kapitalmärkte vereinen lassen. In empirischen Untersuchungen wurden eine Reihe von Ergebnissen erzielt, die nicht auf die Existenz von effizienten Märkten, sondern auf einen Einfluss psychologischer Faktoren auf die Preisbildung an den Märkten schließen lassen. Beispielsweise wurden signifikante Einflüsse einzelner Wochentage oder einzelner Monate aufgezeigt.[351] Zudem scheint die Volatilität auf den Märkten häufig überproportional auf neue Nachrichten zu reagieren.[352]

Insgesamt wird in den meisten Beiträgen gefolgert, dass die Kapitalmärkte zumindest über einen längeren Zeitraum als weitgehend informationseffizient beurteilt werden können. Zeitweise lassen sich Informationsineffizienzen bezüglich unterschiedlicher Kriterien nachweisen.[353] Zumindest die Hypothese der schwachen Effizienz kann jedoch den meisten Bei-

---

[348] Vgl. von Hagen/von Stein 2000, S. 286/287; May 1991, S. 318.

[349] In Deutschland wird das Insidergeschäft vor allem vom Bundesaufsichtsamt für Wertpapierhandel überwacht. Dieses verfügt über umfassende rechtliche Instrumente, den Insiderhandel zu unterbinden.

[350] In vielen Fällen zeigt sich dennoch, dass der Markt Effekte von Unternehmensnachrichten zumindest teilweise vorwegnimmt. Vgl. Bodie/Kane/Marcus 2002, S. 354; May 1991, S. 319.

[351] Vgl. Fama 1991, S. 1586-1588.

[352] Siehe Abschnitt 2.2.2.2. Dies wird nach einem Theorieansatz durch „Liquidity Trader“ erklärt, die nicht vollkommen informiert am Markt handeln. Bei der Existenz von Liquidity Tradern können informierte Investoren Profite erzielen. Vgl. von Hagen/von Stein 2000, S. 290; Mauboussin 2002, S. 51.

[353] Black schätzt, dass Kapitalmärkte zu etwa 90% der Zeit innerhalb bestimmter Wertbänder effizient sind. Nach seiner Argumentation ist dies vor allem auf die „Information Trader“ zurückzuführen, die bei falschen Kursen Arbitragegewinne erzielen können. Vgl. Black 1986, S. 533.

trägen der Literatur zufolge nicht abgelehnt werden.[354] In der Managementliteratur wird vielfach gefolgert, dass die Effizienz bestehender Kapitalmärkte ausreicht, um als Basis für unternehmensinterne Steuerungsprozesse dienen zu können.[355]

4.2 Der Betafaktor und die Arbitrage Pricing Theory

Der Betafaktor ist ein Maß für das Risiko, welches das Wertpapier eines bestimmten Unternehmens für das Anlageportfolio eines Investors darstellt. Basis des Konzepts bildet das CAPM von Sharpe. Aufgrund der Bedeutung des Konzepts für die gesamte moderne Kapitalmarkttheorie wird dieses im Folgenden überblicksartig dargestellt.[356] Die meisten der heute in den DAX-Unternehmen eingesetzten wertorientierten Steuerungskonzepte sind letztendlich auf das Konzept des CAPM und den hieraus abgeleiteten Betafaktor zurückzuführen.[357]

Neben dem Grundmodell des CAPM werden in der Literatur zahlreiche Varianten für eine Errechnung des Betafaktors aus historischen Kursen dargestellt. Der Ansatzpunkt dieser Methoden liegt zumeist darin, einige der in Abschnitt 4.2.3 dargestellten restriktiven Annahmen des CAPM aufzuheben. In den meisten Fällen erbringen diese Modelle keine wesentlichen empirischen Verbesserungen im Vergleich zum Grundmodell.[358] Aus diesem Grund wird die Argumentation im Folgenden weitestgehend auf das Grundmodell beschränkt.

4.2.1 Capital Market Line – Security Line

Die theoretischen Grundlagen des Betafaktors bilden die Portfoliotheorie von Markowitz und hierauf aufbauend das Capital Asset Pricing Model von Sharpe. Ausgangspunkt des Modells von Sharpe ist die Capital Market Line. Unter den Annahmen des CAPM ist dies die Linie der effizienten Portfolios. Unter keiner anderen Kombination von Wertpapapieren lässt sich für ein bestimmtes Risikoniveau eine höhere Rendite erwarten.[359] Auf dieser effizienten Linie ist

---

[354] Vgl. May 1991, S. 327.
[355] Vgl. u. a. Copeland/Koller/Murrin 1998, S. 119/120; Mauboussin 2002, S. 47.
[356] In Abschnitt 2.2.2.1 wurden bereits einige Kernaussagen des CAPM beschrieben.
[357] Die meisten Großunternehmen berechnen ihre Kapitalkosten nach dem CAPM; siehe z. B.: Käser/Oestreicher/Schröder 2000, S. 500; Volkswagen 2003, S. 9/10; Adert/Hebertinger 2003, S. 21.
[358] Vgl. Steiner/Bruns 2002, S. 30; Zimmermann 1997, S. 206/207, 256/257.
[359] Nach der Tobin-Separation wird unter bestimmten Voraussetzungen gezeigt, dass das optimale Anlageportfolio riskanter Wertpapiere für unterschiedliche Investoren eine identische relative Zusammensetzung aufweist. Vgl. Rudolph 1983, S. 263; Franke 1983, S. 239/240.

das Portfolio stets aus einer Kombination des optimalen Marktportfolios von risikobehafteten Wertpapieren und einem risikolosen Wertpapier aufgebaut.

Capital Market Line:[360] $$E(R_i) = R_f + \frac{E(R_m) - R_f}{\sigma_m}\sigma_i$$

$E(R_i)$	Erwartungswert der Rendite des Portfolios i
$E(R_m)$	Erwartungswert der Rendite des Marktportfolios
R_f	Risikoloser Marktzinssatz
σ_m	Standardabweichung der Renditeerwartung der Marktrendite
σ_i	Standardabweichung der Renditeerwartung des Portfolios i

Aufbauend auf der Capital Market Line kann die Security Line als der Wert eines im Marktportfolio enthaltenen Wertpapiers ermittelt werden. Ausgehend von den Formeln zur Errechnung der Varianz und des Erwartungswertes eines marginalen Wertpapieranteils des Portfolios lässt sich durch algebraische Transformation der Erwartungswert eines bestimmten Wertpapiers ermitteln.[361]

Security Line:[362] $$E(R_i) = R_f + (E(R_m) - R_f)\frac{\sigma_{im}}{\sigma_m^2} \qquad E(R_i) = R_f + (E(R_m) - R_f)\beta_i$$

$E(R_i)$	Erwartungswert der Rendite der Kapitalanlage i
σ_{im}	Kovarianz der Rendite des Marktportfolios und der Kapitalanlage i
β_i	Betafaktor der Kapitalanlage i

Die Steigung der Gerade der Security Line lässt sich als Grenzrate der Substitution des Risikos interpretieren. Für jede zusätzliche Einheit Risiko muss ein Wertpapier eine zusätzliche Einheit Erwartungswert an Rendite erbringen. Das Risikomaß für ein Wertpapier ist der Betafaktor. Dieser ist definiert als: $\beta=\sigma_{im}/\sigma_m^2$. Durch Substitution lässt sich der Betafaktor in die Security Market Line integrieren.

Der Betafaktor ist das Maß für das Risiko auch im Konzept des CAPM. Im Zähler wird durch die Kovarianz ein Maß für die Richtung und Stärke des linearen Zusammenhangs zwischen der Wertpapier- und der Marktrendite verwendet.[363] Die Kovarianz wird durch die Varianz der Marktrendite im Nenner normiert. Bei einem Betafaktor von 0 existiert nach dem CAPM kein

---

[360] Vgl. Suarez Suarez 1998, S. 510.
[361] Vgl. Serfling/Marx 1990, S. 365-369; Bodie/Kane/Marcus 2002, S. 267-272.
[362] Vgl. Perridon/Steiner 2002, S. 274/275; Fama 1977, S. 5.
[363] Vgl. Zimmermann 1997, S. 18.

Risiko. Die Wertpapierrendite verläuft vollkommen unabhängig vom Marktindex. Bei einem negativen Betafaktor ist die Entwicklung der Wertpapierrendite der des betrachteten Marktindex tendenziell entgegengerichtet.
Geschätzt wird der Betafaktor nach dem Grundmodell über eine lineare Regression. Als Marktindex wird zumeist der lokale Aktienindex verwendet.[364] Fraglich ist die Art der Bestimmung des risikolosen Zinses. Bei der Annahme einer unendlichen Laufzeit einer Unternehmung sollte dieser mit dem Stichtags- oder dem langfristigen Durchschnittszins öffentlicher Anleihen approximiert werden.[365] Bezüglich des Zeitraums der Regression besteht ein Konflikt zwischen der für statistische Verfahren benötigten Datenmenge und einer Konstanz der unterliegenden Faktoren. Bei kurzen Zwischenintervallen besteht zudem das Problem des Intervalling-Effekts.[366] Ein in der Literatur als sinnvoll angesehener Wert ist der von 60 Monaten.[367] In öffentlich zugänglichen Informationsdiensten werden häufig Betafaktoren über Zeiträume von 250 Tagen angeboten.[368]

4.2.2 Diversifikation

Ein wesentliches Ergebnis des Capital Asset Pricing Models liegt in der Bedeutungsbemessung der Diversifikation. Es wird nicht das isolierte Risiko der Preisschwankung eines Wertpapiers, sondern die Auswirkung der Preisschwankung eines Wertpapiers auf das gesamte Portfolio eines Investors betrachtet. Unter der Annahme normalverteilter Renditen ist für den diversifizierten Investor ex ante lediglich ein Risiko von Bedeutung, welches mit dem Risiko anderer Wertpapiere korreliert ist. Wenn das Risiko unkorreliert ist, ist ex ante zu erwarten, dass im Fall einer schlechten Rendite eines Wertpapiers diese durch das Portfolio mit anderen, unabhängig normalverteilten Wertpapierrenditen statistisch ausgeglichen wird. Das Risiko eines Wertpapiers wird demzufolge nicht durch seine Varianz, sondern durch den Betafaktor als Maß einer Korrelation zwischen den Bewegungen des allgemeinen Marktes und des betrachteten Wertpapiers bestimmt. Das allgemeine Risiko eines Wertpapiers lässt sich in die folgenden Summanden aufteilen.

Systematisches und unsystematisches Risiko:[369] $\sigma_i^2 = b_i^2 \sigma_m^2 + \sigma_{ui}^2$

σ_i^2 Gesamtrisiko

[364] Der Betafaktor kann zudem entsprechend den in Abschnitt 3.4.2.3 beschriebenen Bayes'schen Verfahren ermittelt werden. Hierauf wird im Folgenden nicht eingegangen. Vgl. Zimmermann 1997, S. 257; Norland/Stabile 2003, S. 1.
[365] Vgl. Baetge/Niemeyer/Kümmel 2001, S. 287.
[366] Siehe Fußnote 345.
[367] Vgl. Mengele 1999, S. 80.
[368] Vgl. Zimmermann 1997, S. 2. Siehe auch Informationsdienste wie Onvista.de, Comdirekt.de.

b_i Schätzgröße für den Betafaktor

σ_m^2 Marktrisiko

σ_{ui}^2 Unsystematisches Risiko

Das systematische Risiko ist durch eine Korrelation mit dem allgemeinen Markt gekennzeichnet. Es kann nicht durch das gleichzeitige Halten von unterschiedlichen Wertpapieren eliminiert werden. Als Beispiele für systematische Risikotypen können konjunkturelle Risiken[370], gewisse Rohstoffpreisrisiken, Währungsrisiken oder sonstige Risiken, die tendenziell eine Korrelation mit den Risiken anderer Firmen aufweisen, aufgeführt werden. Unsystematische Risiken sind hingegen Risiken, die weitgehend isoliert bei einzelnen Unternehmen auftreten und die nicht generell mit dem Wertpapiermarkt korreliert sind. Beispiele stellen bestimmte Klassen von Betreiberrisiken oder IT-Risiken[371] dar. Schadensfälle bei diesen Risiken werden tendenziell unabhängig von Faktoren eintreten, die auch auf andere Firmen wirken. Sie sind weitgehend auf Faktoren der individuellen Organisation zurückzuführen. Ein Schadensfall bei einem derartigen Risiko wird demzufolge keine korrelationsbedingte Wirkung auf Risiken bei anderen Firmen aufweisen.

Wenn Risiken als Abweichungen im Rahmen einer Normalverteilung interpretiert werden können, werden eintretende negative Abweichungen vom Erwartungswert statistisch durch positive Abweichungen bei anderen Wertpapieren ausgeglichen. Das Grenzrisiko der Hinzunahme eines Wertpapiers zum Portfolio nimmt mit einer steigenden Anzahl von Papieren ab. Dem Vorteil Risikoreduzierung steht hingegen der Nachteil höherer Transaktionskosten gegenüber. Für den deutschen oder amerikanischen Markt lässt sich schätzen, dass mit 30 oder 40 Aktien eine optimale Diversifikation erreicht wird. Bereits bei einem Portfolio mit 10 verschiedenen Aktien kann eine signifikante Risikoreduktion bewirkt werden.[372]

Fraglich ist, inwieweit Unternehmen selber für eine Diversifikation sorgen sollten. Nach dem Theorem der Wertadditivität der Finanztheorie sollte die Diversifikation dem Investor zugeordnet sein.[373] Das Unternehmen sollte lediglich diversifizieren, wenn signifikante reale Synergien zwischen den Geschäftsbereichen bestehen. Untersuchungen zur Werthaltigkeit von realen Synergien durch bestimmte Kapazitäten oder materielle bzw. immaterielle Vermö-

---

369 Vgl. Suarez Suarez 1998, S. 513; Frantzmann 1990, S. 67.

370 Kreditrisiken bei Banken oder Absatzrisiken von Luxusprodukten sind beispielsweise konjunkturelle Risiken.

371 Wenn ein IT-Risiko aufgrund der Verbreitung ähnlicher Systeme auch bei einer Vielzahl von anderen Firmen existiert, sollte es dem systematischen Risiko zugerechnet werden. Siehe Amit/Wernerfelt 1990, S. 521.

372 Vgl. Chen/Keown 1981, S. 941.

gensgegenstände haben unterschiedliche Ergebnisse erbracht.[374] In vielen Fällen wird die Werthaltigkeit von Diversifizierungsstrategien angezweifelt. In der Literatur wird zudem beschrieben, dass Diversifizierungen häufig auf Basis persönlicher Zielvorstellungen vorgenommen werden (Agency-Problematik).[375]

4.2.3 Überprüfung des CAPM

In der Literatur sind viele Beiträge zur praktischen Relevanz des CAPM veröffentlicht worden. Ein Teil der Beiträge setzt sich theoretisch mit den unterschiedlichen Annahmen des CAPM auseinander. Dabei werden sowohl die Annahmen analysiert als auch Methoden zur Anpassung des CAPM vorgestellt. In weiteren Beiträgen werden Ergebnisse zu empirischen Untersuchungen zum CAPM veröffentlicht.

Das CAPM beruht auf einer Reihe von restriktiven Annahmen. Je nach verwendeter Schätzmethode bzw. Testverfahren müssen zudem die Annahmen der statistischen Verfahren berücksichtigt werden. In vielen Beiträgen der Literatur werden die einzelnen Annahmen detailliert aufgeführt. Zusammenfassend können diese wie folgt dargestellt werden:

Annahmen der Kapitalmarkttheorie:[376]

- Effiziente Kapitalmärkte
- Risikovermeidendes und nutzenmaximierendes Verhalten der Investoren
- Gültigkeit der Separationstheoreme (Fisher-Separation und Tobin-Separation)
- Homogene Erwartungen bezüglich der Renditeverteilung
- Keine Kapitalmarktunvollkommenheiten durch Steuern, Transaktionskosten etc.
- Einperiodenmodell
- Existenz eines risikolosen Zinssatzes; unbegrenzte Kreditaufnahmemöglichkeit

Die Annahmen ermöglichen durch eine erhebliche Komplexitätsreduktion die Aufstellung des in sich geschlossenen und analytisch ableitbaren Modells des CAPM. Zugleich wird durch

---

[373] In der Literatur wird häufig der Begriff „Diversification Discount“ verwendet. Nach diesem Konzept werden Konglomerate tendenziell niedriger bewertet. Vgl. Graham/Lemmon/Wolf 2002, S. 695-697; Funk 1999, S. 760.

[374] Reale Synergien können beispielsweise auf Verbundeffekte im operativen, im finanziellen und im Managementbereich zurückzuführen sein. Vgl. Campa/Kedia 2002, S. 1734/1735; Funk 1999, S. 761-763.

[375] Viele Diversifizierungen scheinen teilweise auch auf den persönlichen Interessen des Managements zu basieren. Ein Manager eines Konglomerates kann mit höherem Ansehen, höherer Vergütung und besseren Karrierechancen rechnen. Vgl. Aggarwal/Samwick 2003, S. 74-77.

[376] Siehe u. a. Zimmermann 1997, S. 11-20; Bodie/Kane/Marcus 2002, S. 364; Serfling/Marx 1990, S. 364; Perridon/Steiner 2002, S. 270/271.

die restriktiven Annahmen ersichtlich, dass die Übertragung des Modells in die Realität in Frage zu stellen ist. In der Literatur sind eine Vielzahl von Ansätzen zu finden, um das CAPM bezüglich einzelner Annahmen offener zu gestalten.[377] Beispiele hierfür stellen das Zero Beta CAPM, das mehrperiodige CAPM oder das Consumption Beta dar.[378] Die meisten dieser Ansätze haben in Untersuchungen jedoch keine wesentlichen, in der Praxis einsetzbaren Verbesserungen im Vergleich zum Grundmodell des CAPM gezeigt.[379]

Bezüglich der zum CAPM durchgeführten empirischen Überprüfungen ergibt sich kein einheitliches Bild. Unabhängig von den Ergebnissen der verschiedenen Tests wird in der Literatur in unterschiedlichen Beiträgen festgestellt, dass das CAPM aufgrund seiner Annahmen nicht eindeutig bestätigt oder verworfen werden kann. Zum einen ist der Erwartungswert der Rendite des Marktportfolios empirisch nicht bestimmbar. Theoretisch umfasst dieses Portfolio jegliche Anlagen, also auch Immobilien, Sachwerte etc., über die Investoren verfügen. Da in der Praxis keine Kenngröße für ein derartiges, umfassendes Portfolio existiert, wird die Approximation eines Marktindex verwendet.[380] Ein weiterer Grund für die mangelnde Überprüfbarkeit des CAPM liegt in der Voraussetzung der Informationseffizienz. Wird das CAPM getestet, so wird zugleich ein Test auf die Informationseffizienz der Kapitalmärkte durchgeführt. Ein negatives Ergebnis kann demnach sowohl auf das CAPM als auch auf die Informationsineffizienz der Kapitalmärkte zurückzuführen sein.[381] Ein weiteres Problem der Testbarkeit des CAPM besteht darin, dass das CAPM ein Ex-Ante-Modell ist, empirisch jedoch lediglich mit Ex-Post-Daten überprüft werden kann.[382] Selbst wenn angenommen wird, dass das Modell des CAPM eine empirische Richtigkeit aufweist, ist die praktische Anwendung der Ergebnisse im Rahmen der Ermittlung von Kapitalkosten nur mit Schwierigkeiten möglich, da Größen wie der risikolose Zins oder das Marktportfolio nicht eindeutig bestimmt werden können. Es existiert ein „Definitions- und Messproblem“, welches lediglich mit Näherungsverfahren gelöst werden kann.[383]

Bei empirischen Studien hat in den letzten Jahren vor allem die Studie von Fama und French aus dem Jahr 1992 eine breite Aufmerksamkeit erregt. Vor dieser Studie hatten eine Reihe von Untersuchungen den vom CAPM vorgegebenen Zusammenhang prinzipiell bestätigt oder zumindest nicht eindeutig verwerfen können. Die Studie von Fama/French erregte

---

[377] Siehe Abschnitt 4.1.2.
[378] Vgl. Brealey/Myers 2000, S. 203/204; Fama 1991, S. 1595/1596.
[379] Vgl. Zimmermann 1997, S. 206/207, 256/257. In dieser Quelle werden unterschiedliche Anpassungsverfahren und Varianten ausführlich dargestellt. Siehe zudem Fußnote 358.
[380] Vgl. Bodie/Kane/Marcus 2002, S. 386/387; Möller 1985, S. 510.
[381] Vgl. von Hagen/von Stein 2000, S. 282; Mauboussin 2002, S. 52/53.
[382] Empirisch werden Tests deshalb zumeist mit Portfolios durchgeführt, da bei diesen geringere Schätzfehler bestehen. Vgl. Zimmermann 1997, S. 41.
[383] Vgl. Mengele 1999, S. 84; Wallmeier 2000, S. 53/54.

neues Interesse für die Diskussion um den Betafaktor. Die Autoren urteilten anhand einer Testserie mit monatlichen Daten der Jahre 1963-1990, dass kein signifikanter Zusammenhang zwischen Beta und den durchschnittlichen Renditen feststellbar sei.[384] Als Antwort auf dieses Ergebnis wurden eine Reihe von Studien mit leicht veränderten Parametern veröffentlicht, die eine Signifikanz des Betafaktors aufzeigten.[385] Zudem wurde in einigen Beiträgen Kritik an der methodischen Vorgehensweise von Fama/French geübt. In Studien wurde für den deutschen Markt eine geringere Signifikanz des Betafaktors als in den Untersuchungen zum amerikanischen Markt festgestellt.[386] Insgesamt kann somit sowohl auf Basis der durchgeführten Studien als auch aufgrund der Überlegungen zur Testbarkeit des Betafaktors gefolgert werden, dass die Frage zur Signifikanz des Betafaktors nicht eindeutig beantwortet ist.

4.2.4 Fundamental Beta

Neben der Errechnung des Betafaktors aus Kapitalmarktdaten wird in der Literatur an verschiedensten Stellen vorgeschlagen, das Beta auf Basis fundamentaler Unternehmensdaten zu ermitteln. Hierbei lassen sich grundsätzlich Verfahren mit theoretisch begründbaren und Verfahren mit theoretisch nicht begründbaren Variablen unterscheiden. Ein begründbarer Ansatz, welcher auf einer analytischen Herleitung aus dem CAPM basiert, teilt das Risiko eines Unternehmens in ein leistungswirtschaftliches, ein finanzielles und ein mit der Sensitivität der zukünftigen Umsatzerlöse auf die allgemeine Marktentwicklung zusammenhängendes Risiko auf.[387] Das Beta kann für ein fiktives Einproduktunternehmen wie folgt errechnet werden.

Errechnung des Fundamental Betas:[388]

$$\beta^{O} = \text{cov}(X; R_m) / \text{var}(R_m)$$
$$\beta_U = ((p - k_v) / EK_U)\beta^{O}$$
$$\beta_V = (\beta_U (1 + FK_V / EK_V))$$

β^O	Absatz/Marktrisiko eines Unternehmens
X	Gewinngröße
β_U, β_V	Risiko des unverschuldeten/verschuldeten Unternehmens
p	Preis für eine abgesetzte Mengeneinheit
k_v	Variable Kosten einer Mengeneinheit
EK_U, EK_V	Eigenkapital des unverschuldeten/verschuldeten Unternehmens

384 Vgl. Wallmeier 2000, S. 32; Fama/French 1992, S. 459-464; Fama 1991, S. 1590-1592.
385 Vgl. Bodie/Kane/Marcus 2002, S. 394-397.
386 Vgl. Zimmermann 1997, S. 375/376; Möller 1985, S. 510.
387 Diese Aufteilung des Risikos kann unter Verwendung des Wertadditivitätstheorems hergeleitet werden. Vgl. Fischer 1999, S. 801; Mandelker/Rhee 1984, S. 46/47.
388 Vgl. Steiner/Bauer 1992, S. 351.

β^O repräsentiert das systematische Absatzrisiko (Marktrisiko) des fiktiven Einproduktunternehmens. Es zeigt auf, wie stark die Absatzmengen des Unternehmens auf konjunkturelle Zyklen reagieren. Multipliziert mit der Deckungsspanne ($p-k_v$, Leistungsrisiko) und dividiert durch das Eigenkapital des Unternehmens kann aus β^O das Risiko einer unverschuldeten Unternehmung β_U ermittelt werden. Das Beta des verschuldeten Unternehmens β_V lässt sich aus der Multiplikation des Betas des unverschuldeten Unternehmens mit einer Kenngröße des Verschuldungsgrades errechnen. Die oben aufgeführten Formeln können derart angepasst werden, dass sich das Unternehmensbeta aus den Kennzahlen des Rechnungswesens eines Unternehmens ermitteln lässt. Über Approximation des Operating Leverages[389], des Financial Leverages sowie des systematischen Absatzrisikos können Betawerte geschätzt werden. Die empirische Relevanz dieses Ansatzes hat sich lediglich zum Teil bestätigt. In einer Studie zum deutschen Markt konnte eine geringe Signifikanz für das Marktrisiko und das leistungswirtschaftliche Risiko aufgezeigt werden.[390]

Neben der dargestellten Methode werden in der Literatur eine Vielzahl von weiteren, auf Rechnungswesenkennzahlen basierenden Methoden zur Betaerrechnung aufgeführt. Wie am Anfang dieses Abschnitts beschrieben, weisen viele dieser Zahlen keinen theoretischen Hintergrund auf. Viel Aufmerksamkeit haben Ergebnisse zu den Kennzahlen des Markt-/Buchwertverhältnisses und der Unternehmensgröße erregt, für die Fama/French in der in Abschnitt 4.2.3 aufgeführten Studie einen signifikanten Erklärungsgehalt für Renditen ermittelt haben. Auch in anderen, zumeist amerikanischen Untersuchungen wurden für weitere Finanzkennzahlen erklärende Einflüsse festgestellt.[391]

Insgesamt ist die Verwendung von Fundamental-Beta-Faktoren von Problemen gekennzeichnet. Theoretisch weisen sie den Vorteil auf, dass Faktoren wie Strategiewechsel oder Struktureffekte berücksichtigt werden können.[392] Nachteilig wirkt sich an den Verfahren aus, dass sie auf Rechnungslegungsdaten beruhen und somit gewissen Bewertungsspielräumen unterliegen.[393] Zudem werden die an Bedeutung gewinnenden Intangible Assets durch Zahlen des Rechnungswesens lediglich in wenigen Fällen erfasst. Signifikante Kennzahlen müssen nicht zwangsläufig auf ökonomische Grundstrukturen hindeuten. Sie können durch sys-

---

389 Der Operating Leverage entspricht dem Leistungsrisiko.

390 Vgl. Steiner/Bauer 1992, S. 352-366.

391 Vgl. Zimmermann 1997, S. 330.

392 Ein weiterer Vorteil kann darin gesehen werden, dass die Prognosen im Nachhinein durch eine umfangreiche Faktorenanalyse analysiert und angepasst werden können. Vgl. Arbeitskreis Finanzierung der Schmalenbach-Gesellschaft 1996, S. 556.

393 Als solche weisen sie eine Anfälligkeit für Manipulationen durch die Ausübung von Bilanzierungswahlrechten auf.

tematische Fehlbewertungen des Finanzmarkts[394] oder Scheinwirkungen[395] verursacht werden. Für den deutschen Aktienmarkt haben Betawerte basierend auf unterschiedlichen fundamentalen Unternehmenskennzahlen eine vergleichsweise schlechte Prognosewirkung gezeigt.[396]

4.2.5 Arbitrage Pricing Theory (APT)

Neben dem Betafaktor existieren in der Literatur einige weitere Ansätze, um das Risiko einer Unternehmung aus Kapitalmarktdaten abzuleiten. In Lehrbüchern und wissenschaftlichen Beiträgen wird vielfach die Arbitrage Pricing Theory aufgeführt. Das Ergebnis des Ansatzes ist theoretisch eng mit dem des CAPM verbunden. Wie nach dem CAPM wird auch bei der APT von einem linearen Modell der Renditegeneration ausgegangen. Hingegen beruht die theoretische Herleitung der APT auf einem anderen Ansatz als die des CAPM. Wie weiter unten in diesem Abschnitt beschrieben basiert die APT auf theoretischen Arbitrageüberlegungen. Folgend ist das Faktorenmodell des renditegenerierenden Prozesses der APT dargestellt.

Faktormodell der APT:[397]

$$R_i = E(R_i) + \sum_{k=1}^{K} B_{ik} F_k + \varepsilon_i$$

$E(R_i)$	Erwartete Rendite eines Wertpapiers
F_k	Unerwartete Komponente der Ausprägung des Faktors k
B_{ik}	Sensitivität der Rendite bezüglich des Faktors k

Die Arbitrage Pricing Theorie geht davon aus, dass unterschiedliche makroökonomische Risiken auf ein Wertpapier einwirken, wobei ein Wertpapier für ein Exposure jeweils eine zusätzliche Rendite erbringen muss.[398]

---

394 Laut Wallmeier kann vermutet werden, dass die Signifikanz der Größe Marktwert/Buchwert nach Fama/French eher auf Fehleinschätzungen des Marktes als auf ökonomische Ursachen zurückzuführen ist. Vgl. Wallmeiner 2000, S. 53/54.

395 Es kann beispielsweise vermutet werden, dass die empirisch feststellbare Wirkung der Dividendenrendite auf den Betafaktor nur ein Scheineffekt ist. Höhere Dividenden werden tendenziell von größeren Firmen bezahlt. Bei den Aktien dieser Firmen bestehen tendenziell liquiditätsbedingt weniger Autokorrelationen. Vgl. Roll 1981, S. 887.

396 Vgl. Zimmermann 1997, S. 331. Die Prognose bezieht sich entsprechend den Aussagen des CAPM auf die zukünftigen Renditen. Siehe zudem: Kleeberg 1992, S. 476-478.

397 Vgl. Zimmermann 1997, S. 36; Albrecht/Maurer/Mayser 1996, S. 5-7.

398 Vgl. Brealey/Myers 2000, S. 206/207; Wallmeier 2000, S. 29; Chen 1983, S. 1394-1397.

Die theoretische Basis der APT besteht in dem Arbitragegedanken. Ross[399] überträgt diesen Gedanken auf die Risikotheorie. Nach der APT müssen zwei Wertpapiere mit einer bestimmten Risikosensitivität gegenüber einem Risikofaktor den gleichen erwarteten faktorspezifischen Ertrag erbringen, da ansonsten eine Arbitragemöglichkeit besteht. Die Herleitung der APT basiert auf der Voraussetzung einer vollkommen freien Arbitragemöglichkeit zwischen Portfolios. Unter dieser Annahme muss für jede Einheit eines Risikoexposures bezüglich eines Risikofaktors eine bestimmte erwartete Rendite erbracht werden. Ist dies über einen kurzen Zeitraum nicht der Fall, können unter den Annahmen der APT durch Arbitrage systematische Gewinne erzielt werden.

Explizit gelten die folgenden Annahmen für die APT:[400]

- Sämtliche systematischen Risiken werden durch die betrachteten Risikofaktoren erfasst. Es besteht eine Unkorreliertheit der Störfaktoren der einzelnen Prozesse der Wertpapierrenditengenerierung.
- Es existiert die Möglichkeit der reibungslosen Abwicklung von Arbitragegeschäften. Unter anderem erfordert dies die Möglichkeit der unbegrenzten Durchführung von Leerverkäufen.
- Besteuerung hat keine Auswirkung auf die Anlageentscheidung.
- Es bestehen homogene Erwartungen der Investoren bezüglich des Ertrags und des Risikos einzelner Wertpapiere.

Abgrenzung zwischen APT und Betafaktor des CAPM

Eine elementare Gemeinsamkeit zwischen der APT und dem Betafaktor des CAPM besteht in der Betrachtungsweise der Diversifikation. Bei der APT werden lediglich makroökonomische bzw. firmenübergreifende Risiken betrachtet. Beide Ansätze fokussieren demzufolge auf Risiken, die zugleich auf unterschiedliche Unternehmen einwirken und somit für den Investor nicht diversifizierbar sind. Unternehmensindividuelle Risiken werden auch bei der APT nicht kalkuliert.[401] Sie werden beim stochastischen Modell als „Noise" betrachtet und nicht mit einem zusätzlichen Preis belegt. Im Gegensatz zum CAPM wird das systematische Risiko bei der APT nicht durch einen Faktor, sondern durch mehrere Faktoren erklärt.

Zu den Vor- und Nachteilen von APT und CAPM bei der Risikoabschätzung wurden in der Literatur unterschiedliche Ergebnisse veröffentlicht. Nach den Ergebnissen einiger Studien

---

[399] Die APT wurde von Stephen Ross im Jahr 1976 entwickelt. Vgl. Bodie/Kane/Markus 2002, S. 324; Ross 1976, S. 341-358.

[400] Vgl. Perridon/Steiner 2002, S. 284/285; Steiner/Bruns 2002, S. 31.

[401] Im Gegensatz zum CAPM werden jedoch mikroökonomische Faktoren, wie die Unternehmensgröße oder die Branchenzugehörigkeit, einbezogen. Hierdurch wird das Risiko erfasst, welches auf eine Gruppe von Unternehmen, jedoch nur wenig auf den allgemeinen Markt wirkt.

werden bei der APT bei der Renditeprognose bessere Ergebnisse erzielt.[402] Dies ist jedoch nicht zwangsläufig auf ökonomische Ursachen zurückzuführen. Bei einer empirischen Untersuchung anhand einer Regression kann bei der APT als Mehrvariablenmodell allein aus statistischen Gründen ein höherer Erklärungsgrad erzielt werden als beim univariaten CAPM.[403] Nachteile der APT bestehen beispielsweise in der theoretischen Fundierung. Bei der APT existieren Vorgaben über den Renditegenerierungsprozess. Es fehlt jedoch eine globale Größe, wie das Marktportfolio, die den renditeerzeugenden Prozess theoretisch umfassend erklärt.[404]

Vom Fundamental Beta unterscheidet sich die APT vor allem durch die Fokussierung auf makroökonomische Faktoren. Bei den Fundamental-Beta-Ansätzen werden zumeist unternehmensindividuelle Rechnungslegungsgrößen als Risikofaktoren modelliert.[405] Insoweit sich diese Faktoren nicht auf die Sensitivität der Unternehmung gegenüber makroökonomischen Einflussgrößen auswirken, können sie nach der APT diversifiziert werden. Werden bei Fundamental Beta-Größen hingegen lediglich Variablen verwendet, die makroökonomische oder branchenspezifische Faktoren berücksichtigen, sind der APT-Ansatz und der Ansatz der Fundamental Betas weitgehend als identisch einzustufen.[406]

4.3 Anpassung an spezifische Risikodimensionen

4.3.1 Geschäftsbereichs- und produktgruppenspezifische Aggregation

In der Regel werden kapitalmarktbezogene Risikokenngrößen primär für unternehmensweite Bezugsobjekte ermittelt. Da zumeist gesamte Konzerne an der Börse gehandelt werden, können aus den Kapitalmarktdaten lediglich gesamtunternehmensbezogene Kennwerte direkt abgeleitet werden. Ausnahmen bilden Finanzkonstrukte wie Geschäftsbereichsaktien. Bei diesen Finanzprodukten werden bestimmte Unternehmenseinheiten selbstständig an der Börse notiert. Zudem bestehen unterschiedliche Ansätze, auf Basis gesamtkonzernbezogener Betafaktoren Kennwerte für einzelne Segmente zu ermitteln.

[402] Vgl. Chen 1983, S. 1400-1402; Fama 1991, S. 1594/1595; Frantzmann 1990, S. 82/83; Steiner/Bruns 2002, S. 35.

[403] Wenn hingegen das (um die Freiheitsgrade) korrigierte Bestimmtheitsmaß zur Beurteilung der Erklärungsgehalte verwendet wird, besteht kein statistischer Effekt.

[404] Vgl. Brealey/Myers 2000, S. 207.

[405] Siehe Abschnitt 4.2.4.

[406] Vgl. Albrecht/Maurer/Mayser 1996, S. 8/9.

4.3.1.1 Tracking Stocks und Carve Outs

Eine Möglichkeit für einen Konzern, originäre Kapitalmarktdaten für Tochtergesellschaften bzw. Geschäftssegmente zu ermitteln, besteht darin, bereichsbezogene Aktien am Kapitalmarkt auszugeben. Eine Option hierfür besteht in einem Carve Out. Unter einem Carve Out wird eine rechtliche und wirtschaftliche Ausgliederung und Börsenplatzierung eines Unternehmensbereichs verstanden.[407] In der Regel behält das Mutterunternehmen dabei die herrschende Mehrheit an dem ausgegliederten Bereich.[408] Anhand der Börsenkurse der emittierten Aktien können Kapitalmarktwerte, wie Betafaktoren, ermittelt werden.

Haftungsregelungen sowie gesellschaftsrechtliche Bestimmungen erschweren die einheitliche Beurteilung unterschiedlicher, im Rahmen eines Carve Outs an der Börse platzierter Geschäftsbereiche. Auf Basis dieser Schwäche von Methoden wie Carve Outs hat sich das Konzept der Tracking Stocks entwickelt. Bei Tracking Stocks[409] werden segmentbezogene Eigenkapitaltitel gehandelt, ohne dass eine rechtliche und wirtschaftliche Selbstständigkeit des emittierten Unternehmens gegeben wäre. Die Investoren erhalten Gewinnbezugsrechte und Teilhabe an Liquidationsrechten der gehandelten Sparten.[410] Durch die Tracking Stocks soll es Investoren ermöglicht werden, in einzelne Geschäftseinheiten zu investieren. Auswirkung auf die einheitliche Leitung und die wirtschaftlichen Verbindungen im Konzern hat die Ausgabe von Tracking Stocks nicht. Vorteile des Ansatzes sind in verbesserten Informations-, Kontroll- und Anreizmechanismen zu sehen. Nachteile bestehen in Agency-Problemen bei Finanzierungsfragen und der Gemeinkostenverrechnung sowie in den hohen Transaktionskosten.[411] Aufgrund der beschriebenen Probleme von Tracking Stocks wurde dieses Finanzierungsverfahren in der Praxis lediglich von wenigen Unternehmen umgesetzt.[412]

---

[407] Vgl. Becker 2001, S. 103.

[408] Ein Carve Out ist mit einem Spin Off vergleichbar. Bei einem Spin Off gibt das Tochterunternehmen jedoch die Aktienmehrheit an einem Unternehmensbereich auf. Die Aktien der neuen Gesellschaft werden an die bestehenden Aktionäre in Form von Sachdividenden ausgegeben. Vgl. Brealey/Myers 2000, S. 983/984. Ein Beispiel für einen Carve Out stellt das Unternehmen Infineon dar. Dieses Unternehmen wurde von seiner Mutterfirma, Siemens, mit einem Teil seines Kapitals an die Börse gebracht.

[409] Wie aus dem Wort „Tracking“ ersichtlich, besteht der Ansatz des Finanzproduktes in der bereichsbezogenen finanziellen Performancemessung. Vgl. Nippel/Mertens 2002, S. 2.

[410] Der Gewinn der Geschäftseinheiten wird durch eine separate Rechnungslegung der Sparten ermittelt. Vgl. Natusch/von Maltzan 1999, S. 675.

[411] Vgl. Becker 2001, S. 106-117.

[412] Vgl. Perridon/Steiner 2002, S. 382. In den USA wurden Tracking Stocks von über zehn Konzernen ausgegeben. In Europa wurde das Konzept lediglich von dem französischen Konzern Alcatel im Jahr 2000 umgesetzt. Vgl. Nippel/Mertens 2002, S. 2.

4.3.1.2 Analogieansätze

Eine in der Literatur häufig dargestellte Möglichkeit, das Risiko einzelner Geschäftsbereiche zu bestimmen, besteht in den Analogieansätzen. Analogieansätzen liegt die Annahme zugrunde, dass Unternehmen, die in gleichen oder ähnlichen Geschäftszweigen tätig sind und zudem bezüglich weiterer Kriterien wie Größe, Kernprozessauswahl etc. vergleichbar aufgebaut sind, ein ähnliches Risiko aufweisen müssen. Wird diese Annahme als richtig eingestuft, kann gefolgert werden, dass der von Fremdfinanzierungseffekten bereinigte Betafaktor von Vergleichsunternehmen auf einen bezüglich des Risikos ähnlich strukturierten eigenen Geschäftsbereich übertragen werden kann.[413] In der Literatur wird zwischen unterschiedlichen Analogieansätzen unterschieden.

Bei einem Pure-Play-Ansatz wird der um Fremdfinanzierungseffekte bereinigte Betawert eines bestimmten Unternehmens auf den eigenen Geschäftsbereich übertragen. Entsprechend einiger Literaturbeiträge stellt das Pure Play Beta einen in der Praxis sinnvoll einsetzbaren Indikator für die Risikosituation eines Geschäftsbereichs dar.[414] Eine Problemstellung bei einer derartigen Technik besteht in der Voraussetzung, dass ein vergleichbares Unternehmen wie der betrachtete Geschäftsbereich ermittelt werden muss. In Deutschland ist hierbei die Problematik der mangelnden Vielfalt an kapitalmarktnotierten Unternehmen gegeben. Es besteht die Möglichkeit, ein ausländisches Unternehmen mit einer vergleichbaren Risikostruktur wie der betrachtete Geschäftsbereich zu verwenden. Jedoch müsste dieses über ähnliche Prozesse und ähnliche Absatzmärkte wie das betrachtete Segment verfügen. Zudem bestehen Verzerrungen durch die Notierung an einem ausländischen Wertpapiermarkt.[415]

Beim Industry Beta wird eine von den Börseninformationsdiensten vorgegebene Klassifikation von Segmenten verwendet. Das Branchenbeta des entsprechenden Wirtschaftssektors wird auf den betrachteten Geschäftsbereich übertragen. Der Vorteil dieser Vorgehensweise liegt in der Einfachheit und der Objektivierung der Auswahlkriterien für Vergleichsunternehmen.[416] Brealey/Myers schlagen vor, den Industry-Beta-Ansatz zu verwenden, da er neben der Einfachheit den Vorteil aufweist, dass durch einen höheren Stichprobenumfang

[413] Zur Bereinigung des Fremdfinanzierungseffekts siehe: Henselmann/Kniest 2001, S. 184-187.

[414] Vgl. u. a. Arbeitskreis Finanzierung der Schmalenbach-Gesellschaft 1996, S. 552.

[415] Eigentlich müsste das Beta gegenüber einem Weltindex ermittelt werden. Aufgrund von unterschiedlichen Verzerrungswirkungen durch lokale Bestimmungen sowie lokalen Risiken, wie beispielsweise Währungsrisiken, ist dies in der Praxis nicht sinnvoll. Vgl. Bodie/Kane/Marcus 2002, S. 865. Siehe zudem Abschnitt 4.3.2.

[416] Branchenbetas werden regelmäßig von Banken und sonstigen Finanzinstitutionen veröffentlicht.

der Schätzfehler der Betaermittlung reduziert wird.[417] Im Gegensatz zu den USA besteht beim deutschen Branchenbeta der Nachteil eines vergleichsweise illiquiden Kapitalmarktes. Die Branchenindizes sind somit erheblich von der Performance weniger Wertpapiere abhängig. Ein kritischer Punkt am Branchenbeta besteht in der Annahme, dass Unternehmen mit unterschiedlichen regionalen oder produktspezifischen Strategien eine vergleichbare Risikostruktur aufweisen.[418]

Beim Peer Group Beta wird eine individuelle Auswahl von Unternehmen getroffen, die eine möglichst ähnliche Risikostruktur wie der betrachtete Geschäftsbereich aufweisen. Über Mittelwertbildung kann ein Betawert für die betrachtete Geschäftseinheit ermittelt werden. Gegenüber dem Pure-Play-Ansatz weist die Peer-Group-Methodik den Vorteil auf, dass die Robustheit gegenüber Ausreißern erhöht wird. Gegenüber dem Branchenbeta besteht der Vorteil der Möglichkeit, die vergleichbaren Unternehmen gezielt zu selektieren. Eine Schwierigkeit kann darin gesehen werden, eine Gruppe von Unternehmen zu ermitteln, die ein vergleichbares Risikoexposure wie der untersuchte Unternehmensbereich aufweisen. Das Wissen über vergleichbare Unternehmen[419] sollte jedoch in dem betrachteten Geschäftsbereich verfügbar sein.[420] Wie bei den anderen Analogieansätzen besteht bei der Peer-Group-Methodik das Problem der wenig umfangreichen deutschen Datenbasis.[421] Bei der Verwendung von nichtdeutschen Vergleichsunternehmen tritt die Problematik der Verzerrung der aus ausländischen Kapitalmärkten ermittelten Risikodaten auf.[422]

4.3.1.3 Pragmatische Ansätze der Risikoermittlung

Die in der Literatur als Pragmatische Ansätze bezeichneten Verfahren der Ermittlung des Risikos auf Basis von Kapitalmarktdaten beruhen neben der Auswertung von Kursdaten auf einer standardisierten Beurteilung betrachteter Geschäftsbereiche anhand von scoringbasierten Ratingverfahren.[423] Aufgrund der inhaltlichen Nähe zu den in Kapitel 6 dieser Arbeit beschriebenen unternehmensinternen Ratingansätzen werden diese Näherungsverfahren in diesem Kapitel lediglich überblicksartig dargestellt. Anhand von subjektiven, zumeist von Fachleuten vorgenommenen Beurteilungen wird das aus den Kapitalmarktdaten berechnete Gesamtrisiko des Konzerns auf Geschäftseinheiten heruntergebrochen. Anpassungsmög-

---

[417] Vgl. Brealey/Myers 2000, S. 224-227.
[418] Branchen werden zumeist nicht nach der Risikostruktur gebildet. Die Bildung von Branchen kann beispielsweise nach Produktionsstoffen, Produktionsprozessen oder Kundensegmenten vorgenommen werden. Die Klassifizierung wird bei verschiedenen Informationsdiensten in unterschiedlicher Weise vorgenommen. Vgl. Zimmermann 1997, S. 318/319.
[419] Vergleichbare Unternehmen sind in der Regel direkte Wettbewerber eines Geschäftsbereichs.
[420] Vgl. Arbeitskreis Finanzierung der Schmalenbach-Gesellschaft 1996, S. 554.
[421] Vgl. Fröhling 2000a, S. 33.
[422] Siehe Abschnitt 4.3.2.
[423] Siehe Abschnitt 6.3.1.2.

lichkeiten eines für interne Zwecke verwendeten Beurteilungssystems an unternehmensindividuelle Gegebenheiten existieren beispielsweise bei der Auswahl von Beurteilungsfeldern bzw. -kriterien. Zudem bestehen unterschiedliche Konfigurationsmöglichkeiten bei der organisatorischen Implementierung von Beurteilungsprozessen.[424] Pragmatische Betas stellen eine praktisch einfach durchführbare Näherungslösung dar, die jedoch ohne eigentliche kapitalmarkttheoretische Fundamentierung ist.

Nach einem Ansatz der Boston Consulting Group (BCG) werden die Geschäftsbereiche vom internen Management nach sechs verschiedenen Kriterien beurteilt. Die Kriterien basieren weitgehend auf den in Abschnitt 4.2 dargestellten theoretischen Überlegungen zum Betafaktor und den in Abschnitt 6.2 dargestellten Ratingverfahren. Nach diesem Ansatz der BCG wird der betrachtete Bereich anhand der folgenden Kriterien jeweils auf einer Skala von 1 bis 5 Punkten beurteilt:[425]

- Externe Renditeeinflüsse
- Zyklischer Markt
- Stabilität des Wettbewerbsumfeldes
- Lebenszyklus der Produkte
- Markteintrittsbarrieren
- Kostenstruktur

Entsprechend dieser speziellen Methode wird der Wert des Risikos eines Segmentes starr nach der folgenden Formel festgelegt.

Pragmatisches Verfahren: $RW_{GB} = RW_{GU}(Wert_{GB}/18)$[426]

RW	Risikowert
GB	Geschäftsbereich
GU	Gesamtunternehmen

Nach alternativen Pragmatischen Verfahren werden die Beurteilungen nach Abschluss der Bewertung derart normiert, dass die Summe der Segmentrisikowerte dem aus Kapitalmarktwerten ermittelten Risiko des Gesamtkonzerns entspricht.[427] Bei einer empirischen Unter-

[424] Beurteilungen können beispielsweise durch Geschäftseinheiten oder durch zentrale Stabsabteilungen vorgenommen werden.

[425] Vgl. Bufka/Schiereck/Zinn 1999, S. 119. Andere in der Literatur aufgeführte Prozesse der Ermittlung Pragmatischer Betawerte weisen vergleichbare Kriterien auf. Vgl. Arbeitskreis Finanzierung der Schmalenbach-Gesellschaft 1996, S. 557.

[426] Bezüglich der 6 Kriterien wird das Unternehmen im Schnitt eine Bewertung von 3 Punkten erhalten. Der Normierungsdivisor von 18 ergibt sich aus einem zu erwartenden mittleren Wert für das Gesamtunternehmen.

[427] Vgl. Fröhling 1999, S. 1447-1450. Als Nachteil dieses Verfahrens kann die nachträgliche Anpassung der Risikowerte genannt werden. Hierdurch können für einzelne Geschäftsbereiche rich-

suchung konnte für nach dem beschriebenen Ansatz der BCG bestimmte Risikowerte zumindest eine teilweise Signifikanz bei der Erklärung von Kapitalmarktbetas ermittelt werden.[428] Ein Nachteil dieses Konzeptes besteht in der Subjektivität der Beurteilung. Die Risikoeinschätzung der Kapitalgeber wird nur auf Konzernebene beachtet.[429] In Kapitel 6 wird aufgezeigt, dass vergleichbare Ratingansätze jedoch durchaus gute Resultate bei der Risikobeurteilung erzielen können.

4.3.1.4 Weitere Möglichkeiten

Neben den dargestellten Möglichkeiten, Betafaktoren für Geschäftssegmente zu ermitteln, werden in der Literatur weitere Methoden aufgeführt. Ein Beispiel besteht in den segmentbezogenen Fundamental Betas. Hierbei wird das Segmentbeta aus den Fundamentaldaten des betrachteten Geschäftsbereichs ermittelt. Der Nachteil gegenüber den gesamtunternehmensbezogenen Fundamental-Beta-Faktoren besteht darin, dass die Plausibilität der verwendeten segmentbezogenen Faktoren und Faktorsensitivitäten nicht empirisch an Kapitalmarktdaten überprüft werden kann. Zudem gelten die in Abschnitt 4.2.4 aufgeführten weiteren Schwächen der Fundamental-Beta-Methodik. In der Literatur werden zudem Kombinationsverfahren der oben beschriebenen Methoden für die Ermittlung von Geschäftsbereichsrisiken empfohlen. So wird beispielsweise die Ermittlung des Geschäftsrisikos auf Basis fundamentaler Einflussgrößen innerhalb bestimmter vorgegebener branchenabhängiger Risikoklassen vorgeschlagen. Eine signifikante Verbesserung der Erklärungswirkung kann hierdurch jedoch nicht erzielt werden.[430]

4.3.2 Regionale Risikoermittlung

Regionale Risikoaspekte wurden in der Praxis in traditionellen Rechnungswesenkonzepten häufiger abgebildet als produktsegmentspezifische Risikoeinflüsse. In Form von kalkulatorischen Zinsen waren regionale Risikoeinflüsse bereits über einen längeren Zeitraum in internen Steuerungsrechnungen berücksichtigt. In der traditionellen Literatur zum betrieblichen Rechnungswesen wurde zumeist vorgeschlagen, den landesspezifischen Zinssatz für die Berechnung der kalkulatorischen Zinsen in regionalen Ergebnisrechnungen zu verwen-

---

tig festgelegte Risikowerte im Nachhinein verzerrt werden. Vgl. Bufka/Schierenk 1999, S. 1457/1458.

[428] Bei der Studie wurden von Unternehmen nach dem dargestellten Konzept entworfene Formulare ausgefüllt. Die ermittelten Pragmatischen Betas wurden mit empirischen Kapitalmarktbetas verglichen. Vgl. Bufka/Schiereck/Zinn 1999, S. 120-130.

[429] Vgl. Arbeitskreis Finanzierung der Schmalenbach-Gesellschaft 1996, S. 558.

[430] Vgl. Herter 1994, S. 108-110.

den.[431] Im Unterschied zu den auf der Shareholder-Value-Theorie aufbauenden wertorientierten Ansätzen wird bei einer Risikobestimmung anhand des lokalen Marktzinses kein systematisches Risiko ermittelt. Es wird das allgemeine Risikoniveau der entsprechenden Volkswirtschaft betrachtet, ohne die spezifische Risikostruktur der lokalen Aktivitäten des Unternehmens zu berücksichtigen.[432] In der traditionellen Finanz- und Zinstheorie werden zumeist die folgenden regionalen, im allgemeinen Zins enthaltenen Risikoarten unterschieden:[433] Wechselkurs-/Inflationsrisiken, politische Risiken und Marktrisiken. Neben der realen Zinskomponente sind diese Risiken Bestandteil der lokalen nominalen Zinsen.

Neben dem Marktzins kann auch das unternehmensindividuelle, systematische regionale Risiko über kapitalmarktorientierte Verfahren ermittelt werden.[434] Ein wesentlicher Vorteil dieses Ansatzes besteht in der Berücksichtigung der internationalen Diversifizierung. Aufgrund von nicht vollkommen korrelierten Marktbewegungen weisen Investitionen in anderen Ländern tendenziell ein geringeres systematisches Risiko als Investitionen im Heimatmarkt auf.[435] Wie bei der Risikoermittlung für produktbezogene Segmente besteht bei regionalen Segmenten zumeist das Problem einer nicht existierenden Kapitalmarktnotierung. Es ist demzufolge fraglich, ob die in Abschnitt 4.3.1 beschriebenen Approximationsverfahren auch für regionale Risikobetrachtungen verwendet werden können.

Der Pure-Play-Analogieansatz könnte nach einem zentralen Risikoermittlungsansatz[436] beispielsweise folgendermaßen ausgestaltet werden: Als Analogieunternehmen muss ein regionales Unternehmen mit einer vergleichbaren Risikostruktur wie die regionale Tochtergesellschaft des deutschen Mutterunternehmens verwendet werden. Wenn davon ausgegangen werden kann, dass die Investoren einer in Deutschland notierten Mutterunternehmung vor

[431] Vgl. Reiners 2001, S. 24.

[432] Als Grundlage der Zinsermittlung werden im Bankenbereich beispielsweise die Brady Bonds verwendet. Vgl. Arbeitskreis Finanzierung der Schmalenbach-Gesellschaft 1996, S. 568.

[433] Vgl. Hahn/Hungenberg 2001, S. 169; Brühl 2000, S. 62.

[434] In der Grundform des CAPM kann die Marktrisikoprämie R_m-R_f als eine Art regionale Risikoprämie aus Sicht des Investors gesehen werden. Vgl. Copeland/Koller/Murrin 1998, S 379; Dresel 2000, S. 587-590.

[435] Vgl. Brühl 2000, S. 66. Insbesondere die „Emerging Markets“ kennzeichnen sich teilweise durch eine antizyklische Bewegung zu den Märkten der Industrienationen. Trotz eines hohen allgemeinen Risikos können Investitionen in diesen Märkten demzufolge ein geringes systematisches Risiko aufweisen.

[436] Bei einem zentralen Ansatz wird das Risiko eines ausländischen Segments für einen hauptsächlich im deutschen Markt investierenden Aktionär ermittelt. Dies stellt theoretisch den richtigen Ansatz dar, ist in der Praxis jedoch mit Problemen behaftet. In der Praxis der Bewertung ausländischer Unternehmen wird zumeist ein dezentraler Ansatz verwendet. Es wird das lokale Risiko des Unternehmens anhand des CAPM mit Parametern des lokalen Marktes ermittelt. Hierdurch werden für den deutschen Investor bestehende politische oder wechselkursbedingte Risiken nicht berücksichtigt. Vgl. Peemöller/Kunowski/Hillers 1999, S. 624-629.

allem deutsche Papiere halten („home bias")[437], muss für die lokale Analogieunternehmung ein Betawert im Vergleich zu einem deutschen Aktienindex berechnet werden.[438] In die Kapitalkostenberechnung gehen demzufolge die deutschen Marktparameter ein. Problematisch an der Berechnung des Risikos lokaler Segmente unter Verwendung deutscher Marktparameter ist die Vernachlässigung des allgemeinen lokalen Risikoniveaus, welches sich in den entsprechenden lokalen Zinsniveaus wiederspiegelt. Über den risikolosen Zins sowie dem zu erwartenden Marktzins wird nach dem CAPM das allgemeine Risiko einer Volkswirtschaft berücksichtigt. Lokale Risiken von Emerging Markets könnten als Korrekturlösung beispielsweise durch Addition des lokalen Zinsspreads auf die nach den CAPM ermittelten Kapitalkosten berücksichtigt werden.[439] Das Auffinden einer vergleichbaren (Pure-Play-) Unternehmung wie das Tochtersegment einer deutschen Unternehmung ist mit Problemen behaftet.[440] Auch die weiteren in Abschnitt 4.3.1.2 beschriebenen Analogieansätze lassen sich für die Ermittlung von Risikodaten für regionale Segmente verwenden.[441]

Neben den Analogieansätzen lassen sich auch angepasste Fundamental Betas oder Pragmatische Ansätze der Betabestimmung für eine Ermittlung des Risikos regionaler Segmente verwenden. Fundamental-Beta-Verfahren gehen davon aus, dass anhand bestimmter Rechnungslegungsdaten das lokale Risiko des betrachteten regionalen Segmentes ermittelt werden kann. Die Effekte der internationalen Diversifizierung werden nach dem Grundmodell dieses Ansatzes nicht erfasst. Bei Pragmatischen Ansätzen wird das Risiko regionaler Segmente subjektiv oder intersubjektiv durch Bewertungen anhand bestimmter Kriterienraster bestimmt.

---

[437] Vgl. Brealey/Myers 2000, S. 236/237, 808. Unter der Annahme global diversifizierter Investoren würde sich das beschriebene Vorgehen nicht erheblich verändern. Es müsste ein CAPM-Modell mit weltweiten Parametern für den risikolosen Zins sowie die Marktrendite eines Weltindex, wie dem MSCI World Index, verwendet werden. Vgl. Brühl 2000, S. 65.

[438] In der Literatur wird vorgeschlagen, den Betafaktor eines ausländischen Unternehmens zum deutschen Index aus dem Produkt des lokalen Betafaktors des Unternehmens mit dem Betafaktor des ausländischen Index (Landesbeta) zum deutschen Marktindex zu ermitteln. Vgl. Richter/Gröniger 2000, S. 311.

[439] Auf der anderen Seite kann argumentiert werden, dass politische Risiken in anderen Ländern nicht zu den systematischen Risiken eines deutschen Investors zählen und somit diversifiziert werden können. Vgl. Brühl 2000, S. 66.

[440] Siehe Abschnitt 4.3.1.2.

[441] Für den Peer-Group-Ansatz müssen unterschiedliche Unternehmen in der betreffenden Region gefunden werden, die eine vergleichbare Risikostruktur wie die lokalen Aktivitäten des betrachteten regionalen Segments aufweisen. Der Ansatz der Branchen-Betas kann durch eine Analogiebildung zur entsprechenden lokalen Branche der lokalen Aktivitäten des regionalen Segments verwendet werden. Die Berechnung der Betafaktoren sollte für ein deutsches Unternehmen in Relation zum DAX erfolgen.

4.3.3 Aggregation nach Risikoarten

Nach den kapitalmarktorientierten Risikoaggregationsverfahren können lediglich hoch aggregierte Risikoinformationen ermittelt werden. Eine Flexibilität bezüglich der Auswertung nach Risikoarten ist lediglich in Ansätzen gegeben. Beispielsweise ist eine Auftrennung des Risikos des Aktienkurses in ein systematisches und ein unsystematisches Risiko möglich. Zudem können über eine Analyse der Kapitalmarktdaten Informationen zur Sensitivität des Unternehmens auf bestimmte makroökonomische Faktoren bestimmt werden. Theoretisch ist auch eine Ermittlung der Risikowerte bestimmter Risikoarten über Analogieverfahren oder Fundamental-Beta-Ansätze denkbar.[442]

Systematisches Risiko
Das systematische Risiko besteht für Investoren in dem allgemeinen Marktrisiko. Anhand des Betafaktors wird ermittelt, welche mit dem allgemeinen Markt korrelierten Risiken das Unternehmen aufweist.[443]

Unsystematisches Risiko
Nach der modernen Kapitalmarkttheorie ist das unsystematische Risiko für Investoren nicht von Bedeutung, da dieses durch Portfoliobildung diversifiziert werden kann. Wenn nach der Annahme normalverteilter Renditen in einem Wertpapier ein Renditeverlust auftritt, ist nach dem CAPM statistisch zu erwarten, dass bei einem anderen Wertpapier ein kompensierender positiver Effekt besteht. In der Realität hat sich die Annahme der Wertneutralität häufig nicht bestätigt. Untersuchungen haben beispielsweise gezeigt, dass auch eine Reduzierung des unsystematischen Risikos Wertsteigerungen zur Folge haben kann.[444] Zudem ist der alleinige Fokus der Kapitalmarkttheorie auf die Shareholder in Frage zu stellen. Eigenkapitalgeber können das Risiko diversifizieren. Für die weiteren Stakeholder, wie Mitarbeiter, Staat, Öffentlichkeit etc., existiert häufig keine derartige Möglichkeit des Risikoausgleichs. Diese werden von den Auswirkungen eines „unsystematischen Schadensfalls“ negativ getroffen. Für Unternehmen kann es demzufolge vorteilhaft sein, auch das unsystematische Risiko zu erfassen und zu steuern. Anhand der Ergebnisse einer Analyse zum unsystemati-

---

[442] Das Gesamtrisiko des Analogieunternehmens müsste nach dem Analogieansatz hauptsächlich durch die betrachtete Risikoart bestimmt sein. Bei einem Vorgehen nach einem Fundamental-Beta-Ansatz müsste angenommen werden, dass ein bestimmter Satz von Rechnungslegungsdaten ursächlich für eine bestimmte Risikoart ist.

[443] Siehe Abschnitt 4.2.2.

[444] Vgl. Amit/Wernerfelt 1990, S. 527-530; Fink 2003, S. 2/3. In der Literatur werden zudem unterschiedliche Faktoren aufgeführt, die entgegen dem Miller/Modigliani-Theorem der Irrelevanz einen negativen Einfluss des unsystematischen Risikos auf den Unternehmenswert bewirken. U. a. sind Insolvenzkosten, Steuerfaktoren oder Managementinteressen als Faktoren zu nennen. Vgl. Glaum 2002, S. 4-8. Siehe zudem Abschnitt 2.2.3.3.

schen Risiko kann beurteilt werden, wie bestimmte unternehmensbezogene Ereignisse oder Schäden vom Kapitalmarkt beurteilt werden.[445] Ein Weg, das unsystematische Risiko eines Unternehmens zu messen, besteht darin, den Anteil der Varianz der Aktienrenditen zu ermitteln, der nicht durch die Korrelation mit dem Marktindex bestimmt wird.

Formel zur Ermittlung des unsystematischen Risikos:[446] $\sigma_{ui}^2 = b_i^2 \sigma_m^2 - \sigma_i^2$

Im Investmentbereich werden beispielsweise Diagramme eingesetzt, aus denen die absolute und relative Entwicklung des systematischen und unsystematischen Risikos ersichtlich wird.[447]

Makroökonomische Risikofaktoren

Wie im Abschnitt zur APT dargestellt[448], bestehen über kapitalmarktorientierte Verfahren unterschiedliche Ansätze, die Sensitivität der Aktie eines Unternehmens bezüglich einzelner makroökonomischer Risikofaktoren zu bestimmen. Makroökonomische Risikofaktoren können beispielsweise Inflation, Währungskurse, Wirtschaftswachstum oder bestimmte Rohstoffpreisschwankungen darstellen. In der Literatur werden verschiedene Untersuchungen zum Einfluss dieser Faktoren auf Unternehmensbewertungen dargestellt.[449] Sensitivitäten der Aktienkurse eines Unternehmens auf bestimmte Risikofaktoren können wichtige risikoartenbezogene Informationsgrößen im Rahmen eines Managementinformationssystems darstellen.

4.3.4 Berichtssystem auf Basis von Betafaktoren

Auf Basis von Betagrößen und weiteren kapitalmarktbasierten Risikoaggregationsmethoden erstellte Risikoberichte können beispielsweise das in Abbildung 14 dargestellte Format aufweisen. Es können Betafaktoren für das gesamte Unternehmen, für einzelne Unternehmensbereiche oder über Analogieansätze auch für einzelne Produkte oder Produktgruppen er-

---

[445] Anhand von Ex-Post-Analysen kann beispielsweise ermittelt werden, wie der Markt unsystematische Effekte, wie beispielsweise Sachschäden, beurteilt. Gemäß einer auf dem CAPM- und dem DCF-Verfahren basierenden Unternehmensbewertung werden derartige, mit der allgemeinen Marktentwicklung unkorrelierte Risiken ex ante nur über die Cash Flows und nicht über den Risikozins berücksichtigt.

[446] Zur Erläuterung der Variablen siehe Abschnitt 4.2.2.

[447] Es kann beispielsweise die Gesamtvolatilität und die sich nach Abzug der systematischen Volatilität ergebende Residualvolatilität im Zeitverlauf dargestellt werden. Vgl. Steiner/Bruns 2002, S. 70.

[448] Siehe Abschnitt 4.2.5.

[449] Zum Einfluss der Devisenkurse auf die Aktienkurse deutscher Unternehmen siehe z. B.: Glaum/ Brunner/Himmel 2000, S. 5-10.

mittelt werden. Zudem ist in Abbildung 14 dargestellt, wie Berichtskennzahlen zu makroökonomischen Risikofaktoren oder unsystematischen Risiken aufgebaut sein könnten. Es ist beispielsweise möglich, die Höhe des unsystematischen Risikos durch die Residualvolatilität, d. h. die nicht mit dem Markt korrelierte Volatilität auszudrücken. Die makroökonomischen Betafaktoren zeigen auf, welche Sensitivitäten das Unternehmen bezüglich einzelner unternehmensexterner Faktoren aufweist. Es sollten jeweils sowohl zeitliche Entwicklungen aufgezeigt als auch Daten für Querschnittsvergleiche zum Risiko unterschiedlicher Unternehmen bzw. Branchen bereitgestellt werden.

Risikomanagementbericht - Kapitalmarktsicht
(Ohne Fremdfinanzierungseffekte)

Betafaktor 265 Tage	Ist 2001	Ist 2002
Konzern	1,10	1,12
Peer Group	1,03	1,01
Sparten		
Maschinenbau	1,20	1,20
Industy Beta	1,22	1,25
Chemie	1,00	1,03
Industry Beta	1,03	1,05
Regionen*		
Deutschland	1,21	1,22
USA	1,10	1,10
Asien	0,90	0,91
Makroökonomische Betafaktoren		
Ölpreis	0,50	0,60
Peer Group	0,70	0,70
Dollarkurs	0,90	0,99
Peer Group	0,93	0,98
Unsystematisches Risiko		
Residualvolatilität	13%	16%

* Betawerte eines lokalen Unternehmens mit ähnlichen Risikostrukturen im lokalen Markt

Abbildung 14: Bericht kapitalmarktbasierte Risikoindikatoren

Ein derartiger Bericht könnte als Standardbericht im Rahmen einer periodischen Informationsberichterstattung eingesetzt werden. Theoretisch ist zudem eine Verwendung der Daten im Rahmen eines internen Führungs- und Steuerungssystems denkbar. Im Folgenden wird untersucht, inwiefern kapitalmarktbasierte Risikodaten für einen Einsatz im Rahmen interner Controllingstrukturen geeignet sind.

4.4 Beurteilung von kapitalmarktbasierten Risikoaggregationsverfahren

Die in dieser Arbeit untersuchten Verfahren der Risikoaggregation werden anhand der Kriterien der Flexibilität, der Einfachheit, der Güte und der Einsatzfähigkeit im Rahmen des steuernden Controllingprozesses untersucht.[450]

4.4.1 Flexibilität der Auswertung

Unter dem Kriterium Flexibilität wird die Eigenschaft des Aggregationssystems verstanden, individuelle Auswertungsmöglichkeiten zum Risiko einzelner Segmente und Funktionen des Konzerns sowie bezüglich einzelner Risikoarten bereitzustellen. In seiner Grundform ist der Ansatz der Betafaktoren wenig flexibel. Er bezieht sich auf das gesamte Unternehmen bzw. den gesamten Konzern. Der Betafaktor kann jedoch, dem Desaggregationsgedanken folgend, als ein Mittelwert aus den Risikowerten der einzelnen Segmente und Funktionen eines Konzerns interpretiert werden.[451] Er beinhaltet demzufolge die vom Markt bewerteten Risikofaktoren der einzelnen Unternehmenssegmente und Funktionen. Es existieren verschiedene Methoden, nach denen das Gesamtrisiko des Konzerns auf einzelne Unternehmensbereiche heruntergebrochen werden kann.[452]

4.4.1.1 Regionale und geschäftsbereichsbezogene Segmente

Die Führungsstruktur einer Unternehmung baut zumeist auf regionalen oder geschäftsbereichs- bzw. produktbezogenen Unternehmenssegmenten auf. Die Risikoermittlung entlang dieser Dimensionen kann somit im Rahmen eines Führungssystems eingesetzt werden.[453]

Tracking Stocks

Ein nach kapitalmarkttheoretischen Gesichtspunkten optimaler Ansatz, das Risiko eines Geschäftsbereiches zu ermitteln, besteht in der Emission von Tracking Stocks.[454] Unter den Annahmen des CAPM lässt sich anhand von Tracking Stocks für jeden Geschäftsbereich ein nach Kapitalmarktgesichtspunkten richtiger Risikograd bestimmen. Aufgrund der praktischen Probleme bei der Implementierung eines derartigen Systems sowie der Beschränkung der

---

[450] Siehe Abbschnitt 3.5.
[451] Vgl. Serfling/Marx 1990, S. 369.
[452] Siehe Abschnitt 4.3.
[453] Als Anreizmechanismen können beispielsweise risikobezogene Kapitalkosten verwendet werden.
[454] Das Instrument der Tracking Stocks ist in Abschnitt 4.3.1.1 beschrieben.

Auswertung auf die zumeist wenigen börsennotierten Segmente[455] ist der Tracking-Stock-Ansatz unter Flexibilitäts- und Aufwandsgesichtspunkten als Aggregationssystem jedoch abzulehnen. Der Ansatz wird im Folgenden nicht weiter untersucht.[456]

Die weiteren der in Abschnitt 4.3.1 aufgeführten Verfahren der Flexibilisierung von kapitalmarktorientierten Größen können grob in die Klassen Fundamental Betas, Analogieansätze, Pragmatische Ansätze und APT unterteilt werden.[457] Nach diesen Ansätzen wird das Ziel verfolgt, das Risiko bestimmter Bezugsobjekte anhand von Näherungsverfahren zu ermitteln.

Fundamental Beta

Unter Verwendung von Fundamental-Beta-Ansätzen können theoretisch Risikogrößen für jedes Bezugsobjekt ermittelt werden, für welches standardisierte Rechnungslegungsdaten sowie sonstige Fundamentaldaten zu Verfügung stehen. Die Voraussetzung für einen Fundamental-Beta-Ansatz besteht in der ausreichenden Verfügbarkeit von Rechnungslegungsgrößen für das betrachtete Segment. Fundamental-Beta-Werte sind somit weitgehend an das interne Rechnungswesensystem des Unternehmens gebunden. Besitzt ein Unternehmen beispielsweise primär eine regionale Steuerung, ist die Verfügbarkeit von Daten für produktbezogene Segmente häufig nicht sichergestellt. Beim betrachteten Segment sollten zudem möglichst wenig Leistungsbeziehungen mit anderen Unternehmenssegmenten bestehen. Bei intensiver Nutzung gemeinsamer Kapazitäten werden die Ergebnisse der Rechnungslegungswerte durch die Schlüsselung von Kenngrößen verzerrt. Da in den Organisationseinheiten der zweiten und dritten Unternehmensebene zumeist weitgehende Schlüsselungen von Daten vorgenommen werden, ist der Fundamental-Beta-Ansatz für diese Ebenen nicht geeignet. Der Fundamental-Beta-Ansatz kann demzufolge lediglich auf der primären Strukturebene eines Unternehmens als flexibel angesehen werden.[458]

---

[455] Wie in Abschnitt 4.3.1.1 beschrieben, ist der Ansatz der Tracking Stocks u. a. aufgrund der hohen Transaktionskosten bisher sehr wenig verbreitet. Für den alleinigen Zweck der Ermittlung von Risikokennzahlen wäre ein derartiges System mit einem unverhältnismäßig hohem Aufwand verbunden.

[456] Der mit den Verfahren der Risikoaggregation verbundene Aufwand wird in Abschnitt 4.4.2 betrachtet. Der Ausschluss von Tracking-Stock-Verfahren unter Aufwandsgesichtspunkten kann jedoch bereits in diesem Abschnitt zur Flexibilität erfolgen. Das Kriterium der Flexibilität beinhaltet eine ökonomische Komponente. Die Flexibilisierung der Auswertungsmöglichkeiten sollte ökonomisch vertretbar sein. Die Schaffung von flexiblen Auswertungsmöglichkeiten anhand von Tracking Stocks ist mit einem prohibitiven Aufwand verbunden.

[457] Die Verwendung des lokalen Zinsniveaus als Risikoindikator wird im Folgenden nicht betrachtet, da dieses nicht auf die lokalen Aktivitäten des Unternehmens, sondern auf das allgemeine volkswirtschaftliche Risiko ausgerichtet ist. Siehe Abschnitt 4.3.2.

[458] Werden im Rahmen eines Fundamental-Beta-Ansatzes Branchendaten eingesetzt, so eignet sich der Ansatz allenfalls für weitgehend eigenständig am Markt agierende Unternehmenseinheiten der obersten Hierarchieebene. Bestehen weitgehende Verflechtungen mit Aktivitäten anderer Geschäftsbereiche, so lassen sich die branchenspeziellen Risikoindikatoren nicht auf die Risikostruktur des Geschäftsbereiches übertragen. Für in der Organisationshierarchie tiefer angesiedelte Einheiten eignen sich die Ansätze nicht. Aufgrund der Nähe des Ansatzes zur

Analogieansätze

Analogieansätze eignen sich prinzipiell für die Ermittlung von Risikokenngrößen für regionale Unternehmenseinheiten oder produktbezogene Geschäftssegmente. In der Anwendung sind die Analogieansätze flexibler als die Fundamental-Beta-Methodik. Dies ist vor allem darauf zurückzuführen, dass die Auswertungsmethoden nicht von der Struktur des internen Rechnungswesens abhängen. Neben dem Segmentbezug können sich theoretisch Betawerte und somit Kapitalkosten für Projekte, Produkte oder Produktgruppen ermitteln lassen. Bei den auf dem Analogieansatz aufbauenden Verfahren wird von den spezifischen Eigenheiten der Unternehmen abstrahiert. Es wird implizit unterstellt, dass das Risiko des untersuchten Unternehmensobjekts sowie des Analogieunternehmens lediglich durch den jeweiligen betrachteten Objektbezug verursacht wird.[459] In der Literatur wird die Näherungslösung des Analogieansatzes häufig vorgeschlagen.[460]

Pragmatische Ansätze und APT-Verfahren

Pragmatische Verfahren werden in diesem Abschnitt lediglich kurz behandelt, da sie inhaltlich eher den in Kapitel 6 dieser Arbeit beschriebenen Ratingansätzen als den kapitalmarktorientierten Ansätzen zuzurechnen sind. Bei diesen Verfahren wird lediglich das Gesamtrisiko des Unternehmens aus Kapitalmarktdaten ermittelt. Anhand von scoringbasierten Ratingtechniken wird diese Risikogröße auf die betrachteten Unternehmensbereiche heruntergebrochen. Der entscheidende Beurteilungsschritt wird somit nicht von den Kapitalmarktteilnehmern, sondern von den an dem Scoringverfahren beteiligten Personen ausgeführt.[461]

Die APT eignet sich nicht für eine Desaggregation des Risikos eines Gesamtunternehmens nach Segmenten. Für den Gesamtkonzern müssen nach dem APT-Ansatz die Risikosensitivitäten bezüglich einzelner Risikofaktoren anhand statistischer Verfahren ermittelt werden. Für einzelne Segmente kann eine derartige Ermittlung in Ermangelung von Kapitalmarktdaten nicht durchgeführt werden. Für jedes Segment müssten die Risikosensitivitäten bezüglich der verschiedenen Faktoren geschätzt werden. Die APT ist demzufolge in der Praxis nicht für individuelle Auswertungen bezüglich einzelner Unternehmenssegmente geeignet.

APT gelten bei Berücksichtigung makroökonomischer Risikofaktoren die weiter unten in diesem Abschnitt zur APT getroffenen Beurteilungen. Siehe auch Abschnitt 4.2.5.

[459] Es wird beispielsweise unterstellt, dass das Risiko eines Kunststoffsegments lediglich von dem Objektbezug „Kunststoff“ abhängt. Alle anderen Risikofaktoren sind entweder in ihrer Ausprägung identisch oder weisen keine Signifikanz bei der Erklärung des Gesamtrisikos des Unternehmenssegments auf.

[460] Vgl. u. a. Neubüger 2000, S. 193; Arbeitskreis Finanzierung der Schmalenbach-Gesellschaft 1996, S. 552; Brealey/Myers 2000, S. 225/226.

[461] Zur Beurteilung der Flexibilität siehe die Bewertung von scoringbasierten Ratingtechniken in Abschnitt 6.4.1.

4.4.1.2 Risikoarten und funktionsbezogene Risiken

Für die Ermittlung von Risiken für bestimmte Risikoarten oder funktionale Unternehmenseinheiten sind die beschriebenen kapitalmarktorientierten Approximationsverfahren lediglich in Ausnahmenfällen anwendbar. Ein in der Praxis anwendbares Verfahren besteht in dem Pragmatischen Ansatz[462]. Es ist beispielsweise denkbar, Pragmatische Betafaktoren für die Ermittlung des Risikos nach Risikoarten oder funktionalen Risiken einzusetzen. Ein derartiger Ansatz wäre jedoch eher den Ratingverfahren als den kapitalmarktorientierten Risikoaggregationsverfahren zuzurechnen.[463]

Analogieverfahren

Durch die Analogieverfahren lassen sich nur bedingt sinnvolle Werte für bestimmte funktionale Risiken oder Risikoarten ermitteln. Nach diesen Verfahren wird jeweils das gesamte Risiko des Analogieunternehmens als repräsentativ für eine bestimmte Risikokategorie angesehen. Da Unternehmen jeweils aus unterschiedlichen Unternehmensfunktionen bestehen, kann über den Analogieansatz kein direkter Wert für ein funktionales Risiko ermittelt werden. Lediglich unter speziellen Umständen kann eine Risikoermittlung für ein funktionales Risiko über ein Analogieverfahren durchgeführt werden. Beispielsweise ist denkbar, dass das Vertriebsrisiko eines Unternehmens über ein Analogieunternehmen, welches in derselben Branche auf den Vertrieb spezialisiert ist, ermittelt wird. Auch die Bestimmung einer Risikoart ist auf eine vergleichbare Weise denkbar. Es müsste ein Unternehmen gefunden werden, bei welchem das Gesamtrisiko zum Großteil durch die untersuchte Risikoart bestimmt wird.

Fundamental Betas

Der Ermittlung von Risikogrößen für Risikoarten und funktionale Risiken durch Fundamental-Beta-Faktoren sind enge Grenzen gesetzt. Für die Anwendung von Fundamental Betas muss der Mechanismus, wie bestimmte fundamentale Parameter auf das systematische Risiko eines Unternehmens wirken, spezifiziert werden. Theoretisch lassen sich unterschiedliche Verbindungen von Risikoarten oder funktionalen Risiken mit fundamentalen Unternehmensdaten begründen. Beispielsweise könnte das Absatzrisiko über die Konzentration der Abnehmer bestimmt werden. Das Problem stellt jeweils der empirische oder theoretische Nachweis der vermuteten Relation zwischen den fundamentalen Parametern und der vom

---

[462] Siehe Abschnitt 4.3.1.3.

[463] Durch ein scoringbasiertes Ratingverfahren können unternehmensbezogene Risikodaten auf einzelne Risikoarten oder funktionale Unternehmenseinheiten heruntergebrochen werden. In Kapitel 6.4 dieser Arbeit werden Rating- und Scoringverfahren im Hinblick auf die Fragestellung dieser Arbeit untersucht.

Kapitalmarkt vorgegebenen Risikogröße dar. Die Wirkrichtung des Zusammenhangs lässt sich häufig theoretisch begründen. Die eigentliche Problemstellung besteht in der Quantifizierung der genauen Sensitivität des Unternehmensrisikos auf eine bestimmte Variation der betrachteten fundamentalen Basisgröße. Wenn die exakte Relation der Wirkung nicht empirisch nachgewiesen werden kann, kann der ermittelte Risikowert nicht den kapitalmarktorientierten Verfahren zugeordnet werden.[464] Aufgrund der beschriebenen Schwierigkeiten ist der Fundamental-Beta-Ansatz in der Praxis nicht flexibel für die Auswertungen bezüglich Risikoarten und funktionalen Risiken anwendbar.

Systematische und unsystematische Risikoarten

Bei dem für den Investor bestehenden Risiko kann zwischen der systematischen und der unsystematischen Risikokomponente unterschieden werden.[465] Diese Risikoarten lassen sich gesamtunternehmensbezogen durch kapitalmarktbasierte Verfahren auf einfache Weise ermitteln. Über die APT kann zudem die Wirkung einzelner Einflussfaktoren auf das systematische Risiko abgeschätzt werden. Über die Faktorsensitivität lässt sich beispielsweise das Risiko des Unternehmens bezüglich der Entwicklung des Ölpreises oder der Währungskurse ermitteln.

Zusammenfassend sind die kapitalmarktbasierten Verfahren nur bedingt als flexibel zu bezeichnen. Die Risikodaten des Grundmodells des CAPM beziehen sich auf das gesamte Unternehmen. Anhand von Approximationsverfahren können die Risikogrößen auf die primären regionalen oder produktorientierten Unternehmenssegmente heruntergebrochen werden. Eine Betrachtung des Risikos von Unternehmenseinheiten der zweiten Hierarchieebene sowie Risiken funktionaler Unternehmenseinheiten ist bei den kapitalmarktbasierten Risikoaggregationsverfahren nicht möglich. Eine Risikoermittlung nach Risikoarten ist bei kapitalmarktbasierten Ansätzen lediglich in beschränktem Rahmen durchführbar. Über die Methode der APT kann das dem Unternehmen vom Kapitalmarkt zugeschriebene Risiko bezüglich bestimmter makroökonomischer oder branchenspezifischer Risikofaktoren ermittelt werden.

---

[464] In diesem Bereich bestehen Überschneidungen zu den in Kapitel 6 dargestellten Ratingverfahren. Existiert kein empirischer Nachweis auf Basis von Kapitalmarktdaten, so weist der Fundamental-Beta-Ansatz Ähnlichkeiten zu den quantitativen Ratingtechniken auf. Bei diesen Ansätzen werden Modelle im Hinblick auf die Prognosefähigkeit bezüglich Unternehmensinsolvenzen konfiguriert. Siehe Abschnitt 6.2.

[465] Siehe Abschnitt 4.2.2.

4.4.2 Einfachheit

Einfachheit sollte eine elementare Eigenschaft eines Steuerungssystems darstellen. Es sollte jeweils ein Optimum zwischen einer funktional notwendigen Komplexität und der Einfachheit bestehen. Lediglich ein einfaches und verständlich aufgebautes System kann sich auf Dauer in einer Organisation durchsetzen.[466]

4.4.2.1 Verständlichkeit

Das Grundprinzip des Grundmodells kapitalmarktorientierter Verfahren der Risikoermittlung ist relativ einfach verständlich.[467] Zum tieferen Verständnis des Ansatzes der Risikoableitung aus Kapitalmarktdaten sind jedoch Grundkenntnisse bezüglich der Funktionsweise von Kapitalmärkten sowie der Kapitalmarkttheorie erforderlich. Da kapitalmarktorientierte Risikoaggregationsverfahren lediglich im Rahmen eines Top-Down-Prozesses eingesetzt werden können, muss der Ansatz von der Führungsebene eines Unternehmens sowie den am Prozess beteiligten zentralen Controllingabteilungen verstanden werden. Weil bei diesen Gruppen davon ausgegangen werden kann, dass gewisse Kenntnisse zu Kapitalmarktthemen vorhanden sind, stellt die Verständlichkeit kein Hindernis für eine Implementierung des Grundmodells des kapitalmarktorientierten Ansatzes dar. Probleme könnten bei einigen der in diesem Kapitel dargestellten Verfahren im Zusammenhang mit einer segmentspezifischen Anpassung der Risikowerte an einzelne Unternehmenseinheiten bestehen. Bei einem Ansatz unter Verwendung von Fundamental Betas oder Analogieverfahren müssen gewisse Kenntnisse zu kapitalmarktbasierten Verfahren in den betroffenen Stufen der Controllingorganisation vorhanden sein. Jedoch ist auch bei einer segmentbezogenen Risikoermittlung auf Basis von Kapitalmarktverfahren die Anzahl der am Prozess beteiligen Personen eher gering. Da ein Einsatz von Betafaktoren oder Kapitalkosten auf die höchsten segmentbezogenen Aggregationsstufen beschränkt sein wird, ist ein potentieller Schulungsaufwand als beschränkt einzuschätzen.

Ein Vorteil von kapitalmarktbasierten Verfahren besteht in der Nachvollziehbarkeit der Resultate der Risikoabschätzungen. Die Ergebnisse des Grundansatzes der Risikoermittlung werden automatisiert und somit objektiv ermittelt.[468] Bei den Verfahren zur Flexibilisierung

[466] Vgl. Weber 2002, S. 339.

[467] Die Grundprinzipien des CAPM der Diversifizierung und der risikoorientierten Prämie sind auch ohne tiefere Finanzkenntnisse einfach zu vermitteln.

[468] Einschränkungen bestehen bezüglich der Wahl der Parameter eines Modells. Durch die Auswahl der Datenmengen, der Datenintervalle oder des Vergleichsindizes werden die Resultate beeinflusst.

kapitalmarktbasierter Risikoaggregationsmethoden ist die Objektivierung hingegen teilweise nicht sichergestellt.[469]

4.4.2.2 Organisatorischer Aufwand

Der organisatorische Aufwand für ein kapitalmarktbasiertes Aggregationssystem besteht zunächst in der Implementierung. Anschließend entsteht ein Aufwand für eine laufende Betreuung und Anpassung des Prozesses und des Systems. Der organisatorische Aufwand für den Aufbau und Betrieb eines Berichtssystems von Betafaktoren oder Kapitalkosten und dessen Integration in ein Führungssystem ist aufgrund des Top-Down-Ansatzes eher gering. Betafaktoren können für die erste oder maximal für die erste und zweite Hierarchieebene eines Unternehmens erhoben werden.[470]

Gesamtunternehmensbezogene Betafaktoren lassen sich mit entsprechenden Zugängen zu Börseninformationssystemen mit für große Unternehmen geringen Kosten errechnen. Zudem können die Faktoren standardisiert über Banken oder Beratungsfirmen bezogen werden. Da in den meisten Industrieunternehmen enge Kontakte zu Investmentbanken bestehen, dürfte ein Bezug von verlässlichen Betafaktoren mit einem geringen Aufwand verbunden sein.

Die Errechnung von Fundamental Betas oder APT-Werten wird in einem Unternehmen mit einem gewissen Aufwand verbunden sein, da die Sensitivität des Unternehmensbetas auf bereichsbezogene fundamentale Einflussfaktoren ermittelt werden muss. Eine derartige Tätigkeit erfordert den Aufbau bestimmter fachlicher Kompetenzen in der Controllinghierarchie. Die Fragestellungen der Betaerrechnung beziehen sich jeweils auf die oberste Segmentebene. In zentralen Controllingstellen müssten demzufolge Kapazitäten für eine Risikoermittlung bereitgestellt werden. In den darunter liegenden Ebenen der Organisation entsteht hingegen kein zusätzlicher Aufwand.[471] Auch bei Analogieansätzen beschränkt sich der Aufwand der Systemintegration und des Systembetriebs auf die oberen Ebenen einer Controllinghierarchie. Im zentralen Controlling müssen Kompetenzen für eine gezielte Selektion von Unternehmen eines vergleichbaren Risikoniveaus wie betrachtete Unternehmensbereiche ausgebildet werden.

[469] Bei der Wahl der betrachteten Fundamentaldaten im Rahmen eines Fundamental-Beta-Ansatzes oder der Ermittlung von Analogieunternehmen besteht beispielsweise eine subjektive Komponente. Bei Pragmatischen Ansätzen ist die Eigenschaft der Objektivität nicht gegeben. Die Beurteilung bezüglich der einzelnen Kriterien erfolgt teilweise subjektiv-intuitiv. Siehe Abschnitt 6.2.

[470] Siehe Abschnitt 4.4.1.1.

[471] Sinnvolle Risikowerte können jeweils nur für die oberste Segmentebene ermittelt werden. Siehe Abschnitt 4.4.1.1.

Insgesamt ist die Beurteilung bezüglich des Kriteriums der Einfachheit als ein Vorteil der kapitalmarktbasierten Verfahren anzusehen.[472] Ein kapitalmarktbasiertes Risikoaggregationssystem könnte ohne erheblichen zusätzlichen Aufwand in einer zentralen Controllingabteilung implementiert und dort dauerhaft betrieben werden.

4.4.3 Güte der Ergebnisse

Unter dem Begriff der Güte wird in dieser Arbeit die Eigenschaft eines Risikoaggregationsmechanismus verstanden, richtige Ergebnisse bezüglich des realen Risikos eines Bezugsobjektes bereitzustellen. Für Risikoanalysezwecke ist unter diesem Gesichtspunkt insbesondere die Frage nach der Effizienz der Kapitalmärkte von Bedeutung. Im Fall streng effizienter Kapitalmärkte wären jegliche Informationen in den Kapitalmarktpreisen berücksichtigt. Die Schwankung der Kapitalmarktpreise würde das (systematische) Risiko eines Unternehmens somit korrekt wiedergeben. Die Theorie der halbstrengen oder strengen Effizienz kann empirisch nicht eindeutig bestätigt werden.[473] Das Unternehmensrisiko spiegelt sich in den Kapitalmarktwerten demzufolge nicht unverzerrt wider.

Über die Güte des gesamtunternehmensbezogenen sowie segmentbezogenen Betafaktors als Risikomaß finden sich in der Literatur unterschiedliche Aussagen. Alle beschriebenen Verfahren beruhen letztendlich auf der Annahme, dass über Kapitalmarktwerte empirisch korrekte Beurteilungsgrößen zum Gesamtrisiko eines Unternehmens gewonnen werden können. Im Folgenden wird zunächst die Güte des allgemeinen CAPM-Ansatzes beurteilt.[474] Anschließend wird die Güte der aufgeführten Approximationsverfahren untersucht.

CAPM

Die theoretischen Annahmen des CAPM werden in der Literatur vielfach in Frage gestellt.[475] Fraglich sind u. a. die Annahmen des einperiodigen Gleichgewichtsmodells, der Homogenität der Erwartungen und der Stationarität des Betafaktors. Ein für den Einsatz von kapitalmarktorientierten Risikogrößen im Rahmen eines internen Risikomanagementsystems wichtiger Kritikpunkt am CAPM besteht zudem in dessen spezifischer Risikodefinition. Das CAPM erfasst per Definition nur systematische Risiken. Unternehmensindividuelle Risiken werden

[472] Insbesondere das Grundmodell des CAPM ist einfach und nachvollziehbar aufgebaut. Anhand einer Variable, dem Betafaktor, wird das Risiko einer Unternehmung abgebildet.

[473] Siehe Abschnitt 4.1.4.2.

[474] Wie in Abschnitt 3.1.1 dargestellt, ist das CAPM das in Praxis und Theorie dominierende Modell zur kapitalmarktorientierten Risikoermittlung. Die meisten Kapitalmarktmodelle bauen letztendlich auf dem Ansatz und den Annahmen des CAPM auf.

nicht berücksichtigt. Zudem wird nach dem CAPM ein umfassender Risikobegriff betrachtet, der sowohl positive als auch negative Abweichungen vom erwarteten Zustand umfasst. Nach dem Risikoverständnis der industriellen Praxis wird hingegen vielfach nur eine negative Abweichung unter dem Begriff des Risikos subsumiert.[476] Asymmetrische Risiken oder Risiken mit ausschließlich negativen Ausprägungsmöglichkeiten werden nach dem symmetrischen Risikoverständnis des CAPM anders erfasst als nach Verfahren der internen Risikobehandlung, wie beispielsweise der Risk Map.[477] Studien zum empirischen Nachweis der Aussagen des CAPM kommen zu unterschiedlichen Ergebnissen.[478] In Untersuchungen konnte zumeist gezeigt werden, dass Aktienrenditen eine positive Korrelation mit dem nach dem CAPM ermittelten systematischen Risiko aufzuweisen scheinen. Eine vollkommen verlässliche Beschreibung der Preisbildung am Aktienmarkt konnte das CAPM jedoch nicht erbringen. Im Rahmen des Risikomanagements ist somit nicht sichergestellt, dass der Betafaktor das systematische Unternehmensrisiko korrekt wiedergibt.[479]

APT

Für interne Risikoanalysezwecke weist die APT bezüglich der Güte ähnliche Mängel wie das CAPM-Modell auf.[480]

Analogieansätze

Auch die Ergebnisse der Approximationsverfahren sind bezüglich ihrer Güte in Frage zu stellen. Da Analogieansätze auf Betaschätzungen anhand von Kapitalmarktwerten beruhen, bestehen auch bei dieser Methode die im Abschnitt zum CAPM dargestellten Probleme. Eine gewisse Verbesserung der statistischen Schätzproblematik kann durch die Verwendung von Peer Group Betas oder Branchenbetas herbeigeführt werden. Hierdurch kann aufgrund der größeren Datenbasis der Schätzfehler des Betawertes reduziert werden. Auf der anderen Seite besteht bei Analogieansätzen das Problem der Übertragung von aus Kapitalmarktgrößen bestimmten Daten fremder Unternehmen auf das eigene Unternehmen. Zusätzliche Probleme entstehen bei der Verwendung von ausländischen Vergleichsunternehmen.[481] Eine

---

[475] Siehe Abschnitt 4.2.3.

[476] Siehe Abschnitt 2.2.3.3.

[477] Siehe Abschnitt 5.2.3. Vgl. Zimmermann 1997, S. 30.

[478] Siehe Abschnitt 4.2.3.

[479] Vgl. Möller 1985, S. 510. Negativ ausgefallene Studien müssen nicht darauf hindeuten, dass die Aussagen des CAPM über keine empirische Berechtigung verfügen (siehe Abschnitt 4.2.3). Zudem kann es sein, dass der Betafaktor das Risiko eines Unternehmens richtig erfasst, der reale Preisbildungsprozess jedoch von anderen Faktoren abhängt.

[480] Wie in Abschnitt 4.2.5 dargestellt, wurden in Untersuchungen zum Vergleich der erklärenden Wirkung der APT und des CAPM keine einheitlichen Ergebnisse erzielt.

[481] Für eine detaillierte Darstellung der hiermit verbundenen Problemstellungen siehe: Peemöller/Kunowski/Hillers 1999, S. 624-630; Brühl 2000, S. 62-65; Bodie/Kane/Markus 2002, S. 863-866. Siehe zudem Abschnitt 4.3.2.

weitere Problematik der Analogieansätze kann in der Notwendigkeit der Bereinigung der Betawerte von Fremdkapitaleffekten gesehen werden. Diese Bereinigung kann lediglich anhand von Näherungsformeln durchgeführt werden.[482]

Fundamental Betas

Ein Vorteil der Fundamental-Beta-Verfahren besteht darin, dass die Annahme des CAPM der Stationarität des Betafaktors aufgehoben wird. Faktoren wie Unternehmensakquisitionen werden zumeist umgehend von den Unternehmensbetas reflektiert.[483] Bei Anwendung von Fundamental-Beta-Verfahren für die segmentbezogene Risikoermittlung besteht das Problem der fehlenden Möglichkeit der Validierung von Parametern für Schätzverfahren anhand von Kapitalmarktdaten.[484] Die Wirkungsrichtung der Risikoparameter kann häufig theoretisch bestimmt werden.[485] Eine genaue Festlegung der kardinalen Risikosensitivität des Gesamtrisikos eines Segmentes bezüglich einzelner fundamentaler Parameter ist jedoch mit Problemen verbunden.[486]

Neben den aufgeführten Ansätzen werden in der Literatur zahlreiche Mischverfahren zur Betaermittlung mit unterschiedlichen objektiven oder subjektiven Komponenten aufgeführt. In der Literatur wird vorgeschlagen, Betafaktoren nach mehreren Verfahren zu errechnen und den Mittelwert der Ergebnisse als unternehmensbezogenen Risikowert zu verwenden.[487] Aus dieser verbreiteten Forderung wird ersichtlich, dass jeglicher einzeln ermittelte Betawert mit erheblicher Unsicherheit verbunden ist.

Die Frage nach der Korrektheit und Güte der kapitalmarktbasierten Verfahren für unternehmensinterne Analysezwecke kann nicht eindeutig beantwortet werden. Eine Vielzahl von Untersuchungen deutet darauf hin, dass das in der Theorie dominierende Modell des CAPM in der Praxis keine verlässlichen und konstanten Ergebnisse erbringt. Bei den beschriebenen Approximationsverfahren kommen zu den Fehlerquellen des CAPM weitere Verzerrungen durch die spezifischen Annahmen der jeweiligen Ansätze hinzu. Auf der anderen Seite wird in vielen neueren Literaturbeiträgen weiterhin gefordert, Kapitalkosten nach dem Modell des

---

[482] Bei den Bereinigungsformeln wird zumeist von einem risikolosen Fremdkapitalbeta ausgegangen. Hierdurch können systematische Verzerrungen entstehen. Vgl. Herter 1994, S. 103.

[483] Die Annahmen und Nachteile von auf fundamentalen Daten basierenden Schätzverfahren von Betafaktoren wurden in Abschnitt 4.2.4 dargestellt.

[484] Die Parameter müssen demzufolge basierend auf theoretischen oder subjektiven Vorgehensweisen festgelegt werden. Vgl. Mandelker/Rhee 1984, S. 45/46.

[485] Vgl. Herter 1994, S. 109-111.

[486] In Märkten starker psychologiebedingter Volatilität können Fundamental-Beta-Größen eine glättigende Wirkung ausüben. Bei neuen Technologieunternehmen beispielsweise weisen nach dem CAPM ermittelte Betafaktoren aufgrund von Strukturbrüchen eine geringe Konstanz auf. Hier könnten Fundamental-Beta-Größen sinnvoll eingesetzt werden.

[487] Vgl. Herter 1994, S. 108-111.

CAPM zu errechnen. Innerhalb bestimmter Konfidenzbereiche scheinen sich demzufolge über den Kapitalmarkt Daten hinreichender Qualität zum Risiko kapitalmarktnotierter Unternehmen ermitteln zu lassen.

4.4.4 Einsetzbarkeit im Controlling- und Managementprozess

Für Managementprozesse werden Risikoinformationen benötigt, die im Rahmen des Regelkreises der Führung als Stellgrößen oder als Informationsgrößen für die Risikosteuerung verwendet werden können. Für beide Zwecke können theoretisch durch kapitalmarktorientierte Verfahren der Risikoaggregation ermittelte Kennzahlen eingesetzt werden.

Informationsversorgungssystem

Unter den CAPM-Bedingungen würden kapitalmarktbasierte Betafaktoren die Risikolage eines Unternehmens aus Sicht des diversifizierten Investors korrekt abbilden. Um nach dem Shareholder-Value-Konzept Wert zu schaffen, sollte die Unternehmensführung bestrebt sein, bei gleichen Ertragserwartungen das systematische Risiko der Unternehmensoperationen zu senken. Betafaktoren müssten demzufolge die maßgebliche Zielgröße für Managemententscheidungen zum Risiko darstellen.[488] Die Korrektheit der kapitalmarktbasierten Risikogrößen kann jedoch in Frage gestellt werden.[489] Die diagnostische Eignung des Betafaktors im Rahmen eines Managementprozesses ist somit Einschränkungen unterworfen.

Ein methodisches Problem der Verwendung von kapitalmarktbasierten Risikowerten im Rahmen eines für den operativen Managementbereich verwendeten Risikoinformationssystems besteht in der mangelnden Möglichkeit der Desaggregation. Risikowerte können lediglich für die obersten Unternehmenssegmente ermittelt werden.[490] Es besteht keine Möglichkeit zur exakten Ursachenidentifikation durch Desaggregationsmethoden. Da weder eine eindeutige Korrektheit noch eine Möglichkeit für eine genaue Identifikation der Risikofaktoren gegeben ist, sind Betafaktoren für einen Einsatz im Rahmen eines Informationssystems des operativen Managements nicht geeignet.

Bei der Betrachtung von strategischen Fragestellungen lassen sich kapitalmarktbasierte Risikogrößen effektiver als bei operativen Problemstellungen einsetzen. Strategische Fragestellungen befassen sich mit einer langfristig optimalen Kapitalallokation. Hierbei wird der

---

[488] Bei einem hypothetischen Gebrauch kapitalmarktbasierter Risikoggregationsverfahren als Grundlage für eine Steuerungsrechnung kann neben dem Betafaktor auch ein Korrekturfaktor zur Berücksichtigung des unsystematischen Risikos verwendet werden. Somit könnten neben den Interessen der Eigenkapitalgeber auch die Interessen der weiteren Stakeholder berücksichtigt werden. Vgl. Reiners 2001, S. 26.

[489] Siehe Abschnitt 4.2.3 und 4.4.3.

Detaillierungsgrad im Vergleich zu operativen Fragestellungen deutlich reduziert. Aufgrund der aggregierten Betrachtungsweise bestehen wesentlich geringere Anforderungen an die Genauigkeit der benötigten Informationen. Insbesondere im Rahmen von wertorientierten Analysen können kapitalmarktbezogene Risikogrößen für strategische Fragestellungen sinnvoll einbezogen werden.[491] Beispielsweise können diese im Rahmen von Benchmarkingstudien zur Erfassung des Risikos bestimmter Segmente oder potentieller Investitionen eingesetzt werden. Speziell der Analogieansatz ist als Informationsquelle für strategische Fragestellungen zur Risikoermittlung geeignet.[492] Ein Problem kann bei einer derartigen Anwendung in der mangelnden Verlässlichkeit der ermittelten Daten bestehen.[493]

Risikoinformationen als Führungsgröße

Im Rahmen eines Risikomanagements kann versucht werden, über gewisse Zielvorgaben eine als Planziel definierte Risikosituation zu erreichen. Analog zu Budgetzielen im Rahmen der Gewinnsteuerung könnte nach einem derartigen Konzept das Gesamtrisiko eines Unternehmens über Risikovorgaben gesteuert werden.[494]

Im Rahmen des operativen Managements ist eine Verwendung von kapitalmarktbasierten Risikogrößen nicht möglich. Bei der Verwendung von Kapitalmarktgrößen als Stellglied und somit als direkte Zielgröße besteht das Problem der mangelnden Möglichkeit der Operationalisierung der Risikogrößen.[495] Um ein bestimmtes Gesamtrisikoniveau für das Unternehmen zu erreichen, müssen unterschiedliche Maßnahmen in verschiedenen Unternehmensbereichen ergriffen werden. Über Betafaktoren kann keine Verbindung zwischen einzelnen Maßnahmen und dem resultierenden Effekt auf die Gesamtrisikoposition des Unternehmens ermittelt werden. Eine systematische Steuerung anhand bestimmter Treiber ist somit nicht gegeben.

Im Bereich des strategischen Managements ist der Einsatz von kapitalmarktbasierten Risikosteuerungsgrößen denkbar. Die Unternehmensführung könnte beispielsweise das Ziel vorgeben, das Unternehmensbeta um 20% zu senken. Im Rahmen eines strategischen Manage-

[490] Siehe Abschnitt 4.4.1.1.

[491] Die Anforderungen des Kapitalmarkts stellen nach der wertorientierten Führungstheorie wichtige Einflussgrößen für strategische Entscheidungen dar. Siehe Abschnitte 3.1.1.1 und 2.1.6.

[492] Der Analogieansatz kann flexibel für unterschiedliche Betrachtungsobjekte verwendet werden. Siehe Abschnitte 4.3.1.2 und 4.4.1.

[493] Wie in Abschnitt 4.4.3 dargestellt, besteht bei Analogieansätzen zusätzlich zu den empirischen Unzulänglichkeiten des CAPM die Fehlerquelle einer möglichen fehlerhaften Auswahl eines Analogieunternehmens.

[494] Der Mechanismus der Wertsteigerung über eine Steuerung der kapitalmarktbasierten Risikodaten eines Unternehmens ist dargestellt in: Schierenbeck/Lister 2002, S. 186.

[495] Wie in Abschnitt 4.4.1.1 dargestellt, bestehen wenig Möglichkeiten, anhand von kapitalmarktbasierten Verfahren das Risiko einzelner Unternehmenseinheiten zu ermitteln.

mentprozesses könnte das Management ex ante unter Verwendung des Analogieansatzes Investitionen in risikoärmeren Segmenten forcieren. Jedoch besteht auch bei der strategischen Steuerung anhand von Kapitalmarktgrößen das Problem einer mangelnden Operationalisierbarkeit der Risikowerte für einzelne Geschäftseinheiten. Es ist nicht möglich, einer Geschäftseinheit einen ex post reduzierten gesamtunternehmensbezogenen Betawert als Erfolg zuzurechnen.[496]

Einsatz im Risikomanagement und im Steuerungssystem

Als Parameter in Systemen der wertorientierten Unternehmenssteuerung und Investitionsbewertung haben sich kapitalmarktbasierte Risikogrößen weitgehend durchgesetzt.[497] In wertorientierten Steuerungssystemen sollen durch die Parameter keine detaillierten Größen für die Unternehmenssteuerung vorgegeben werden. Hier werden lediglich aggregierte Risikoparameter verwendet, die die Funktion einer Art impliziten Grobsteuerung übernehmen. Die explizite Steuerung durch das Management erfolgt anhand der Spezifizierung bestimmter Zielvorgaben.

Fraglich ist, weshalb kapitalmarktorientierte Steuerungsgrößen im Rahmen der Risikobewertung in Steuerungskonzepten und Investitionsbewertungsverfahren eine weite Verbreitung gefunden haben und dennoch in unternehmensinternen Aktivitäten des Risikomanagements über eine vergleichsweise geringe Bedeutung verfügen. Dies ist vor allem auf den theoretischen Ansatzpunkt der Ermittlung der Daten zurückzuführen. Bei kapitalmarktorientierten Risikogrößen wird das Unternehmen durch die „Brille" des Investors betrachtet. Er beurteilt das Unternehmen auf Basis der vergangenen und der erwarteten zukünftigen Bewertungen an der Börse. Betafaktoren bilden das für ihn bestehende Risiko durch die Veränderung der Kurse an der Börse ab. Durch die Verwendung wertorientierter Systeme sollen Anreize gesetzt werden, eine dem börsenbezogenen Risikoniveau entsprechende interne Rendite zu erzielen.

Kapitalmarktbasierte Risikogrößen aggregieren sämtliche Risikogrößen des Unternehmens auf dem Betrachtungsniveau des Risikos der Börsenkurse. Inhaltlich werden die Risiken nicht im Einzelnen betrachtet. Für interne Managemententscheidungen zur Risikobehandlung stehen hingegen inhaltliche Größen im Vordergrund. Die Wirkungskette zwischen betrieblichen Entscheidungen und dem betrieblichen Risiko wird durch kapitalmarktbasierte Größen nicht erfasst. Kapitalmarktbasierte Risikogrößen stellen dem Management keine

[496] Möglich wäre eine Operationalisierung über Analogieansätze. Ein derartiges Verfahren wäre jedoch mit erheblichen messtechnischen Unsicherheiten verbunden, so dass die Möglichkeit einer eindeutigen Leistungsbeurteilung nicht gegeben wäre.

[497] Siehe Abschnitt 3.1.1.

Informationen zu Treibern des Risikos, sondern lediglich Informationen zur übergreifenden Risikoeinschätzung der Investoren zur Verfügung.

4.5 Zusammenfassung

In dem in der modernen Finanztheorie weit verbreiteten Konzept des wertorientierten Managements verfügen die Erwartungen und Beurteilungen der Investoren bezüglich des Risikos einer Unternehmung über eine hohe Bedeutung. Aufgrund dieser Tatsache ergibt sich die wichtige Rolle, die kapitalmarktbasierte Risikoermittlungsverfahren in Theorie und Praxis spielen. Das CAPM und die Arbitrage Pricing Theory sind die in der Literatur und Praxis vorherrschenden Modelle zur Berechnung des Risikos eines Unternehmens.

Naturgemäß sind kapitalmarktbasierte Verfahren auf das gesamte Unternehmen bezogen. Über Approximationsverfahren wie Analogieansätze oder Fundamental Betas lassen sich jedoch auch kapitalmarktorientierte Risikogrößen für regionale oder produktorientierte Unternehmenssegmente ermitteln. Insbesondere die Analogieansätze scheinen geeignet, das Risiko einzelner Unternehmenssegmente aus Sicht der Investoren zu erfassen. Risiken für Funktionsbereiche oder Risikoarten lassen sich über kapitalmarktorientierte Verfahren in der Regel nicht ermitteln.

Ein Vorteil kapitalmarktbasierter Verfahren besteht in der Einfachheit. Ein System zur Ermittlung und Weitergabe von kapitalmarktbasierten Risikoinformationen lässt sich ohne erheblichen Aufwand in einer zentralen Controllingabteilung eines Unternehmens implementieren und dort dauerhaft betreiben. Ein Problem von kapitalmarktbasierten Verfahren besteht in der Güte der ermittelten Kennzahlen. Kapitalmarktbasierte Verfahren beruhen auf der Annahme informationseffizient funktionierender Kapitalmärkte. Zudem basieren der Betafaktor des CAPM und die APT auf weiteren individuellen Annahmen. In Untersuchungen konnten Prognoseeigenschaften der Modelle nicht eindeutig verifiziert werden. Die aus kapitalmarktbasierten Verfahren ermittelten Werte sind demzufolge stets mit Unsicherheiten belegt. Auch die über Fundamental-Beta- oder Analogieansätze ermittelten Größen sind bezüglich ihrer Korrektheit in Frage zu stellen. Auf der anderen Seite wird in der Literatur argumentiert, dass auch bei den genannten Unsicherheiten Kapitalmarktwerte aufgrund des objektiven Standards verlässlicher sind als unternehmensintern ermittelte und somit häufig subjektive Daten.

Im Rahmen des allgemeinen Managementprozesses ist es denkbar, kapitalmarktorientierte Risikowerte als übergeordnete Zielgrößen für das Risiko eines Unternehmens zu verwenden.

Problematisch ist die fehlende direkte Verbindung der kapitalmarktbasierten Risikogrößen mit den operativen und strategischen unternehmensinternen Stellgrößen. Betafaktoren und vergleichbare Risikokennwerte eignen sich demzufolge nicht als Vorgabegrößen im Rahmen des Führungssystems eines Controllings. Lediglich in strategischen Fragestellungen können kapitalmarktbasierte Risikogrößen teilweise zur Entscheidungsfundierung verwendet werden.

Die geringe Verwendbarkeit kapitalmarktbasierter Risikogrößen für unternehmensinterne inhaltliche Entscheidungen zum Risikomanagement ist auf die Sichtweise von Modellen wie dem CAPM zurückzuführen. Kapitalmarktbasierte Methoden der Risikoaggragation basieren ausschließlich auf der Sichtweise der Investoren. Die inhaltliche Verkettung von im Unternehmen getroffenen Entscheidungen mit den hiermit verbundenen Risiken wird nicht mit der notwendigen Genauigkeit reflektiert.

5 Quantitative Verfahren der Risikoaggregation

Im Gegensatz zu kapitalmarktorientierten Risikoaggregationsverfahren basieren quantitative Methoden der Risikoaggregation auf unternehmensinternen Zahlen. Aus einzelnen Unternehmensbereichen stammende Zahlen werden nach definierten Rechenprinzipien verarbeitet und aggregiert. Während bei der in Kapitel 4 dargestellten Aggregation nach Kapitalmarktdaten das Risiko der höchsten Aggregationsstufe eines Unternehmens unabhängig von internen Organisationsstrukturen bestimmt werden kann, bauen quantitative Aggregationsmechanismen vielfach auf differenzierten, an die Organisation gebundenen Prozessen der Informationsverarbeitung auf. Interne Risikoaggregationsverfahren können als eine Art Risiko-Accounting-System interpretiert werden. Die Risikodaten werden intern im Unternehmen gezielt in quantitativer Form erfasst und für unterschiedliche Bezugsobjekte, wie Unternehmensbereiche oder Risikoarten, aggregiert.[498]

Eine Voraussetzung für den Betrieb eines quantitativen Systems der Risikoaggregation besteht in einer quantitativen Definition von Risiken bzw. Risikosituationen. Es können lediglich Risikosituationen betrachtet werden, für die zumindest in subjektiven Prozessen quantitative Wahrscheinlichkeiten und potentielle Schadensmaße bestimmt werden können.[499] Grundlage von quantitativen Verfahren der Aggregation ist dabei nicht der Anspruch, das Risiko hundertprozentig korrekt zu quantifizieren. Es wird hingegen davon ausgegangen, dass eine abgeschätzte quantitative Darstellung der Risikosituation besser ist als keine oder eine qualitative Erfassung und Darstellung. Lediglich ein quantitativer Messstandard kann eine Vergleichbarkeit zwischen Risiken gewährleisten.[500]

5.1 Finanzrisikomanagement als Ursprung des quantitativen Risikomanagements

Das Risikomanagement basiert weitgehend auf den Entwicklungen und Fortschritten des Finanzsektors.[501] Insbesondere bei quantitativen Methoden der Risikobehandlung nehmen Banken und Versicherungen eine führende Position ein. Aus diesem Grund werden im Folgenden Elemente des quantitativen Risikomanagements von Finanzunternehmen dargestellt. Aufbauend auf dieser Darstellung wird eine Anwendung der Methoden des quantitativen Risikomanagements in einem industriellen Controllingprozess beschrieben und beurteilt.

---

[498] Siehe Abschnitt 3.3.2.
[499] Vgl. Mengele 1999, S. 67.
[500] Vgl. Wittmann 2000, S. 813.
[501] Vgl. Burger/Buchhart 2002, S. 8. Siehe Abschnitt 2.2.2.

5.1.1 Historische Entwicklung des quantitativen Risikomanagements

Der historische Ursprung des quantitativen Risikomanagements liegt bei den Finanzinstitutionen. Aufgrund von praktischen Managementanforderungen sowie regulatorischen Vorschriften[502] haben sich in diesem Bereich früher als im industriellen Sektor umfassende Modelle zur quantitativen Behandlung von Risiken durchgesetzt.[503]

Die ersten systematischen und EDV-gestützten Ansätze einer quantitativen Modellierung von Risiken bei Banken stammen aus dem Kreditbereich. Anhand von aus heutiger Sicht methodisch vergleichsweise einfachen Modellen wurden in den 70er und 80er Jahren Versuche unternommen, Risiken quantitativ einzelkreditbezogen und auf Portfolioebene zusammenzufassen.[504] Portfoliobezogene Diversifikationseffekte wurden bei diesen Modellen zumeist noch nicht berücksichtigt. Mit dem Anstieg des Marktrisikos aufgrund von Entwicklungen wie der Verbreitung von Finanzderivaten[505], der Verbriefung unterschiedlicher Risikoaktiva sowie dem Wachstum des internationalen Devisenhandels begann der umfassende Einsatz des quantitativen gesamtbankbezogenen Risikomanagements.[506] Das Management von Marktrisiken wird seit den 90er Jahren von stochastischen, computergestützten Modellen bestimmt. Insbesondere die Modelle von Markowitz und Black Scholes verfügen über einen bedeutenden Einfluss auf diese Entwicklung.[507] Aufbauend auf diesen Arbeiten haben sich eine Vielzahl von Ansätzen zur Quantifizierung von Marktrisiken entwickelt. In den letzten Jahren werden Quantifizierungsmodelle zudem auf den Kreditbereich übertragen. Auch wenn in diesem Bereich größere Schwierigkeiten bei der standardisierten Quantifizierung von Risiken bestehen, wird das Management von Kreditportfolios heute zunehmend auf Basis quantitativer Modelle durchgeführt.[508] Der neueste Bereich, auf den quantitative Modelle im Finanzsektor übertragen werden, ist der des operationellen Risikos.[509] Nach

[502] Siehe Abschnitt 3.1.1.3.

[503] Regulatorische Anforderungen bestehen beispielsweise durch die Bank for International Settlements (BIS) sowie durch nationale Gesetze wie dem deutschen Kreditwesengesetz. Zudem ist ein steigender Fokus auf Finanzrisiken in der internationalen Rechnungslegung zu beobachten. Vgl. Born 2002, S. 171-176, 398/399; Gramlich 2001, S. 162-180.

[504] Vgl. Gleason 2001, S. 184-196.

[505] Insbesondere die Verbreitung von Derivaten hat zu einer verstärkten Beachtung des quantitativen Risikomanagements bei den Regulierungsbehörden geführt. Vgl. Jorion 2001, S. 45-49.

[506] Vgl. RiskMetrics 1996, S. 21.

[507] Vgl. Gleason 2001, S. 26-29.

[508] Ein Beispiel für ein weit verbreitetes Modell der Quantifizierung von Kreditrisiken stellt das Optionspreismodell der Firma KMV dar. Weitere Modelle für das Ausfallrisiko basieren auf Ratingansätzen, Kursen von Industrieanleihen oder volkswirtschaftlichen Faktoren. Vgl. von Hagen/von Stein 2000, S. 685/686; Schierenbeck 2003b, S. 157-194; Heri/Zimmermann 2001, S. 998.

[509] Die Deutsche Bundesbank übertrug den englischen Begriff des Operational Risks in den deutschen Begriff des operationellen Risikos. Vgl. Jörg 2002, S. 5.

Basel II soll regulatorisches Eigenkapital auch für nach definierten Modellen bestimmte operationelle Risiken hinterlegt werden.[510]

5.1.2 Methodische Grundlagen

Zur Erfassung und Behandlung von Finanzrisiken existiert eine Vielzahl unterschiedlicher Ansätze. Die Deutsche Bank z. B. trifft bei ihrer Risikoklassifikation die folgende Unterscheidung: Informationen, die die Abhängigkeit des Marktwertes einzelner Positionen von Änderungen von Risikofaktoren aufzeigen (Sensitivitätsanalyse), Informationen, die aggregierte Risiken unter Berücksichtigung von Abhängigkeiten und Korrelationen zwischen den einzelnen Risikoarten auf Basis statistischer Verfahren darstellen (Value at Risk), und Informationen, die Verlustdaten infolge extremer Marktpreisbewegungen oder Kursänderungen unter Verwendung von Szenarioanalysen quantifizieren.[511] Eine weitere Risikogröße ist die des erwarteten Verlustes. Dieser stellt ein zu erwartendes Risiko dar und sollte somit in Budgetgrößen berücksichtigt werden.[512]

5.1.2.1 Value at Risk

Der Value at Risk (VaR) beschreibt die absolute oder relative Verlustgröße, die vom Wert eines Aktivas oder einer Rendite mit einer bestimmten Wahrscheinlichkeit (zumeist 95% oder 99%) innerhalb einer spezifizierten Zeitspanne nicht unterschritten wird. Die Grundidee des VaR kann anhand der folgenden Grafik dargestellt werden:[513]

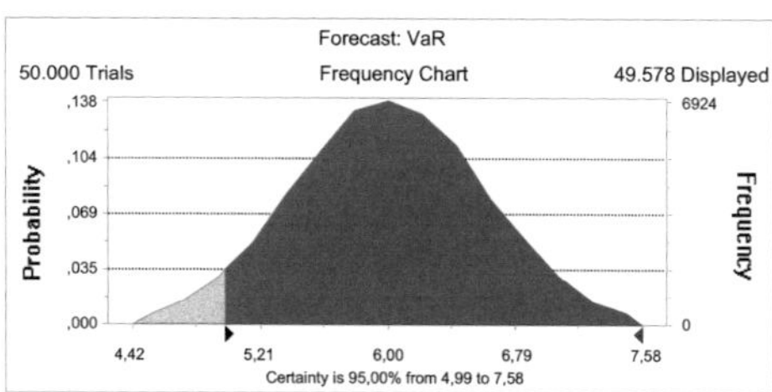

Abbildung 15: Schemadarstellung VaR

[510] Siehe Abschnitt 3.1.1.3.
[511] Vgl. Deutsche Bank 2003, S. 199.
[512] Vgl. UBS 2003, S. 66/67.
[513] Mit einer spezifizierten Quantilswahrscheinlichkeit (hier: 95%) wird ein höherer Wert als der Value at Risk erzielt. Der VaR (hier: 4,99) stellt die Grenze zwischen dem hellen und dem dunklen Bereich dar. In dieser Arbeit wird auf eine detaillierte Beschreibung der Methodik des VaR verzichtet. In der Literatur wird der VaR vielfach ausführlich dargestellt. Siehe z. B. Dowd 1998, S. 38-60; Jorion 2001, S. 147-164, 361-429; Schierenbeck 2003b, S. 73-97.

Der VaR modelliert ein Downside Risk[514] und unterscheidet sich in dieser Hinsicht von der nach dem CAPM verwendeten Risikodefinition der Standardabweichung. Die Bedeutung des VaR ist unter anderem darauf zurückzuführen, dass diese Risikomessgröße von der Bankenaufsicht als Grundlage für die Berechnung der Eigenkapitalhinterlegung für Marktrisiken und zunehmend auch Kredit- und operationelle Risiken zugelassen ist.[515] Ein wesentlicher Vorteil des VaR liegt in dessen umfassenden Ansatz begründet. Die Größe kann sowohl als Indikator für das Risiko einzelner Handelspositionen als auch für das Risiko eines gesamten Portfolios eines Unternehmens verwendet werden.[516]

Bei einer Anwendung einer VaR-Kennzahl müssen verschiedene Parameter beachtet werden.[517] Die Haltedauer bestimmt, für welche Zeitdauer das Risiko für ein Instrument bzw. Objekt gemessen werden soll. Im Finanzbereich wird zumeist eine Haltedauer von ein bis zehn Tagen verwendet.[518] Ein wichtiger Parameter einer VaR-Bestimmung ist zudem durch das Konfidenzintervall gegeben. Gebräuchlich sind Werte von 95% oder 99%. Von den Regulationsbehörden des Finanzsektors werden zumeist Werte von 99% verlangt.[519] Das Konfidenzintervall sollte in Bezug auf die Risikoneigung des Investors festgelegt werden. Um ein geeignetes Risikoprofil für ein Betrachtungsobjekt zu erhalten, kann es zudem sinnvoll sein, den VaR für unterschiedliche Konfidenzintervalle zu bestimmen. VaR-Modelle sollten regelmäßig überprüft und angepasst werden. Somit kann beurteilt werden, ob die vom Modell errechneten Daten mit der Realität übereinstimmen. In der Literatur werden eine Reihe von Methoden zur Überprüfung der Plausibilität von VaR-Parametern dargestellt. In der Praxis werden häufig die Konfidenzbänder überprüft. Bei einem VaR-Modell mit einer Haltedauer von einem Tag und einem Konfidenzniveau von 95% (99%) ist beispielsweise damit zu rechnen, dass eine Überschreitung in 20 (100) Tagen des berechneten Niveaus des VaR auftritt.

Zur Ermittlung des VaR lassen sich drei Gruppen von Verfahren unterscheiden. Zum einen werden in der Literatur und Praxis parametrische Ansätze vorgeschlagen. Nach dieser mit

---

[514] Es kann lediglich eine negative Abweichung vom vorgesehenen Zustand auftreten.

[515] Vgl. Rudolph/Johanning 2000, S. 43/44.

[516] Vgl. Gleason 2001, S. 225/226; Kleeberg/Schlenger 2000, S. 1007/1008.

[517] Um eine aussagefähige Kennzahl zu erhalten, müssen die im Modell verwendeten Parameter denen der abzubildenden Grundgegebenheiten entsprechen.

[518] Vgl. RiskMetrics 1999, S. 12. Die Haltedauer sollte sich an der Liquidität der betrachteten Aktiva orientieren. In Versicherungs- und Industrieunternehmen werden größere Haltedauern von Monaten oder Jahren verwendet. Im Ratingansatz von Standard & Poor's wird beispielsweise davon ausgegangen, dass ein Unternehmen für ein A-Rating ein „Jahrtausendereignis" verkraften können muss. Übersetzt auf eine normalverteilte jährliche Gewinngröße bedeutet dies, dass das Unternehmen eine negative Gewinnabweichung in der Größenordnung von drei Standardabweichungen tragen können sollte. Vgl. Corell 2000, S. 1142.

[519] Die BIS erfordert Modellparameter einer Haltedauer von 10 Tagen und eines Konfidenzintervalls von 99%. Vgl. Deutsche Bank 2003, S. 227.

der klassischen Portfoliotheorie konformen Methodik[520] wird der VaR über mathematische Transformationen ermittelt. Eine elementare Voraussetzung für den Gebrauch dieses Verfahrens ist in der Verwendung von mathematisch einfach verarbeitbaren Verteilungen gegeben.[521] Der Vorteil dieser Vorgehensweise besteht in der Einfachheit und dem vergleichsweise geringen computerbezogenen Rechenaufwand. Probleme der Methode bestehen vor allem vor dem Hintergrund der Annahme bestimmter Verteilungen wie der Normalverteilung.[522] Bei einer Simulation kann zwischen einer historischen und einer Monte-Carlo-Simulation unterschieden werden. Bei der historischen Simulation wird das Risiko eines nach aktuellen Wertpapieranteilen gewichteten Portfolios anhand einer Simulation mit historischen Kursen ermittelt. Vorteile bestehen vor allem in der Einfachheit sowie der Sicherheit gegenüber fehlerhaft geschätzten Verteilungen oder Korrelationen. Der größte Nachteil der Methodik ist darin gegeben, dass ein bestimmter Datensatz als repräsentativ für das zukünftige Risiko eines betrachteten Objektes angesehen wird.[523] Bei einer Monte-Carlo-Simulation werden die Wahrscheinlichkeitsverteilungen der Risikoparameter im Hinblick auf die Zielvariable durch computererzeugte Experimente simuliert. In unabhängigen Simulationsexperimenten wird eine betrachtete Zeitperiode vielfach durchspielt und für jeden Durchlauf der Wert der abhängigen Variable ermittelt.[524] Die erzeugte Verteilung der abhängigen Variable kann für Auswertungen verwendet werden. Der Vorteil einer Monte-Carlo-Simulation gegenüber dem parametrischen Ansatz besteht in der Flexibilität. Es können nichtlineare Beziehungen oder nicht normalverteilte Risikofaktoren modelliert werden. So können beispielsweise Risikostrukturen von Optionen oder Schadensrisiken abgebildet werden.

Der Ansatz des VaR kann nicht nur für Preise von Finanzaktiva, sondern durch leichte Modifikation auch für sonstige Erfolgsgrößen verwendet werden.[525] Ein Beispiel stellt der Ansatz des Earnings at Risk dar, der etwa bei der Firma Du Pont als Größe zur Beurteilung finanzieller industrieller Risiken verwendet wird.[526] Weitere in der Literatur aufgeführte Möglich-

---

520 Sowohl die Portfoliotheorie als auch der analytische VaR basieren auf der Annahme einer Normalverteilung der Renditen und einem Varianz/Kovarianz-Ansatz. Siehe Abschnitt 3.4.2.1.

521 In der Praxis wird zumeist die Normalverteilung eingesetzt. Vgl. RiskMetrics 1996, S. 26/27.

522 Insbesondere die Unterschätzung der Randwerte („Fat Tales") ist von Bedeutung. Es existieren verschiedene Ansätze zur Korrektur dieses Fehlers, wodurch jedoch die Rechenvorteile der parametrischen Methodik der VaR-Ermittlung teilweise verloren gehen. Vgl. Dowd 1998, S. 74-76; Economist 2004, S. 11-14.

523 Vgl. u. a. Burger/Buchhart 2002, S. 126/127.

524 Vgl. Gleißner 2001b, S. 126; Wolf/Runzheimer 2001, S. 49. Häufig wird der stochastische zeitliche Prozess einer Wertpapierkursgenerierung mit Hilfe einer Monte-Carlo-Methode simuliert. Zum spezifizierten Zeitpunkt T wird die Verteilung der simulierten Zeitreihendaten entnommen.

525 Der VaR wurde für die Messung der Wertveränderung entwickelt. Die Entwickler des VaR, Mitarbeiter von JP Morgan, entschieden sich für eine bilanzielle Größe zur Messung des Wertrisikos und gegen eine Variable für das Gewinnrisiko. Vgl. Jorion 2001, S. 22; Heri/Zimmermann 2001, S. 1000.

526 Vgl. Barton/Shenkir/Walker 2002, S. 129.

keiten bilden der Cash Flow at Risk, der Earning per Share at Risk oder im Rahmen von Investitionsbewertungen der Discounted Value at Risk.[527]

Neben einem absoluten Wert für den VaR können zudem inkrementale, marginale oder relative VaR-Kenngrößen verwendet werden. Ein marginaler oder inkrementaler VaR bestimmt den zusätzlichen Risikoanteil, der durch eine bestimmte Position zum Risiko des gesamten Betrachtungsobjektes hinzugefügt wird.[528] Durch diese Größen können Effekte der Diversifikation in einem Risikoportfolio berücksichtigt werden. Bei einem relativen VaR kann ein Risikowert im Vergleich zu einer bestimmten Benchmark, beispielsweise einem Aktienindex, bestimmt werden. Eine Abweichung eines Wertes von einem Index-VaR kann beispielsweise über Länder- oder Portfolioeffekte analysiert werden.

5.1.2.2 Sensitivitätsanalysen

Bei einer Sensitivitätsanalyse wird die Sensitivität einer abhängigen Variable bezüglich der Veränderung einer unabhängigen Variable ermittelt. Im Rahmen der Risikoanalyse wird untersucht, wie eine festgelegte Zielvariable auf eine Variation eines Risikofaktors reagiert. Sensitivitätsanalysen beziehen sich jeweils nur auf einen Risikofaktor.[529] Die Korrelationen zwischen verschiedenen Risikofaktoren werden zumeist nicht in ein Modell einbezogen. In Standardprogrammen der Risikoanalyse lässt sich die Sensitivität einer abhängigen Variable bezüglich mehrerer Risikovariablen zugleich darstellen.[530] Für jede abgebildete Variable gilt jedoch die Ceteris-Paribus-Bedingung.

Sensitivitäten stellen kein eigentliches Risikomaß dar. Über Sensitivitätsanalysen können keine Informationen zur absoluten Größenordnung des Risikos eines betrachteten Objektes ermittelt werden. Sie bestimmen lediglich den Grenzeinfluss einer bestimmten Risikovariable. Im traditionellen Zins-Finanzrisikomanagement werden beispielsweise unterschiedliche Sensitivitätsanalysen wie Duration-Analysen durchgeführt.[531]

---

[527] Vgl. Lee 1999, S. 10; Mengele 1999, S. 112-114; Kim/Malz/Mina 1999, S. 153.

[528] Ein inkrementaler VaR weist den Risikobeitrag einer definierten Faktorvariation aus. Der marginale VaR bezieht sich auf infinitesimale Faktorvariationen.

[529] Vgl. Wolf/Runzheimer 2001, S. 48.

[530] Vgl. Gleißner 2001b, S. 128.

[531] Vgl. Dowd 1998, S. 9. Die Duration-Analyse ist ein traditionelles, im Fixed-Income-Bereich häufig eingesetztes Instrument der Sensitivitätsanalyse. Sie approximiert die Preissensitivität von Zinspapieren auf Verschiebungen der Zinskurve. Weitere Sensitivitätsanalysen werden insbesondere bei der Optionsbewertung häufig eingesetzt („Greeks"). Vgl. Wiedemann 2002, S. 509/510.

5.1.2.3 Stress Testing/Worst-Case-Szenarien

Stress Tests sind auf finanzielle Risiken ausgerichtete Szenarioanalysen, welche die Auswirkung von außergewöhnlich negativen Marktentwicklungen simulieren.[532] Extreme Marktereignisse werden durch andere Instrumente, wie dem VaR, nicht erfasst. Zum einen geht der VaR von limitierten „normalen" Zeitperioden aus. Risikoschäden, die lediglich einmal in Jahren oder Jahrzehnten auftreten, werden dementsprechend von den VaR-Modellen nicht erfasst. Soweit VaR-Modelle von der Normalverteilung ausgehen, besteht zudem das Problem der „Fat Tales". Während sich die empirischen Häufigkeitsverteilungen im zentralen Verteilungsbereich durch die statistischen Verteilungen approximieren lassen, ist dies an den Rändern der Verteilungen nicht gegeben. Ein weiteres Problem des VaR besteht in der Annahme konstanter Korrelationen. Es hat sich gezeigt, dass gerade in volatilen Marktzuständen Korrelationen anormale Tendenzen aufweisen.[533] Nach der Vorgehensweise des Stress Tests werden theoretische und historische extreme Szenarien entwickelt, um auf dieser Basis über eine plausible Simulationsmöglichkeit mit Worst-Case-Daten zu verfügen.[534]

Es lassen sich unterschiedliche Varianten von Stress Tests durchführen:[535]

- Simulation mit den Daten historischer extremer Marktereignisse[536]
- Subjektive Bildung von extremen, jedoch realistischen Szenarien[537]
- Veränderung der Korrelationen eines für eine VaR-Ermittlung verwendeten Risikomodells[538]
- Simulation der extremen Randwerte in spezifizierten Verteilungen[539]

Stress Tests stellen eine wichtige Ergänzung zu stochastischen Modellen, wie dem VaR, dar. Es kann ein maximaler Schaden abgeschätzt werden. Dieser kann anhand von statistischen Modellen unter extremem „Schock" der Variablen oder anhand von durch Experten

---

532 Vgl. Lee 1999, S. 11.

533 Vgl. Spremann 1997, S. 866-874; Economist 2004, S. 14; Heri/Zimmermann 2001, S. 1007.

534 Beispielsweise werden bei der Chase Bank extreme makroökonomische Szenarien entwickelt. Vgl. Barton/Shenkir/Walker 2002, S. 72/73.

535 Die einzelnen Methoden sind in der Literatur in vielen Beiträgen dargestellt. Vgl. z. B. RiskMetrics 1999, S. 27-38; Jorion 2001, S. 231-253.

536 Beispielsweise können die Märkte im Anschluss an den 11. September 2001 oder zur Zeit der Asienkrise simuliert werden.

537 In Banken werden vielfach monatliche Stresstests mit vordefinierten Szenarien durchgeführt. Bei Szenarien geht es darum, eine in sich konsistente, logische Zukunftsvision aufzubauen. Es soll ermittelt werden, was passieren kann bzw. wie die einzelnen Faktoren zueinander stehen können. Vgl. RiskMetrics 1999, S. 24.

538 Vgl. Dowd 1998, S. 126-128. In der Finanzliteratur wird von einem „Shocking" von Parametern wie Korrelationen gesprochen.

539 Ein vom Bundesamt für Finanzdienstleistungsaufsicht (BaFin) von Versicherungen geforderter Stress Test basiert beispielsweise auf einer spezifizierten prozentualen Änderung der Preise

bestimmte Szenarien simuliert werden.[540] In der Praxis werden Stress Tests vielfach eingesetzt. Die Bestimmung des Ökonomischen Kapitals der Deutschen Bank für Marktrisiken basiert beispielsweise nicht auf VaR-Berechnungen, sondern auf Stress Tests.[541]

5.1.2.4 Methoden zur Behandlung der operationellen Risiken

Nach einer weiten Definition des Begriffes der operationellen Risiken können hierunter sämtliche Risiken zusammengefasst werden, die nicht zu den Klassen der Finanz- und der Kerngeschäftsrisiken bei Banken gehören.[542] Die Erfassung und das Management von operationellen Risiken stellt eine vergleichsweise neue Disziplin des Risikomanagements des Finanzsektors dar. Aufgrund der in den letzten 10 Jahren aufgetretenen Schadensfälle[543] werden umfangreiche Bemühungen unternommen, wirksame Prozesse zum Management von operationellen Risiken in Finanzinstitutionen zu etablieren. Teilweise ist diese Entwicklung auf die Erarbeitung der Vorschriften von Basel II zur Hinterlegung der Geschäftsaktiva mit Risikoeigenkapital zurückzuführen.[544] Auch aus ökonomischen Gesichtspunkten intensivieren die Banken das Management der operationellen Risiken. Um Schäden zu reduzieren, wird eine Integration von operationellen Risikogrößen in die risikobezogenen Steuerungssysteme einer Bank angestrebt.

Der Prozess des operationellen Risikomanagements wird in der Literatur in die Schritte Risikoidentifikation, Risikomessung und Risikosteuerung unterteilt. Die Identifikation basiert auf einer Analyse unternehmensinterner Prozesse und der Untersuchung unternehmensexterner Entwicklungen. Aufbauend auf der Risikoidentifikation erfolgt der Prozessschritt der Risikomessung. Es existieren unterschiedliche Ansätze zur Messung von operationellen Risiken.[545]

auf Aktien- und Rentenmärkten (-35% bzw. -10% bei dem „harten Test"). Vgl. Hein/Mayer-Wegelin 2003, S. 908/909; Romeike 2003c, S. 14.

540 Vgl. UBS 2003, S. 63/64.

541 Vgl. Deutsche Bank 2003, S. 200.

542 Siehe Abschnitt 3.3.2.1.2. In der Literatur wird vielfach eine weite positive Definition verwendet. Die BIS definiert Operational Risk folgendermaßen: „The risk of direct or indirect loss resulting from inadequate or failed internal processes, people and systems or from external events." Das Reputationsrisiko wird nach dieser Definition nicht als operationales Risiko gesehen. Vgl. Jörg 2002, S. 5; Mathmann 2003, S. 164.

543 Schadensfälle mit großer Öffentlichkeitswirkung sind u. a. bei der Barings Bank, bei Daiwa und bei vielen Unternehmen im Zusammenhang mit dem 11. September 2001 aufgetreten.

544 Bei den neuen Vorschriften der BIS werden operationelle Risiken bei der Ermittlung der Mindestkapitalanforderungen berücksichtigt. Nach ersten empirischen Untersuchungen ist die Höhe der für Kredit- und operationelle Risiken zu hinterlegenden Beträge etwa im Verhältnis „4:1" aufgeteilt. Vgl. Bundesbank 2001, S. 30.

545 Das Management von Operational Risks befindet sich noch im Entstehungsprozess. Mit der Zeit ist zu erwarten, dass sich bestimmte Ansätze als Standards herausbilden werden. Vgl. Jorion 2001, S. 452/453; van den Brink 2003, S. 26-29.

In der Literatur finden sich quantitative wie auch qualitative Methoden.[546] Als quantitative Ansätze können unter anderem Schadensszenarien, Risk Maps, Trendanalysen oder statistische Modelle unterschieden werden.[547] Basis der Quantifizierungsmethoden bilden zukunftsbezogene Expertenschätzungen oder Datenbanken mit unternehmensinternen oder firmenübergreifenden Schadens- und Verlustdaten.[548] Als Quantifizierungsvariablen können beispielsweise der VaR oder Extremwerte (Szenarien) verwendet werden. Weiterhin existieren nichtmonetäre Messansätze und qualitative Messgrößen für das operationelle Risiko.[549] Nichtmonetäre quantitative Messvariablen sind für Aggregationen auf Konzernebene nur bedingt geeignet.[550] Qualitative Ansätze werden in Kapitel 6 dieser Arbeit behandelt.

Basel II ermöglicht den Kreditinstituten die Verwendung unterschiedlicher Ansätze der Risikoquantifizierung. Grob kann zwischen dem Basisindikatoransatz, dem Standardansatz sowie fortgeschrittenen Bemessungsmethoden unterschieden werden.[551] Die ersten beiden Ansätze sind als vergleichsweise pauschal zu bezeichnen und weisen keine explizite Bewertung einzelner kausaler Risikofaktoren auf. Bei den fortgeschrittenen Bemessungsmethoden können auch bankinterne Ansätze der Modellierung operationeller Risiken verwendet werden.[552]

5.1.3 Steuerungsspezifische Kennzahlen

5.1.3.1 Limits

Limits stellen eine Art Risikobudget in Steuerungssystemen von Finanzunternehmen dar. Limits sind Risikohöchstgrenzen, die zumeist nach Unternehmensfunktionen sowie Risikoarten untergliedert sind. In der Literatur werden unterschiedliche Arten von Limits dargestellt. In der Praxis weit verbreitete Nominal- oder Produktlimits beschränken den Wert, der mit einer bestimmten Position bzw. einem Produkt eingenommen werden darf. Hierdurch wird bei Portfolios mit unterschiedlichen Produkten jedoch das Risikodifferential zwischen einzel-

---

[546] Siehe u. a. Hoffman 2002, S. 185/186; Haubenstock/Hardin 2003, S. 174-177.

[547] Die Quantifizierungsansätze stammen vielfach aus dem Bereich der Versicherungswirtschaft. Vgl. Jorion 2001, S. 447. Risk Maps sind in Abschnitt 5.2.3 dargestellt.

[548] Im Bankenbereich existieren bereits mehrere Konsortien, die Verlustdaten aus mehreren Banken sammeln und diese vertraulich und anonym an beteiligte Banken weitergeben. Eine Auflistung der Konsortien findet sich in: Hoffman 2002, S. 228/229.

[549] Vgl. Hoffman 2002, S. 179/180.

[550] Nichtmonetäre Risikogrößen verschiedener Geschäftsbereiche sind aufgrund der fehlenden Normierungsmöglichkeit häufig nicht vergleichbar.

[551] Vgl. Faisst/Kovacs 2003, S. 343-346.

[552] U. a. können definierten Anforderungen entsprechende VaR-Methoden mit unterlegten Verlustverteilungsmodellen oder Scorecardmethoden verwendet werden. Vgl. Mathmann 2003, S. 165/166; Nash 2003, S. 4-11.

nen Wertpapiertypen nicht erfasst.[553] Aus diesem Grund setzen sich in der Praxis zunehmend risikobezogene Limitsysteme durch.[554] Bei diesen Systemen basiert das Limit auf VaR-Größen, die die individuelle Risikostruktur einzelner Finanzinstrumente berücksichtigen.[555] In der Literatur wird die Wirksamkeit von Limits teilweise kritisch gesehen. Im Gegensatz zu den Reward/Risk-Kennzahlen bewirken sie keine implizite Steuerung der Effizienz.[556]

5.1.3.2 Risk Adjusted Performance Measurement (RAPM)

Einer der elementaren Ansätze des Finanzrisikomanagements besteht darin, Risikogesichtspunkte in die Systeme der Unternehmensteuerung zu integrieren. Sowohl bei der Planung als auch bei der Leistungsbeurteilung sollen Risikodaten und Erfolgsgrößen integriert betrachtet werden. Die Messgrößen für eine kombinierte Risiko-/Ertragsbetrachtung werden in der Literatur unter den Begriffen Risk Adjusted Performance Measurement (RAPM) oder Reward/Risk-Relationen zusammengefasst.[557]

Eine traditionelle Größe einer risikoadjustierten Leistungsbeurteilung stellt die Sharpe Ratio dar.[558] Bei der Sharpe Ratio wird ein Quotient aus dem Gewinn und der Standardabweichung gebildet.[559]

Sharpe Ratio: $SR = {}^{X}\!/_{\sigma}$

X Gewinngröße

σ Standardabweichung der Gewinngröße

Als Schwäche der Sharpe Ratio wird die fehlende Betrachtung der Diversifikation aufgeführt. Um diese Schwäche zu beheben, wird vorgeschlagen, die Sharpe Ratio lediglich in einer Differenzbetrachtung anzuwenden. Zudem kann die Sharpe Ratio als ein inkrementales oder marginales Maß eingesetzt werden.[560]

---

[553] Beispielsweise weisen bei einem undifferenzierten, auf dem Nominalwert beruhenden Limitsystem zwei Aktien mit sehr unterschiedlichen Volatilitäten und einem identischen Nominalwert den gleichen Risikowert auf.

[554] Vgl. von Hagen/von Stein 2000, S. 1090.

[555] Vgl. Gebhardt/Mansch 2001, S. 158.

[556] Vgl. Gleason 2001, S. 257/258.

[557] Zur Beschreibung des Risikokapitalmodells der Münchner Rück siehe: Lier 2003, S. 906.

[558] Ursprünglich wurde die Sharpe Ratio zur Beurteilung der Performance von Wertpapierhändlern eingesetzt. Vgl. Steiner/Bruns 2002, S. 604-607.

[559] Zum Teil wird in der Literatur gefordert, den risikolosen Zinssatz von dem erwarteten bzw. eingetretenen Gewinn zu subtrahieren. Vgl. RiskMetrics 1999, S. 91.

[560] Bei derartigen Ansätzen werden Diversifikationseffekte zwischen der betrachteten Position und dem Gesamtrisikoportfolio eines Betrachtungsobjektes berücksichtigt. Vgl. Dowd 1998, S. 145-151.

In der Literatur werden vielfach Ansätze einer Integration des VaR mit risikospezifischen Steuerungsgrößen aufgeführt. Der Ansatz dieser Kennzahlen besteht darin, eine risikoorientierte Kapitalgröße (Economic Capital) mit einer Leistungskennzahl zusammenzufassen.[561] Eine von Bankers Trust eingeführte Größe ist der Risk Adjusted Return On Capital (RAROC). Nach einer Definition setzt sich dieser aus einer Division zwischen dem Gewinn und dem Ökonomischen Kapital (hier: der VaR) zusammen.[562]

RAROC:[563] $$RAROC = X / VaR$$

RAROC	Risk Adjusted Return On Capital
X	Gewinngröße
VaR	Value at Risk

Über die RAPM-Kennzahlen kann eine übergreifende eigenständige Risiko-/Renditesteuerung aufgebaut werden. Ein derartiges Vorgehen eignet sich vor allem für Finanzrisiken.[564] In verschiedenen Beiträgen werden jedoch auch auf das industrielle Geschäft übertragbare Kennzahlen vorgestellt. Beispielsweise wird der Risk Adjusted Return On Capital Employed aufgeführt. Der Grundgedanke dieses Ansatzes besteht darin, dass jeweils eine Rendite auf das tatsächlich gebundene sowie das risikobezogene Kapital erwirtschaftet werden muss.

RAROCE: $$RAROCE = X / (VaR + CE)$$

RAROCE	Risk Adjusted Return on Capital Employed
CE	Capital Employed
X; VaR	s. o.

[561] Es soll beurteilt werden, welcher Geschäftsbereich unter Berücksichtigung des Risikos der profitabelste ist. Eine Darstellung unterschiedlicher Ansätze findet sich bei Fröhling. Vgl. Fröhling 2000b, S. 7-12. Entsprechend anderen Ansätzen kann auch die Gewinngröße „risikoadjustiert“ werden.

[562] In der Literatur finden sich alternative Definitionen des RAROC. Das Grundprinzip der verschiedenen Ansätze ist identisch. Vgl. Jorion 2001, S. 289. Nach einer in der deutschen Literatur verbreiteten Definition wird der Return On Risk Adjusted Capital (RORAC) synonym mit der oben aufgeführten Definition des RAROC verwendet. Nach dieser Definition setzt sich der RAROC aus einer Differenzbetrachtung zwischen dem erzielten RORAC und dem von den Investoren geforderten RORAC zusammen. Vgl. Albrecht 1998, S. 260/261; Corell 2000, S. 1135-1137.

[563] Vgl. Jorion 2001, S. 96; Culp 2002, S. 19.

[564] Die Verteilungen sollten eindeutig über einen VaR definiert werden können. Dies ist vor allem bei symmetrisch verteilten Zufallsvariablen, wie vielen Finanzrisiken, der Fall. Zu praktischen Problemen bei der integrierten RAPM-Messung, die insbesondere mit der Berücksichtigung der Diversifikation zusammenhängen, siehe: Schierenbeck 2003b, S. 536-542.

In verschiedenen Veröffentlichungen wird versucht, die aufgeführten Risk/Return-Kennzahlen mit den investorbezogenen Konzepten der Kapitalkosten und der Betafaktoren in Verbindung zu bringen. Dieser Ansatz ist mit Schwierigkeiten verbunden. Der VaR basiert auf Parametern wie der Haltedauer oder dem Konfidenzniveau. Diese Größen sind unternehmensextern nicht einsehbar und werden von den Firmen individuell festgelegt. Zudem betrachtet der Betafaktor die Diversifikation auf Investorebene, während diese beim VaR auf der Unternehmensebene kalkuliert wird.[565]

5.2 Quantitative Aggregationsverfahren im industriellen Sektor

5.2.1 Unterschiede des Risikomanagements im Finanz- und im industriellen Sektor

Das Risikomanagement von Industrie- und Finanzunternehmen unterscheidet sich in mehrfacher Hinsicht. Einige wichtige Unterschiede sind im Folgenden aus Sicht der Industrieunternehmen aufgelistet.

Fokus auf Wachstum und Gewinn anstatt auf bilanzielle Größen[566]
In Kapitel 5.1 wurde dargestellt, dass Methoden wie der VaR zur Messung der Auswirkung von Preisänderungen von Finanzprodukten entwickelt wurden. Bei Industrieunternehmen besteht das Unternehmensrisiko jedoch nicht primär in der Veränderung von Bilanzwerten, sondern in der Variabilität der Gewinne und Zahlungsströme.[567] Aus diesem Grund wird empfohlen, die Risikogrößen bei Industriefirmen auf Zahlungs- oder Gewinngrößen zu beziehen. Unter anderem werden Größen wie der Cash Flow at Risk oder der Earnings at Risk zur Messung des Risikos vorgeschlagen.[568] Diese Kennzahlen erfassen sowohl das Preis- wie auch das Mengenrisiko, welches über eine bilanzorientierte Messgröße, wie dem VaR, nicht erfasst wird.

Längere Zeitperioden der Betrachtung
Innerhalb von wenigen Tagen kann ein Finanzunternehmen bestandsgefährdende Verluste erleiden. In Finanzunternehmen wird das Risiko zumeist über eine Zeitdauer von Tagen oder Stunden bestimmt.[569] In Industrieunternehmen existieren hingegen längere Zeiträume für

[565] Vgl. Fröhling 2000a, S. 77; Krammer et al. 2001, S. 1449/1450.
[566] Vgl. Lee 1999, S. VII.
[567] Bei Industriefirmen besteht im Vergleich zu Finanzunternehmen ein höheres Risiko in der Mengenkomponente und ein geringeres Risiko in der Preiskomponente. Vgl. Kremers 2002, S. 276/277; Padberg 2003, S. 240; Pfennig 2000, S. 1307.
[568] Siehe Abschnitt 5.1.2.1.
[569] Vgl. Gebhardt/Mansch 2001, S. 60-63; Albrecht/Koryciorz 2000, S. 1109.

einen potentiellen Schadenseintritt.[570] Die Resultate der Kerngeschäftstätigkeit werden beispielsweise nicht wie bei Banken täglich erfasst und aggregiert, sondern lediglich in monatlichen oder quartalsweisen Zeiträumen berechnet.[571] Das Risiko des Industrieunternehmens ist wesentlich weniger „liquider“ als viele Bankrisiken. Das Unternehmensrisiko ist häufig an Projektzeiten von Investitionen gebunden, während Marktrisiken von Banken zumeist schnell veräußerbar sind.[572]

Keine Marktdaten

Ein bedeutender Unterschied des Risikomanagements von Industrie- und Finanzunternehmen besteht darin, dass die Risiken von Industrieunternehmen nicht hauptsächlich auf Schwankungen der Preise an öffentlichen Finanzmärkten zurückzuführen sind. Es existieren demzufolge keine umfangreichen Marktdaten zur Approximation von Risiken. Die Qualität und Quantität der für einen Einsatz im Risikomanagement zur Verfügung stehenden Daten sind somit deutlich geringer. Es besteht eine schlechtere Datenbasis für den Einsatz statistischer Methoden.[573]

5.2.2 Prozess der Aggregation von quantitativen Risikodaten

Bevor auf die einzelnen Komponenten des quantitativen Verarbeitungsprozesses von Risikodaten eingegangen wird, wird zunächst der grundlegende Prozess eines quantitativen Risikomanagementsystems beschrieben.[574]

Der Prozess einer quantitativen Erfassung und Verarbeitung von Risiken sollte standardisiert und systematisch durchgeführt werden. Nach einer an den Prozess von RiskMetrics für das Finanzdatenrisikomanagment angelehnten Gliederung sind im Rahmen eines Risikoquantifi-

---

[570] Viele Banken und Versicherungen sind aufgrund von kurzfristigen Schadensereignissen zugrunde gegangen. Bei Industrieunternehmen sind tendenziell weniger Unternehmenspleiten auf kurzfristige Risiken zurückzuführen. Längerfristige Risiken sind hier von höherer Bedeutung.

[571] Finanzrisiken, z. B. hohe Derivatpositionen, werden bei Industrieunternehmen in geringeren Zeiträumen überwacht. Die Berechnung dieser Risiken erfolgt in Industriefirmen in kürzeren zeitlichen Intervallen. Finanzrisiken und Finanzinstrumente werden vielfach über ein vom normalen Rechnungswesen getrenntes Rechnungssystem aggregiert.

[572] Vgl. Pfennig 2000, S. 1299.

[573] Neben den aufgeführten Punkten existieren weitere wichtige Unterschiede. Beispielsweise werden einzelne Bankgeschäftsfelder im Vergleich zu objektiven Benchmarks, wie Indices, beurteilt, während Industrieeinheiten zumeist an eher subjektiven internen Vorgabezahlen gemessen werden. Andere erhebliche Unterschiede bestehen aufgrund der verschiedenen Strukturen der Wertschöpfungsketten bei Finanz- und Industrieunternehmen.

[574] Dieser Prozess ist von dem in Abschnitt 2.2.4.1 dieser Arbeit dargestellten Framework eines Risikomanagements abzugrenzen. In Abgrenzung zu einem Risikomanagementframework beinhaltet der Prozess keine Definitionen von Zielen oder Managementstrukturen eines Risikomanagementsystems.

zierungs- und Aggregationssystems die folgenden, grob untergliederten Schritte erforderlich:[575]

Im ersten Prozessschritt sind übergeordnete Variablen der Risikoquantifizierung, wie Zielgrößen oder Zeiträume, zu bestimmen. Als Zielvariable kann beispielsweise zwischen absoluten, prozentualen oder relativen Darstellungsformen für monetäre oder nichtmonetäre Größen unterschieden werden.

Als Exposure Mapping kann der Aufbau eines mathematischen Modells für den Wirkmechanismus der einzelnen im Unternehmen bestehenden Risikofaktoren bezeichnet werden. Es wird spezifiziert, welchen Einfluss einzelne Risikofaktoren auf die festgelegten Risikogrößen ausüben.[576] Beispielsweise kann simuliert werden, wie unterschiedliche Risikoeinflüsse auf die Bilanz- oder GuV-Positionen eines Unternehmens wirken.[577] Für aggregierte Finanzrisikobetrachtungen bilden stochastische Modelle der Risikofaktoren einen sinnvollen Ansatzpunkt. Für andere Risikoklassen können schlichtere Modelltypen gewählt werden.

Der folgende Prozessschritt betrifft die Datengenerierung. Es werden Szenarien für die im vorhergehenden Teilprozess bestimmten Risikofaktoren festgelegt. Bei diesem Schritt werden anhand von historischen Daten, statistischen Modellen oder von Experten erstellten Schätzungen Daten für die Risikofaktoren ermittelt. Die erzeugten Daten stehen als Ausprägungen von einzelnen Risikofaktoren für eine übergreifende Risikobestimmung zur Verfügung.

Der abschließende Prozessschritt besteht in der Berechnung und Bewertung. Anhand der generierten Daten wird die Verteilung der nach dem Modell spezifizierten abhängigen Variable erfasst und entsprechend des Risikoaggregationsmechanismus weiterverarbeitet. Auf Basis der Modellspezifikationen können unterschiedliche Auswertungsansätze verfolgt werden.[578]

[575] Vgl. Lee 1999, S. 39; Kim/Malz/Mina 1999, S. 2/3.

[576] Vgl. Pfennig 2000, S. 1302/1303. Beispielsweise kann spezifiziert werden, wie detailliert ein Modell an die reale betriebliche Komplexität angepasst wird. Ex ante können beispielsweise einzelne Risikofaktoren oder lediglich aggregierte Größen betrachtet werden.

[577] Zu einer Bilanzsimulation in einem Industriebetrieb siehe: Eck/Rose/Ouissi 2000, S. 90-93.

[578] Der nächste Prozessschritt der laufenden Überprüfung der Ergebnisse des Modells (Backtesting) wird im Folgenden nicht weiter betrachtet. Vgl. Kim/Malz/Mina 1999, S. 123.

5.2.3 Im industriellen Risikomanagement eingesetzte Methoden der quantitativen Risikoaggregation

In der Literatur findet sich eine Reihe von Beschreibungen von Methoden des industriellen Risikomanagements. Diese sind weitgehend von den in Abschnitt 5.1 dargestellten Methoden des Finanzrisikomanagements abgeleitet.[579] Die in der Literatur aufgeführten und in der Praxis verwendeten Methoden des industriellen Risikomanagements sind weniger „ausgefeilt“ und standardisiert als die des Finanzsektors. Im Gegensatz zur Aggregation von Finanzrisiken hat sich noch kein allgemein anerkannter Standard herausgebildet.[580]

Basis eines quantitativen Aggregationssystems sollte eine systematische Risikosammlung bzw. ein Risikoinventar bilden. In Analogie zu einer Datensammlung für die Berechnung von Markt-, Kredit- oder operationellen Risiken im Finanzbereich müssen in diesem Risikodatensystem die potentiellen Risiken mit je nach verwendeten Aggregationssystem spezifizierten Eigenschaftsdimensionen standardisiert erfasst und gesammelt werden. Eigenschaften, die entsprechend der Aggregationsmethodik erfasst werden sollten, sind beispielsweise Informationen zur inhaltlichen Klassifikation, Eintrittswahrscheinlichkeit, monetären Auswirkung, Korrelationen zu anderen Risiken oder zur Wirkung von Gegenmaßnahmen wie beispielsweise Versicherungen oder organisatorischen Vorkehrungen. Datengrundlage sollten Expertenschätzungen sowie unternehmensinterne oder unternehmensexterne historische Risikodaten bilden.[581]

Als Basisinstrumente für ein industrielles quantitatives Risikoaggregationssystem können die folgenden Methoden unterschieden werden.[582]

- Traditionelle Rechnungswesenmethoden
- Risk Maps
- Monte-Carlo-Simulationen
- Szenarioanalysen
- Sensitivitätsanalysen

---

[579] Eine Vielzahl von Beiträgen zum industriellen Risikomanagement verweist auf Quellen zum finanziellen Risikomanagement.

[580] Siehe Abschnitt 3.3.1.

[581] Vgl. Hoffman 2002, S. 285. Im Bankenbereich bestehen Ansätze einer firmenübergreifenden Verlustdatenerhebung und -sammlung. Siehe Fußnote 548.

Methoden des Rechnungswesens

Traditionelle Rechnungswesenelemente, wie Abweichungsrechnungen oder eine flexible Ergebnisrechnung, können nach einer weiten Definition des Risikomanagements als Instrumente eines Risikoaggregationssystems betrachtet werden.[583] Sie ermöglichen es, die Erfolgs- und Risikotreiber zu isolieren, und stellen somit Daten für eine Risikoidentifikation und -steuerung bereit. Diese Methoden leisten einen wertvollen Beitrag zur quantitativen Risikobehandlung. Die Ergebnisse dieser Analysemethoden können als Eingangsgrößen für eine Risikoanalyse verwendet werden. In diesem Kapitel werden die Verfahren jedoch nicht weiter betrachtet. Der Fokus dieses Kapitels liegt auf den Methoden eines enger definierten Risikomanagementbegriffs. In der in Kapitel 6 dargestellten Betrachtung von Ratingmethoden werden auf Daten des Rechnungswesens basierende Risikoaggregationsmethoden untersucht.

Risk Maps

In der Literatur zum industriellen Risikomanagement wird zumeist die Risk Map als die praktikabelste Methode einer quantitativen Risikoaggregation dargestellt.[584] Es finden sich unterschiedliche Formen der Beschreibung von Risk Maps. Auf der einen Seite wird diese als eine systematische Sammlung und grafische Portfoliodarstellung von Risikoinformationen unter Beachtung der Eigenschaftsdimensionen der Schadenshöhe und der Eintrittswahrscheinlichkeit definiert.[585] Auf der anderen Seite wird unter dem Begriff der Risk Map in anderen Beiträgen lediglich eine grafische Portfoliodarstellung entlang der Dimensionen Eintrittswahrscheinlichkeit und Schadenshöhe verstanden.[586] Beide Definitionen sind bezüglich des Auswertungsgrundsatzes deckungsgleich. Bei der ersteren Begriffsdeutung wird der Risk Map jedoch neben der Aggregationsfunktion zusätzlich die Funktion eines Instruments zur systematischen Datensammlung und -katalogisierung zugeschrieben.

In der im industriellen Risikomanagment gebräuchlichen Form der Risk Map werden Risiken als Zweipunktverteilung modelliert.[587] Mit einer festgelegten Wahrscheinlichkeit tritt der

[582] Diese Methoden werden in der Literatur zum industriellen Risikomanagement zumeist aufgeführt. Siehe z. B. Romeike 2003d, S. 159; Burger/Buchhart 2002, S. 101-155; Schierenbeck/Lister 2002, S. 189.

[583] Vgl. Betz 2001, S. 490/491.

[584] Die Risk Map wird sowohl in theoretischen Quellen als auch in Beiträgen zum praktisch durchgeführten Risikomanagement häufig dargestellt. Vgl. z. B. Graf 2002, S. 152; Trunk 2002, S. 165; Emmerich 1999, S. 1083; Wolz 2001, S. 792; Haas 2000, S. 611. Nach dem Standard IDW PS 340 sollte ein Risikowert aus dem Produkt aus Schadenshöhe und Eintrittswahrscheinlichkeit ermittelt werden. Dies entspricht dem Kerngedanken einer Risk Map. Vgl. Eggemann 2000, S. 505.

[585] Vgl. Löhr 2000, S. 313/314; Burger/Buchhart 2002, S. 183; Mott 2001b, S. 233-250.

[586] Vgl. Reichmann 2001, S. 613; Hornung/Reichmann/Form 2000, S. 155/156.

[587] Siehe Abschnitt 3.4.2.2.

Schaden ein. Bei Eintritt des anderen Verteilungspunktes ist ein Schaden von 0 zu erwarten.[588] Bei der Risk Map werden bei der Kategorisierung der Achsen ordinale, qualitative oder quantitative Merkmale verwendet.[589] Die Methodik ist somit nicht eindeutig den quantitativen Aggragationsverfahren zuzuordnen. Der Übergang zwischen der qualitativen und quantitativen Risikoanalyse ist bei diesem Instrument als fließend anzusehen. Als Zwischenstufe können zudem quantitative Klassen verwendet werden. Diese berücksichtigen Unsicherheiten der Quantifizierung, weisen jedoch den Vorteil der mathematischen Eindeutigkeit auf.[590]

Bei einer Risk Map erfolgt die Aggregation vielfach über Schwellenwerte. Für betrachtete Hierarchieebenen wird ein bestimmter Filterbetrag festgelegt. Es werden lediglich Risiken angezeigt, deren potentielles Schadensausmaß oberhalb dieses Wertes liegt. Auf höchster Unternehmensebene werden demzufolge lediglich die für das Unternehmen bedeutendsten Risiken angezeigt. Abbildung 16 stellt eine Aggregationshierarchie dar.

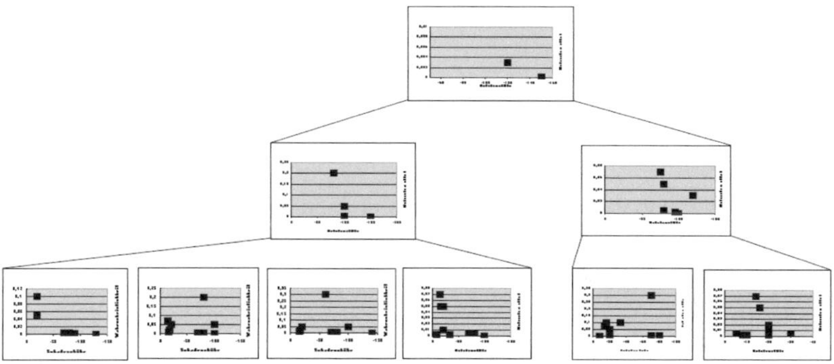

Abbildung 16: Aggregationshierarchie der Risk-Map-Methode[591]

Ein Problem bei der Risk Map besteht darin, dass kein rechnerischer Aggregationsmechanismus zur Zusammenfassung aller Risiken in einer Spitzenkennzahl existiert. Vielmehr erfolgt die Aggregation auf höchster Aggregationsebene grafisch. Durch eine überblicksartige Dar-

[588] Auch bei Banken wird die Risk Map verwendet. Hier werden jedoch teilweise für die Achsen der Schadenshöhe und der Eintrittswahrscheinlichkeit Wahrscheinlichkeiten hinterlegt. Siehe Fußnote 597.

[589] Teilweise wird in der Literatur abgelehnt, Risiken exakt zu quantifizieren. Es wird eine ordinale Bestimmung vorgeschlagen. Auf der andere Seite wird vorgeschlagen, jegliche Risiken zu quantifizieren, da gerade dieser Prozess eine inhaltliche Auseinandersetzung mit einem Risiko erfordert. Vgl. Löhr 2000, S. 315.

[590] Vgl. Weidemann/Wieben 2001, S. 1792.

[591] Vertikal: Eintrittswahrscheinlichkeit; horizontal: Schadenspotential. Die Aggregation erfolgt jeweils über Schwellenwerte. Die einzelnen Risk Maps weisen eine unterschiedliche Skalierung auf.

stellung wird dem Betrachter die Gesamtrisikolage verdeutlicht, ohne dass die einzelnen Risiken explizit rechnerisch zu einer Kennzahl verdichtet werden.

Monte-Carlo-Simulation

Die Einsatzmöglichkeiten von Monte-Carlo-Simulationen im übergreifenden industriellen Risikomanagement werden von mehreren Autoren positiv beurteilt.[592] Die Darstellung konkreter praktischer Anwendungen im Industriebereich findet sich hingegen lediglich in wenigen Fällen. Beispiele stellen Beschreibungen von Systemen im Bereich des Forschungs- und des Projektcontrollings dar.[593] Bezüglich der methodischen Vorzüge wird hervorgehoben, dass über eine Monte-Carlo-Simulation unterschiedlichste Risiken zusammengefasst werden können. Es können die Eigenheiten unterschiedlicher Risikoarten, wie Ereignisrisiken oder verteilungsorientierter Risiken, berücksichtigt werden.[594] Als praktisch problematisch wird die Schätzung der Verteilung der Risikofaktoren sowie die Spezifierung von Korrelationsmatrizen zur Festlegung der Abhängigkeiten gesehen. Es wird argumentiert, dass für seltene industrielle Risiken keine Grundlage für eine Auswahl und Spezifizierung von Verteilungen besteht.[595]

Für eine Planperiode stellt Abbildung 17 eine Monte-Carlo-Simulation für ein GuV-Modell eines Konzerns dar.[596] Bei Umsatzzahlen können beispielsweise Mengen- oder Preisrisiken einzelner Produkte sowie Währungskursrisiken in einzelnen Ländern oder Geschäftsbereichen simuliert werden. Auch bei den Kostenzahlen können Einflüsse wie Mengen-, Preis- und Währungseffekte sowie der Einfluss potentieller Schadensereignisse simuliert werden. Als Ergebnis wird die Verteilung einer abhängigen Größe, wie der operative Gewinn oder die Umsatzrentabilität, ausgegeben. Anhand der Verteilung kann eine Risikokennzahl, beispielsweise der Earnings at Risk, ermittelt werden.

In der Literatur zum Finanzrisikomanagement findet sich der Ansatz, die Parameter der Risk Map, den Risikobetrag und die Eintrittswahrscheinlichkeit, als Verteilungen zu schätzen.[597] Somit ergibt sich eine Vermischung der beiden Ansätze der Monte-Carlo-Simulation und der

---

[592] Vgl. z. B. Wolf 2003, S. 572; Romeike 2003e, S. 188-191; Schmidbauer 2000, S. 153.

[593] Vgl. Franke 1997, S. 177/178; Nichols 1994, S. 91-93.

[594] Im Gegensatz zur Grundidee des Einsatzes der Monte-Carlo-Simulation im Finanzsektor kann im industriellen Einsatz eine pauschale Verteilung der Risiken ohne explizite Betrachtung der unterliegenden Risikofaktoren eingesetzt werden. Die Simulation kann auf einer aggregierten Ebene erfolgen.

[595] Vgl. Gleißner 2001b, S. 130.

[596] Vgl. Gleißner 2003, S. 26; van den Brink 2003, S. 33/34; Haubenstock/Hardin 2003, S. 186/187.

[597] Bei der Commerzbank werden beispielsweise die Parameter einer vordefinierten Schadensverteilungsart anhand der Eingabe von Erwartungswerten sowie von Häufigkeitspunkten (2,5% Quantile) spezifiziert. Vgl. van den Brink 2003, S. 31-33.

Risk Map. In Beiträgen zu praktisch installierten Risikomanagementsystemen im Industriebereich ist ein derartiger Ansatz bisher nicht zu finden.

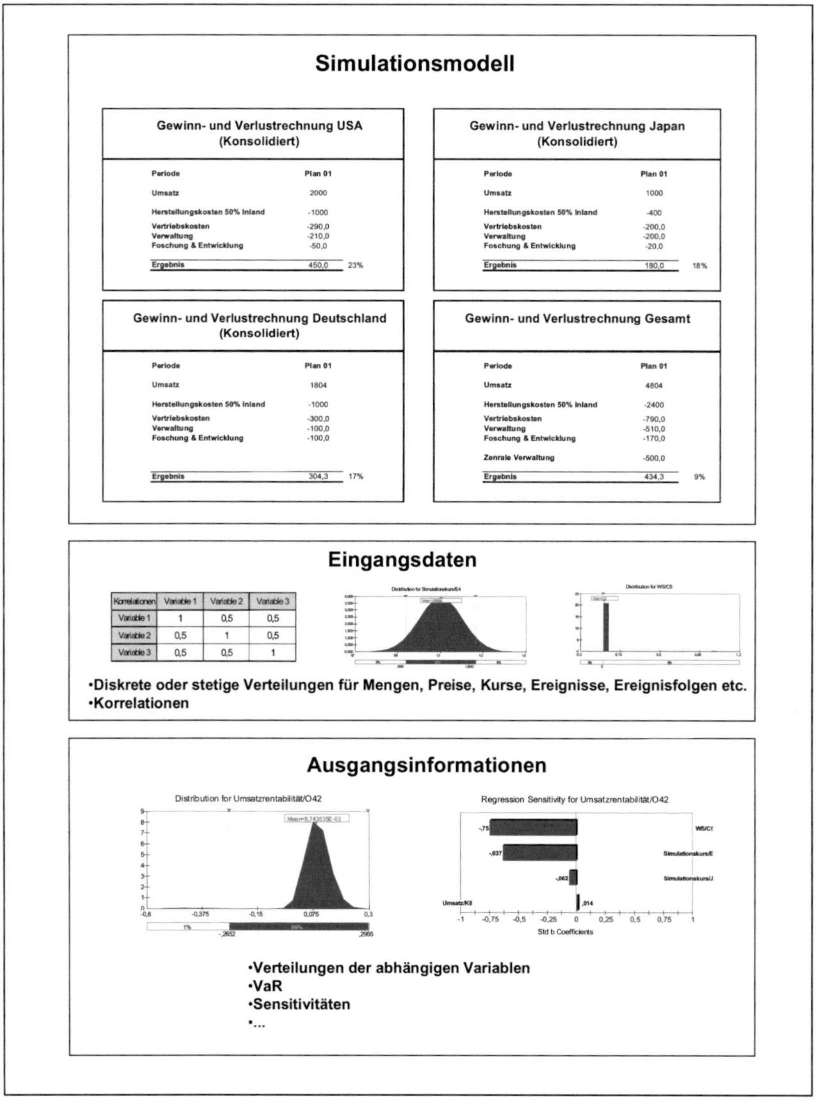

Abbildung 17: Monte-Carlo-Simulation (GuV-Simulation)[598]

[598] Erstellt mit MS Excel und @Risk.

In einigen Beiträgen wird gefordert, den VaR und hierauf aufbauende Reward/Risk-Relationen in Verbindung mit der Monte-Carlo-Simulation auch im industriellen Risikomanagement einzusetzen.[599] Die Vorteile eines derartigen Systems sind mit denen eines Einsatzes im Bankenbereich vergleichbar.[600] Durch dieses Vorgehen könnte eine Steuerung der Risikorentabilität auch in industriellen Unternehmen eingeführt werden. Eine Voraussetzung für den Ansatz besteht darin, dass die ermittelten Daten das Risiko weitgehend korrekt wiedergeben und anerkannte Messmethoden im Unternehmen existieren. Wie in diesem Abschnitt beschrieben, lassen sich eine Vielzahl von industriellen Risiken anhand der bestehenden Methoden nicht eindeutig messen. Ein übergreifender Einsatz von Reward/Risk-Relationen als Steuerungsinstrument im industriellen Management ist demzufolge problematisch.[601] Ein weiterer Grund für die geringere Verbreitung der Reward/Risk-Relationen im industriellen Bereich besteht in der im Vergleich zu Banken geringeren Bedeutung des Risikokapitals als notwendige Absicherungsgröße.[602]

Szenarioanalyse

Die Szenarioanalyse stellt ein traditionelles Instrument des strategischen Managements dar.[603] Szenarioanalysen werden in unterschiedlichen Literaturbeiträgen auch für einen Einsatz im operativen industriellen Risikomanagement vorgeschlagen.[604] Im industriellen Risikomanagement wird die Szenarioanalyse als qualitatives oder quantitatives Instrument eingesetzt. Microsoft setzt beispielsweise Szanarioanalysen ein, um die Effekte von extremen, jedoch möglichen Ereignissen wie Terroranschlägen oder Erdbeben zu erfassen.[605] Grundsätzlich ist der Einsatz der Szenarioanalyse in einem Top-Down- oder einem Bottom-Up-Prozess denkbar. In einem Bottom-Up-Prozess werden in allen Berichtseinheiten einer Unternehmung Szenarien erzeugt. Die Szenariobildung kann dabei koordiniert oder unkoordiniert erfolgen.[606] Die Ergebnisse werden beispielsweise in Risk Maps erfasst und können somit aggregiert werden. Alternativ können Szenarien in einem Top-Down-Prozess erstellt werden.

---

599 Siehe z. B. Schierenbeck/Lister 2002, S. 200/201; Gleißner 2000, S. 1626.

600 Siehe Abschnitt 5.1.3.2.

601 Vgl. Heri/Zimmermann 2001, S. 996-1013. Für ein Steuerungssystem sollte eine Korrektheit und Nachvollziehbarkeit der verwendeten Variablen gegeben sein. Dies dürfte bei vielen Eingangsparametern für industrielle Risiken nach dem momentanen Stand der Entwicklung schwierig zu erreichen sein.

602 Da im industriellen Sektor im Vergleich zum Bankensektor weniger mit einem kurzfristigen Verlust der Aktiva gerechnet werden muss, ist das absichernde Risikokapital hier von geringerer Bedeutung. Siehe Abschnitt 3.1.1.3 und Abschnitt 5.2.1.

603 Vgl. Müller-Stewens/Lechner 2003, S. 209-212.

604 Vgl. z. B. Weber/Weißenberger/Liekweg 1999, S. 1714; Hahn/Hungenberg 2001, S. 329-333; Geschka 1999, S. 540/541. Zum Prozess der Durchführung von Szenarioanalysen siehe z. B.: Wolf/Runzheimer 2001, S. 37-42; Hayn 2000, S. 348-378.

605 Die Ergebisse der Analysen werden quantitativ anhand einer Risk Map aggregiert. Vgl. Barton/ Shenkir/Walker 2002, S. 132-135.

606 Bei einem koordinierten Einsatz wird in allen Abteilungen ein identisches Szenario verwendet. Bei einem unkoordinierten Ansatz entwirft jeder Bereich eigene Szenarien.

Intersubjektiv werden auf aggregiertem Niveau mögliche Umweltzustände entworfen und deren Auswirkungen anhand eines Unternehmensmodells abgeschätzt.

Sensitivitätsanalyse

Die Sensitivitätsanalyse lässt sich für die Erfassung und Aggregation von Risiken einsetzen, für die spezifizierte mathematische Modelle existieren. Beispielsweise ist die Sensitivitätsanalyse bei der Betrachtung der Auswirkung von Währungskursschwankungen auf das Ergebnis einer Unternehmenseinheit einsetzbar. In Abbildung 18 ist eine Sensitivitätsanalyse für die Wirkung einer Dollarkursveränderung auf das Ergebnis eines Unternehmens dargestellt.

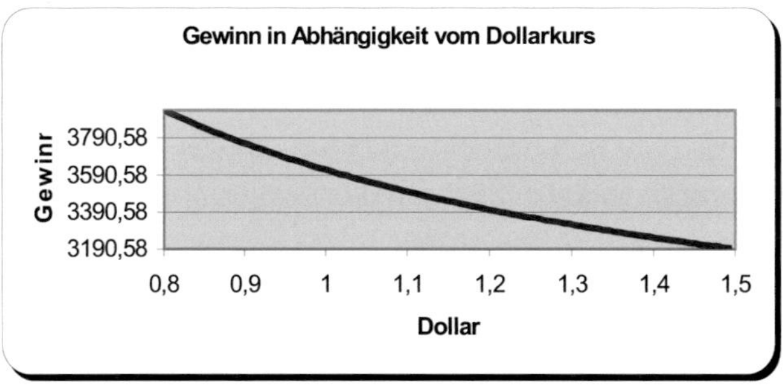

Abbildung 18: Sensitivitätsanalyse

Eine Voraussetzung für den Einsatz dieser Methode besteht darin, dass ein Modell für den Wirkmechanismus der betrachteten Risikoart besteht. Da gesicherte Modelle für den Wirkmechanismus von Finanzrisiken existieren[607], lassen sich Sensitivitätsanalysen insbesondere für die Erfassung dieser Risiken sinnvoll anwenden. In der Literatur wird vorgeschlagen, die Sensitivitätsanalyse für eine Betrachtung weiterer Risiken, wie Personalrisiken, einzusetzen. Wenn beispielsweise die Elastizität einer betrachteten finanziellen Größe bezüglich eines Indikators für die Personalmotivation geschätzt werden kann, kann über eine Sensitivitätsanalyse das entsprechende Risiko quantifiziert werden.[608] In der Praxis wird sich ein derartiger weitergehender Ansatz aufgrund der Unsicherheit des Quantifizierungszusammenhangs jedoch nicht durchsetzen.

[607] Finanzrisiken wirken sich direkt auf GuV- oder Bilanzpositionen eines Unternehmens aus. Es kann somit zumeist ein gesichertes Modell des Zusammenhangs zwischen dem betrachteten Risikofaktor und dem finanziellen Ergebnis eines Unternehmens hergeleitet werden.

[608] Vgl. Wurm 2001, S. 598-600; Hofmann 2002, S. 58.

Einsetzbar sind Sensitivitätsanalysen beispielsweise in Verbindung mit Szenarioanalysen. Die Szenarioanalyse bestimmt die als realistisch anzusehende Variation der Risikofaktoren, während über die Sensitivitäten die Reaktion der abhängigen Größen ermittelt wird.[609]

5.3 Aggregationsdimensionen

Aggregationen lassen sich nach den Dimensionen Risikoart, Geschäftsbereich oder regionale bzw. funktionale Unternehmenseinheiten durchführen. Zudem ist eine Aggregation entsprechend der zeitlichen Dimension möglich.[610]

5.3.1 Unternehmensbereiche

Quantitative Methoden der Risikoaggregation sind theoretisch weitgehend frei an die bestehenden Unternehmensstrukturen anpassbar. Es können Aggregationen für produktbezogene oder regionale Segmente sowie für Unternehmensfunktionen durchgeführt werden. Auch ist die Desaggregation von Risikodaten auf in der Organisationsstruktur tiefer liegende Einheiten wie Betriebsbereiche, Profit Center oder Kostenstellen denkbar. Im Folgenden wird dargestellt, wie die beschriebenen Methoden der Risikoaggregation an individuelle Unternehmensstrukturen angepasst werden können.

Risk Maps eignen sich für eine Aggregation von Risikodaten entlang einer Unternehmensorganisation. Über Schwellenwerte lassen sich die Risk Maps entlang der vertikalen Unternehmensstruktur automatisiert aggregieren. Beispielsweise können Risk Maps für Länder, Geschäftssegmente oder Abteilungen erstellt und aggregiert werden. Risikokorrelationen werden bei dem im industriellen Bereich eingesetzten einfachen Risk-Map-Ansatz nicht berücksichtigt.[611]

Monte-Carlo-Simulationen lassen sich unter der Annahme, dass die Eingangsparameter korrekt spezifiziert sind, für die Aggregation sämtlicher Risiken eines Unternehmens einsetzen. Diversifikationseffekte können bei diesem Ansatz korrekt berücksichtigt werden. Die Problematik bei einer Berücksichtigung der Diversifikation besteht darin, dass theoretisch

[609] Vgl. Burger/Buchhart 2002, S. 111.
[610] Zu Aggregationsdimensionen siehe Abschnitt 3.5.
[611] Werden Risk Maps in Verbindung mit Monte-Carlo-Simulationen eingesetzt, so ist theoretisch eine Berücksichtigung von Korrelationen möglich. In der Praxis treten die im folgenden Absatz beschriebenen Probleme auf.

eine Spezifikation der Korrelationen zwischen sämtlichen Risiken eines Konzerns vorgenommen werden muss. In der Praxis wäre der hierfür entstehende Aufwand nicht vertretbar.[612] Abhilfe könnte durch die Spezifikation der Korrelationen gegenüber konzernweit bestehenden Benchmarkrisiken geschaffen werden. Alternativ kann das Risiko primär auf einer in der Organisationsstruktur tiefer liegenden Ebene ermittelt werden, wobei die internen Risikokorrelationen innerhalb der einzelnen Bereiche exakt oder näherungsweise berücksichtigt werden können. Diversifikationseffekte mit anderen Geschäftsbereichen könnten bei einer konzernweiten Aggregation als Nährungslösung über pauschale Abschläge oder über marginale Risikogrößen berücksichtigt werden.[613] Ein Monte-Carlo-Simulationssystem muss jeweils individuell an die firmenspezifische Anforderungsstruktur angepasst werden. Es muss ein Optimum zwischen notwendiger Komplexität und Vereinfachung gefunden werden.

Bei der Bottom-Up-Szenarioanalyse muss zwischen einem koordinierten und einem unkoordinierten Ansatz unterschieden werden. Bei einem koordinierten Ansatz werden konsistente Szenarien entworfen, die möglichst umfassend die reale Risikostruktur eines Unternehmens und seiner Teilbereiche abdecken. Problematisch ist der Aufwand eines derartigen Ansatzes. In der Praxis wird eine koordinierte konsistente Szenarioanalyse über verschiedene Hierarchieebenen mit einem prohibitiven Aufwand verbunden sein. Bei einem unkoordinierten Ansatz der Szenarioanalyse verwenden einzelne Berichtseinheiten Szenarioanalysen zur Risikoidentifikation und Bewertung von Risiken. Die eigentliche Risikoaggregation erfolgt anhand der weiteren in diesem Abschnitt dargestellten Methoden.[614] Top-Down-Szenarioanalysen eignen sich lediglich für eine Aggregation auf höherer Unternehmensbereichsebene. Eine Desaggregation auf einzelne, in der Hierarchie tiefer liegende Bereiche ist nicht möglich.

Sensitivitätsanalysen beziehen sich auf einzelne, mathematisch modellierbare Risikoarten. Eine bereichsbezogene Risikobetrachtung anhand einer Sensitivitätsanalyse lässt sich somit lediglich als sekundäre Betrachtungsdimension durchführen. Es kann beispielsweise eine Aggregation von Währungskurssensitivitäten für einzelne Vertriebsregionen durchgeführt werden. Eine gesamtbereichsbezogene, risikoartenübergreifende Aggregationsrechnung lässt sich mit Sensitivitätsanalysen nicht durchführen.

Ein weiterer in der Literatur aufgeführter Ansatz der quantitativen Risikoaggregation besteht in einer Verwendung eines Ergebnisvolatilitätsrisikomaßes, Earning Volatility Models (EVM), für einzelne Geschäftsbereiche. Bei diesem Top-Down-Ansatz der Risikoaggregation wird

---

612 Die Anzahl der zu spezifizierenden Korrelationen wächst exponentiell zu der Anzahl der quantifizierten Risiken. Vgl. Schierenbeck 2003b, S. 82.

613 Vgl. Paul 2001, S. 1115-1121; Kinder/Steiner/Willinsky 2001, S. 287/288; Schierenbeck 2003b, S. 505-542.

auf Basis vergangenheitsbezogener Daten die Volatilität der Ergebnisse einzelner Geschäftsbereiche bestimmt. Problematisch an dieser Größe ist, dass keine strukturellen operativen oder strategischen Änderungen im Geschäftsbereich berücksichtigt werden. Zudem werden lediglich in Ausnahmefällen ausreichend vergangenheitsbezogene Daten für die Ermittlung einer verlässlichen Risikoverteilung zur Verfügung stehen.[615]

Zusammenfassend sind die Ansätze der Risk Map und der Monte-Carlo-Simulation für eine umfassende Aggregations- und Desaggregationsrechnung von Risiken einsetzbar. Für eine grobe Aggregations- und Desaggregationsrechnung kann zudem eine Top-Down-Szenarioanalyse verwendet werden. Durch Sensitivitätsanalysen lassen sich bestimmte, insbesondere finanzielle Risikoarten bereichsübergreifend aggregieren. Eine Problematik bei den beschriebenen Verfahren besteht in der Berücksichtigung der Diversifikation. Bei der Risk Map wird im Grundansatz eine Korrelation von 0 unterstellt. Bei der Monte-Carlo-Simulation lassen sich unter der Annahme, dass die Parameter der Simulation korrekt spezifiziert werden können, die richtigen Diversifikationseffekte in die Aggregationsrechnung einbeziehen. In der Praxis müssen jedoch aus Komplexitätsgründen Näherungslösungen eingesetzt werden. Bei Sensitivitätsanalysen und Szenarioanalysen kann die Diversifikation nur indirekt berücksichtigt werden.[616]

5.3.2 Risikoarten

5.3.2.1 Quantitativ messbare Risikoarten

Nach Risikoarten aggregierte Risikodaten stellen wichtige Eingangsinformationen eines Managementprozesses dar. Nur wenn die inhaltliche Klassifikation eines übergreifenden Konzernrisikos bekannt ist, kann dieses sinnvoll gesteuert werden. Im Folgenden werden Gruppen quantifizierbarer Risikoklassen entsprechend dem in Abschnitt 3.3.2.1 aufgestellten Klassifikationsschema kurz abgegrenzt.[617] Hierbei wird insbesondere auf die grundlegenden

---

[614] Beispielsweise kann die Aggregation auf Basis einer Risk Map erfolgen. Es gelten die in diesem Abschnitt dargestellten Eigenschaften der entsprechenden Methoden.

[615] Angelehnt an: Paul 2001, S. 1113-1115. Siehe auch: Bartram 2000, S. 1282. Bereichsbezogene Ergebnisse stehen zumeist jeden Monat bzw. jedes Quartal zur Verfügung. Auf dieser Basis lassen sich lediglich für strukturell sehr konstante Unternehmensbereiche stabile Volatilitätskennzahlen ermitteln. Diese Methode weist eine Ähnlichkeit zu dem in Abschnitt 4.2.4 beschriebenen Fundamental-Beta-Verfahren auf.

[616] Bei Szenarioanalysen müssen die verwendeten Szenarien realistische Annahmen bezüglich der Korrelationen aufweisen. Bei Sensitivitätsanalysen müssen Korrelationen im mathematischen Modell oder nicht modellbasiert bei der Interpretation der Ergebnisse einer Analyse berücksichtigt werden.

[617] In der Literatur wird zumeist dargestellt, dass das Reputationsrisiko das wichtigste Risiko ist, welches sich nicht quantifizieren lässt. Es stellt ein aus anderen Risiken abgeleitetes Risiko dar. Siehe z. B. Simons 2000, S. 262.

statistischen Eigenschaften der Risikoklassen eingegangen. Anschließend werden die Möglichkeiten und Grenzen der einzelnen quantitativen Aggregationsmethoden bei der Aggregation unterschiedlicher Risikoklassen beurteilt.

Finanzrisiken

Die quantitative Aggregation von Finanzrisiken wird bei Industriefirmen ähnlich wie bei Banken vorgenommen.[618] Finanzrisikofaktoren weisen zumeist den Charakter eines Verteilungsrisikos auf. Der Wertebereich der Risikovariablen lässt sich über Wahrscheinlichkeiten spezifizieren. Es können ex ante positive oder negative Abweichungen ungewisser Höhe vom erwarteten Zustand eintreten. Für die in Abschnitt 5.1 beschriebenen Methoden stehen standardisierte Instrumente zur Erfassung und Aggregation der Risiken zur Verfügung.

Operationelle Risiken

Analog zu dem Begriff der Finanzindustrie können unter den operationellen Risiken die Risiken subsumiert werden, die nicht dem Finanz- oder dem Geschäftsrisiko zuzurechnen sind.[619] Unter dieser Risikoklasse werden in verschiedenen industriellen Branchen unterschiedlich zu gewichtende Gefahren wie rechtliche Risiken, IT-Risiken, Umweltrisiken oder Betreiberrisiken subsumiert.[620] Bei operationellen Risiken bestehen Diversifikationseffekte. Diese Risikoklasse weist tendenziell weniger Korrelationen als Finanz- oder Geschäftsrisiken auf.[621] Gemeinsam ist den operationellen Risiken, dass es sich vielfach um Ereignis- und nicht um Verteilungsrisiken handelt. Es besteht häufig lediglich eine Verlustmöglichkeit, kein möglicher zusätzlicher Gewinn. Besondere Bedeutung kommt bei dieser Risikoklasse den Risiken großer Schadenssummen und geringer Häufigkeit zu.[622] Aufgrund der Seltenheit des Auftretens besteht hier ein Mangel an Daten zur Modellierung der Risikoverteilung. Im Gegensatz zur Modellierung finanzieller Risiken können nicht ausschließlich historische Daten eingesetzt werden. Es müssen Verteilungspunkte geschätzt werden.[623]

---

618 Ausführlich: Gebhardt/Mansch 2001, S. 56-147.

619 Verwunderlich ist, dass das momentan umfangreich diskutierte Thema der Operational Risks in der Literatur selten auf das Gebiet des industriellen Risikomanagements übertragen wird. Ein Grund hierfür ist darin zu sehen, dass Industriefirmen nicht direkt von Regularien wie Basel II betroffen sind. Zudem sind insbesondere im Finanzsektor signifikante operationelle Schadensfälle aufgetreten.

620 Detaillierter wird die Klasse der operationellen Risiken in Abschnitt 3.3.2.1 abgegrenzt.

621 Betriebliche Risiken sollten per Definition geringe Korrelationen aufweisen. Sie sind tendenziell unsystematische Risiken und weisen eine geringe Außenbeeinflussung auf. Im Bankenbereich wurde in Studien eine geringe Korrelation von operationellen Risiken ermittelt. Vgl. van den Brink 2003, S. 34; Hoffman 2002, S. 288.

622 Risiken bestandsgefährdender Schadenssummen und hoher Eintrittswahrscheinlichkeit werden in der Praxis wenig auftreten. Investitionen in Aktivitäten mit Risiken dieser Charakteristik werden vermieden.

623 Im Bankenbereich besteht die Tendenz zur systematischen Sammlung von Verlustdaten über Firmengrenzen hinweg. Die Daten werden in Datenkonsortien gesammelt. Unter der Bedin-

Geschäftsrisiko

Das Geschäftsrisiko bezieht sich auf das Kerngeschäft eines Unternehmens. Es besteht aus einer strategischen und einer operativen Komponente.[624] Ein geschäftliches operatives Risiko kann aus den Prozessschritten Beschaffung, Produktion und Absatz entstehen.[625] Es wird vor allem von einer Preis- und einer Mengenkomponente bestimmt. Zudem stellen auch finanzielle Risiken, wie das Währungsrisiko, einen häufig nicht zu isolierenden Bestandteil des geschäftlichen Risikos dar. Bei strategischen Risiken handelt es sich zumeist um Portfoliorisiken.[626] Strategische Risiken wirken sich bei unzureichenden Gegenmaßnahmen längerfristig in operativen Absatzproblemen aus. Das Geschäftsrisiko ist im Gegensatz zum operationellen Risiko zumeist ein Verteilungsrisiko. Es kann positive wie auch negative Abweichungen unbekannter Höhe vom erwarteten Zustand aufweisen. Jedoch kann das Risiko auch als Ereignisrisiko auftreten.[627] Die Modellierung des Geschäftsrisikos kann auf Basis bereichsbezogener Ergebnisrechnungen erfolgen. Der Bereichsumsatz kann beispielsweise als eigenständige Risikogröße modelliert werden. Andererseits kann der Umsatz als eine rechnerische Ergebnisgröße der Multiplikation der Risikovariablen Menge und Preis einer Vielzahl von Einzelprodukten modelliert werden.[628] Bei Geschäftsrisiken ist zu vermuten, dass Korrelationen zwischen den einzelnen Teilrisiken bestehen. Geschäftsaktivitäten eines nicht vollkommen diversifizierten Unternehmens werden tendenziell Interdependenzen aufweisen.

5.3.2.2 Instrumente zur Aggregation nach Risikoarten

Risk Maps lassen sich lediglich bedingt für die Erfassung von Verteilungsrisiken einsetzen.[629] In Risk Maps werden Risiken über Zweipunktverteilungen modelliert, wobei die zugeordneten Wahrscheinlichkeiten risikoindividuell festgelegt werden. Diese Modellierung entspricht der Wahrscheinlichkeitsstruktur von Ereignisrisiken. Verteilungsrisiken können unter be-

gung der Geheimhaltung werden Verlustdaten zwischen den beteiligen Unternehmen ausgetauscht. Vgl. Jörg 2002, S. 52-57. Siehe zudem Fußnote 548.

[624] Strategisch besteht das Risiko, dass für die Produkte einer betrachteten Geschäftseinheit in der Zukunft kein Markt zur Verfügung steht. Die kurzfristige Erfolgskomponente ist von operativen Risiken (Leistungen des operativen Managements) betroffen.

[625] Vgl. Burger/Buchhart 2002, S. 34, in Anlehnung an Porters Wertkettenmodell. Insbesondere im Produktionsbereich ist eine Abgrenzung des Geschäftsrisikos vom operationellen Risiko schwierig.

[626] Siehe Abschnitt 3.3.2.1.3.

[627] Wenn beispielsweise ein Produkt in einem Land nicht zugelassen wird oder vom Markt genommen wird, ohne dass operationelle Fehler auftreten, besteht ein dem Geschäftsrisiko zurechenbarer Schaden.

[628] Vgl. Kremers 2002, S. 281.

[629] Siehe Abschnitt 5.2.3.

stimmten Annahmen in die Grundstruktur einer Risk Map eingefügt werden.[630] Hierdurch wird jedoch die wahre Risikostruktur verzerrt dargestellt. Risk Maps sind demzufolge vor allem für die Erfassung und Aggregation von Ereignisrisiken einsetzbar.

Monte-Carlo-Simulationen lassen sich für die Aggregation jeglicher Risikoarten einsetzen. Es können sowohl Ereignisrisiken wie auch Verteilungsrisiken modelliert werden. Zudem können Korrelation in die Aggregationsrechnung einbezogen werden. Ein kritischer Punkt der Monte-Carlo-Simulation besteht in der Definition der Korrelationen.[631] Bei Finanzrisiken lassen sich Korrelationen über historische Preise abschätzen. Bei betrieblichen Risiken bestehen tendenziell geringe Korrelationen. Problematisch ist eine Ermittlung der Korrelationen von Geschäftsrisiken, da keine gesicherte Datenbasis für eine Modellierung besteht.[632] Ausgewertet wird das Ergebnis einer Monte-Carlo-Analyse über einen VaR-Ansatz.[633] Dieser Ansatz eignet sich tendenziell eher für die Repräsentierung von Verteilungsrisiken als von Ereignisrisiken.[634]

Top-Down-Szenarien können für die Aggregation unterschiedlicher Risikoarten eingesetzt werden. Anhand der Szenarien lassen sich die Bewegungen der wichtigsten Risikoarten eines Unternehmens abschätzen und simulieren. Für Bottom-Up-Szenarien gelten die in Anschnitt 5.2.4.1 getroffenen Aussagen. Sensitivitätsanalysen können bei der Modellierung von einzelnen Finanz- oder Geschäftsrisiken verwendet werden. Es können beispielsweise Währungs- oder Preisrisiken bei den Umsätzen analysiert werden. Operationelle Risiken lassen sich über Sensitivitätsanalysen tendenziell schlecht modellieren. Es lässt sich jeweils nur eine beschränkte Gruppe von Risiken analysieren. Für eine übergreifende Aggregation über sämtliche Risikoarten eines Unternehmens ist die Sensitivitätsanalyse nicht geeignet.

Es lässt sich feststellen, dass lediglich die Monte-Carlo-Simulation für eine risikoartenübergreifende Aggregation von Risiken geeignet ist. Ein Problem besteht bei der Auswertung der Ergebnisse einer Monte-Carlo-Simulation anhand eines VaR bei Existenz umfangreicher Ereignisrisiken und bei einem Risikoportfolio mit stark divergierenden Verteilungen.[635] Die Risk

---

[630] Es kann beispielsweise ein festgelegtes Quantil eines Verteilungsrisikos auf einer Risk Map modelliert werden.

[631] Siehe Abschnitt 5.2.3.

[632] Die Ermittlung der Korrelationen von Geschäftsrisiken wurde in der Literatur bisher noch nicht umfassend untersucht. Es kann vermutet werden, dass für eine Ermittlung von Korrelationen zwischen den Aktivitäten eines Unternehmens keine ausreichende Datengrundlage besteht. Vgl. Bartram 2000, S. 1282.

[633] Siehe Abschnitt 5.1.2.1.

[634] Unterhalb des Quantilwertes liegende Ereignisrisiken werden voll berücksichtigt, während oberhalb der Grenze liegende potentielle Schäden nicht eingerechnet werden. Siehe Fußnote 645.

[635] Die Reduzierung der Auswertung der errechneten Verteilung auf ein bestimmtes VaR-Quantil kann zu Fehlinterpretationen führen.

Map ist vor allem für eine Aggregation von Ereignisrisiken einsetzbar. Sensitivitätsanalysen können für gezielte Analysen bezüglich einzelner, mathematisch modellierbarer Risikoarten verwendet werden.

5.3.3 Zeitliche Dimension der Aggregation

Im Gegensatz zu den in Kapitel 4 dargestellten kapitalmarktbasierten Verfahren der Risikoaggregation lässt sich bei quantitativen unternehmensinternen Methoden eine zeitliche Dimension berücksichtigen.[636] Es kann zwischen einer zeitlich horizontalen und einer zeitlich vertikalen Aggregation unterschieden werden. Bei der zeitlich horizontalen Methode werden Risiken in einem spezifizierten Abrechnungszeitraum aggregiert. Bei der zeitlich vertikalen Methode werden Risiken über längere Zeiträume durch Diskontierung aggregiert.[637] Die Risikoaggregation durch Diskontierung wird in diesem Abschnitt nicht behandelt. In dieser Arbeit wird primär ein operativer, kurzfristiger Zeitraum betrachtet. Auch bei einem operativen Controllingprozess existieren unterschiedliche Zeiträume der Betrachtung. Es kann beispielsweise das Risiko für eine Zeitspanne von einem Monat, einem Jahr oder drei Jahren aggregiert werden.

Die Ergebnisse von Risk Maps lassen sich nicht automatisch auf alternative Zeiträume übertragen. Bei einer temporalen Aggregation und Desaggregation von Risikodaten muss die Eintrittswahrscheinlichkeit und die Schadenshöhe entsprechend dem verwendeten Risikomodell angepasst werden. Wird beispielsweise davon ausgegangen, dass die Eintrittswahrscheinlichkeiten in den einzelnen Perioden unabhängig und identisch verteilt sind, so können die Parameter einer zeitlich angepassten Risk Map über die Binomialverteilung errechnet werden.[638]

Monte-Carlo-Simulationen lassen sich auf einzelne Zeitscheiben oder befristete längere Zeiträume anwenden. Ohne Probleme kann eine veränderte Zeitscheibe unter der Annahme

---

[636] Es kann kein CAPM-Betafaktor für verschiedene Aggregationszeiträume berechnet werden.

[637] Vgl. Gebhardt/Mansch 2001, S. 54/55. Beispielsweise wird gefordert, periodenübergreifende Verteilungen von Zahlungsströmen über Methoden wie die Monte-Carlo-Simulation und die Abzinsungsrechnung zu aggregieren. Vgl. Kremers 2002, S. 291/292; Burger/Buchhart 2003, S. 141. Auf der anderen Seite bestehen diesbezüglich Vorbehalte. Es wird argumentiert, dass eine Diskontierung per se bereits eine intertemporale Risikoaggregation darstellt. Weitergehende Ansätze der Risikoberücksichtigung erbringen dieser Meinung nach keine sinnvollen Ergebnisse. Vgl. Brealey/Myers 2000, S. 275.

[638] Es besteht beispielsweise in einer Periode ein Risiko mit einer Schadenswahrscheinlichkeit von 50% und einer Schadenshöhe von 1 Mio. €. In zwei Perioden sollte bei einer identisch unabhängigen Verteilung statistisch mit 25% Wahrscheinlichkeit ein Schaden von 2 Mio. € und mit 50% Wahrscheinlichkeit ein Schaden von 1 Mio. € auftreten.

unabhängig verteilter Parameter durch Anpassung der Simulation betrachtet werden.[639] Bestehen Autokorrelationen oder Mengenänderungen bei den Risikovariablen, muss dies in dem Simulationsmodell berücksichtigt werden. Bei einer längerfristigen Aggregation müssen die Risikodaten entsprechend angepasst werden. Für Finanzrisiken existieren weitgehend standardisierte Methoden zur Anpassung der Parameter an längere Zeithorizonte.[640]

Die Ergebnisse von Sensitivitätsanalysen sind unter der Annahme, dass sich die Basisparameter des Modells im Zeitverlauf nicht ändern, auf alternative Betrachtungszeiträume übertragbar. Verändern sich die Rahmenparameter, muss das Sensitivitätsmodell entsprechend angepasst werden.[641] Auch bei Szenarioanalyen lässt sich eine zeitliche Anpassung der Betrachtungsweise vornehmen. Wie bei der Sensitivitätsanalyse müssen sich verändernde Rahmenbedingungen in Betracht gezogen werden.

Unter der Annahme unabhängig und identisch verteilter Risikoeinflüsse bestehen bei einer zeitlichen Anpassung bei der Risk Map sowie bei Szenarien und Sensitivitätsanalysen keine größeren Problemstellungen. Bei komplexeren zeitlichen Modellspezifikationen, beispielsweise bei Autokorrelationen, sollten Monte-Carlo-Modelle für zeitliche Aggregationen verwendet werden. Allen Verfahren gemeinsam ist, dass sie bei Änderungen der Mengenkomponente entsprechend angepasst werden müssen. Für längerfristige strategische Betrachtungen sollten differenzierte Risikomodelle sowie Diskontierungsrechnungen verwendet werden.[642]

5.4 Beurteilung der Verfahren

Aufgrund der Vielfältigkeit der betrieblichen Aufgabenstellungen und Anforderungen an ein Risikocontrolling lassen sich einzelne Instrumente der Risikoaggregation nur mit Schwie-

---

639 Sind die Basisparameter beispielsweise für ein Quartal spezifiziert, so können die Ergebnisse von zwei Simulationsläufen addiert werden, um auf die Verteilung des Risikos von 6 Monaten zu gelangen.

640 Es können beispielsweise Scaling-Techniken wie die $\sqrt{t}$-Regel verwendet werden. RiskMetrics „LongRun Technical Document" beschreibt das Vorgehen der Selektion der Risikoparameter bei der Modellierung längerfristiger Zeithorizonte. Vgl. Kim/Malz/Mina 1999, S. 15-68.

641 Wird beispielsweise eine Analyse zur Wirkung von Dollarkursveränderungen von einem Betrachtungszeitraum von sechs Monaten auf ein Jahr ausgeweitet, müssen die in der Planung oder der Prognose der Monate 7-12 bestehenden Mengenveränderungen berücksichtigt werden.

642 Kurzfristige Aggregationssysteme gehen von fixen Rahmenbedingungen der Risikostruktur eines Unternehmens aus. In längeren Zeiträumen besteht diese fixe Rahmenstruktur nicht. Die in kurzfristiger Betrachtungsweise fixen Kapazitäten und somit Risikostrukturen eines Unternehmens sind auf längere Sicht variabel.

rigkeiten pauschal beurteilen.[643] Es lassen sich lediglich die Vor- und Nachteile einzelner Verfahren bei bestimmten Einsatzformen darstellen und mit den in der Praxis gegebenen Anforderungen vergleichen. Die Eignung der Methoden muss zudem unternehmensindividuell entsprechend der Struktur der betrieblichen Prozesse sowie den subjektiven und objektiven Anforderungen beurteilt werden.

5.4.1 Flexibilität

Eine flexible Lösung für eine Aggregation nach Risikoarten, Unternehmensbereichen oder Zeitperioden stellt die Monte-Carlo-Simulation dar. Risiken können nach dieser Methode individuell modelliert werden. Unter der Annahme, dass die Risikoparameter richtig spezifiziert sind, können beliebige Risikoarten über Unternehmensbereiche und Zeiträume unter korrekter Berücksichtigung von Diversifikationseffekten aggregiert werden.[644] Eine Reduzierung der Flexibilität der Monte-Carlo-Simulation im praktischen Einsatz ist auf den Einsatz einer VaR-Variable als Auswertungsgröße zurückzuführen. Ereignisrisiken und Verteilungsrisiken mit divergierenden Verteilungsarten können über einen VaR vielfach nicht optimal erfasst werden.[645] Weitere Abweichungen vom theoretisch optimalen Prozess bestehen aufgrund von Vereinfachungsanforderungen. Bei einem umfassenden Einsatz des Simulationsinstrumentes müssen aus Komplexitätsgründen Approximationstechniken eingesetzt werden.[646] Hierdurch wird die Flexibilität der Auswertung eingeschränkt.

Die Flexibilität von Szenarioanalysen ist als hoch einzuschätzen. Diese Methodik kann für beliebige Aggregationsdimensionen eingesetzt werden. Aufgrund der intuitiven Basis müssen keine mathematischen Modellstrukturen berücksichtig werden. Risk Maps eignen sich vor allem für die Aggregation von Ereignisrisiken.[647] Diese können über die Organisationsstruktur eines Unternehmens beliebig erfasst und über Schwellenwerte aggregiert werden. Unter bestimmten Annahmen ist für Ereignisrisiken anhand von Risk Maps zudem die Möglichkeit gegeben, eine zeitliche Aggregation durchzuführen.[648] Verteilungsrisiken und somit

[643] Vgl. Hornung/Reichmann/Form 2000, S. 158.
[644] Vgl. Gleißner 2001b, S. 133.
[645] Bei der Quantilrechnung des VaR werden Ereignisrisiken tendenziell verfälscht dargestellt. Wenn wichtige Ereignisrisiken bestehen, sollte demzufolge evtl. ein alternatives Risikoaggragationssystem verwendet werden. Verdeutlichung des Verfälschungseffektes: Es wird ein VaR (95%) verwendet. In einem Fall existiert ein Risiko von 1 Mio. €, welches mit p = 0,045 eintritt. In einem zweiten Fall existiert ein Risiko von 1 Mio. €, welches mit p = 0,055 eintritt. Im ersten Fall wird der Risikobetrag im VaR nicht ausgewiesen, im zweiten hingegen komplett.
[646] Zu Approximationslösungen bei der Risikokapitalallokation siehe: Paul 2001, S. 1111-1122.
[647] Siehe Abschnitt 5.2.3.
[648] Siehe Abschnitt 5.3.3.

viele Finanz- und Geschäftsrisiken können anhand von Risk Maps lediglich näherungsweise modelliert werden.

Sensitivitätsanalysen verfügen nicht über die Eigenschaft der flexiblen Einsatzmöglichkeit in verschiedenen Aggregationsdimensionen. Sensitivitätsanalysen sind lediglich für mathematisch eindeutig modellierbare Risiken einsetzbar.[649]

Insgesamt ist die Flexibilität bei quantitativen Verfahren differenziert zu beurteilen. Die Monte-Carlo-Simulation und die Szenarioanalyse können als weitgehend flexibel einsetzbare Instrumente bezeichnet werden. Risk Maps eigenen sich vor allem für eine unternehmensinterne Aggregation von Ereignisrisiken. Sensitivitätsanalysen lassen sich lediglich zur Modellierung und Aggregation von auf mathematischen Modellen beruhenden Risiken einsetzen. Im Gegensatz zu den in Kapitel 4 betrachteten kapitalmarktbasierten Verfahren kann die Flexibilität der Verfahren der internen quantitativen Risikoaggregation jedoch als hoch bezeichnet werden.

5.4.2 Einfachheit

5.4.2.1 Verständlichkeit

Eine Voraussetzung für eine erfolgreiche Implementierung eines Verfahrens der quantitativen Aggregation von Risikodaten besteht in dessen Verständlichkeit. Nur wenn die Prinzipien und Mechanismen eines Verfahrens in der gesamten Controllinghierarchie eines Unternehmens verstanden werden, besteht die Möglichkeit der Schaffung von Akzeptanz. Ohne die Akzeptanz der an den Prozessen beteiligten Mitarbeiter und Manager kann ein Verfahren nicht dauerhaft erfolgreich betrieben werden.[650]

Die Verständlichkeit ist als ein Vorteil des Verfahrens der Risk Map anzusehen. Bei dieser Methode wird ein Risiko vereinfacht über die Erwartungswerte der Schadenswahrscheinlichkeit und der Schadenshöhe erfasst und modelliert. Diese beiden Konzepte sind auch ohne statistische Kenntnisse verständlich.[651] Zudem besteht der Vorteil der grafischen Aufbereitung. Ein übergreifendes Risikoportfolio kann übersichtlich dargestellt werden. Neben der Risk Map kann auch die Szenarioanalyse als ein verständliches Instrument be-

---

[649] Ein „Elastizitätenkonzept" der Verwendung der Sensitivitätsanalyse zur Analyse nicht quantifizierbarer Risiken (siehe Abschnitt 5.2.3) weist in der Praxis keine hinreichende Genauigkeit auf. Vgl. Hofmann 2002, S. 58.

[650] Kontrollsysteme müssen für betroffene Manager verständlich sein. Vgl. Simons 2000, S. 220.

zeichnet werden. Die Betrachtung der Zukunft als mehrwertigen Zustand kann einfach unternehmensweit vermittelt werden.[652] Zur Anwendung von Szenarioanalysen werden keine umfangreichen mathematischen oder statistischen Kenntnisse benötigt. Hingegen erfordert die Verwendung von Szenarioanalysen umfangreiche fachliche Kompetenzen.[653] Bei der Szenarioanalyse besteht im Vergleich zu den weiteren beschriebenen quantitativen Verfahren eine geringere Objektivierbarkeit und Nachvollziehbarkeit der Risikowerte. In diesem Sinne kann die Szenarioanalyse nicht als verständlich bezeichnet werden.

Für den breiten Einsatz von Monte-Carlo-Simulationen und dem hiermit verbundene VaR-Ansatz stellt die vergleichsweise geringe Verständlichkeit ein Hindernis dar. Der Modellierungsmechanismus des Verfahrens ist ohne statistische Kenntnisse nicht einfach nachvollziehbar. Es werden Kenntnisse bezüglich statistischer Verteilungen sowie der Spezifizierung von Korrelationen benötigt.[654] Für einen breiten Einsatz müssten umfangreiche Schulungen im Unternehmen durchgeführt werden. Auch Sensitivitätsanalysen erfordern die Kenntnis gewisser mathematischer Grundlagen. Im Gegensatz zur Monte-Carlo-Simulation ist der Funktionsmechanismus des Verfahrens der Sensitivitätsanalyse jedoch ohne statistische Kenntnisse verständlich.

5.4.2.2 Aufwand

Jedes der in diesem Kapitel beschriebenen quantitativen Aggregationsverfahren kann bei einem betrieblichen Einsatz einfach oder komplex ausgestaltet werden. Die Methoden können standardisiert in EDV-Systemen implementiert oder mit vergleichsweise geringem Aufwand in auf Standardprogrammen basierenden Berichts- und Auswertungsprozessen integriert werden.[655] Eine Differenzierung zwischen den Verfahren kann demzufolge nicht pauschal getroffen werden. Dennoch kann eine tendenzielle Aussage zu dem mit den einzelnen Verfahren bei Implementierung und Betrieb verbundenen personellen und technischen Aufwand getätigt werden.

---

[651] Der Parameter der Eintrittswahrscheinlichkeit wird in der Praxis vielfach als das durchschnittliche Zeitintervall zwischen zwei Schadenseintritten definiert. Somit ist die Größe auch ohne statistische Kenntnisse verständlich.

[652] Vgl. Mott 2001b, S. 235.

[653] Das Fehlen einer methodenbedingten Strukturierung muss durch fachliche Kompetenz ausgeglichen werden.

[654] Vgl. Gleißner 2001b, S. 121-132.

[655] Aufgrund von regulatorischen Anforderungen müssen im Bankbereich zunehmend umfassende EDV-Systeme implementiert werden. Vgl. Hoffman 2002, S. 447. Für komplexe EDV-Systeme findet sich in der Literatur der Begriff des Risk Management Information System (RMIS). Vgl. Erben/Romeike 2003, S. 279-283.

Wie bei den weiteren Verfahren der quantitativen Risikoaggregation ist der Aufwand bei Risk Maps erheblich von der individuellen Ausgestaltung des verwendeten Systems abhängig. Eine grobe Aggregation kann im Rahmen eines Planungs- oder Prognosereportings ohne erheblichen organisatorischen Aufwand implementiert werden. Wird hingegen eine systematische Risikoerfassung mit umfangreicher Datensammlung betrieben, muss ein Datenbanksystem eingesetzt werden. Der mit dem Aggregationssystem der Risk Map verbundene Aufwand ist eher dem Prozess der Datensammlung und -archivierung als dem eigentlichen Auswertungsalgorithmus zuzurechnen.

Die Komplexität eines Monte-Carlo-Simulation-gestützten Systems der Risikoaggregation hängt vor allem mit dem Grad der Detaillierung zusammen. Im Vergleich zu den weiteren in diesem Abschnitt beschriebenen Verfahren der Risikoaggregation wird die Monte-Carlo-Simulation jedoch bei vergleichbarem Detaillierungsgrad mit einem höheren Einsatz von Kapazitäten verbunden sein. Monte-Carlo-Simulationen erfordern eine breite Datenbasis sowie umfangreiche Rechenkapazitäten. Zudem müssen personelle Kapazitäten für Implementierung und dauernde Wartung des Systems und des Modells bereitgestellt werden.

Im Rahmen von Szenarioanalysen ist der Aufwand bei Top-Down-Ansätzen sowie unkoordinierten Bottom-Up-Ansätzen als beschränkt zu bezeichnen. Lediglich bei koordinierten, periodisch aktualisierten Bottom-Up-Analysen wird ein umfangreicher Kapazitäteneinsatz erforderlich sein.[656] Sensitivitätsanalysen lassen sich ohne viel Aufwand durchführen. Die Datengrundlage für ein derartiges Auswertungsinstrument ist weitgehend im finanziellen Rechnungswesen eines Unternehmens vorhanden.

Zusammenfassend sind die Sensitivitätsanalyse und Risk Map bezüglich des Kriteriums der Einfachheit als positiv zu beurteilen, während ein umfassender Einsatz der Monte-Carlo-Simulation in einem Bottom-Up-Ansatz negativ beurteilt werden muss.[657] Zudem hängt die Einfachheit eines Systems naturgemäß von der individuellen Ausgestaltung ab. Für ausgefeilte Techniken müssen entsprechende EDV-Lösungen bereitgestellt sowie Schulungs- und Wartungsmaßnahmen vorgenommen werden. Generell besteht eine gegenläufige Tendenz zwischen der Einfachheit und der Auswertungsgenauigkeit. Einfache Berichtsprozesse lassen sich ohne Probleme in bestehende Controllingsysteme und Berichtswege einfügen. Sollen hingegen komplexere Systeme mit einem höheren Detaillierungsgrad verwendet werden, ist dies mit entsprechend höherem Aufwand verbunden.

---

[656] Vgl. Burger/Buchhart 2002, S. 98/99.
[657] Vgl. Heinze/Kullmann 2002, S. 142.

5.4.3 Güte

Die Güte der Ergebnisse quantitativer Aggregationsmethoden hängt primär von den Eingangswerten eines Aggregationssystems ab. Quantitative Verfahren können lediglich richtige Ergebnisse erbringen, wenn die Eingangsparameter richtig spezifiziert werden. Eingangsdaten von Finanzrisiken können tendenziell mit einer höheren Güte bestimmt werden als die der weiteren Risikoklassen. Aufgrund der zur Verfügung stehenden Marktdaten können für Finanzrisiken vielfach objektivierbare, statistisch abgesicherte Datengrundlagen verwendet werden.[658] Bei der Quantifizierung von Nichtfinanzrisiken ist die Problematik der Unsicherheit sowie der Subjektivität gegeben.[659] Diese Unsicherheit kann beispielsweise durch Gruppentechniken oder systematische Prozesse der Quantifizierung vermindert, jedoch nicht behoben werden.[660] Zudem besteht in der Praxis das Problem, dass Schätzungen aufgrund der Subjektivität Verzerrungen enthalten können.[661]

Neben der Qualität der Eingangsdaten besteht eine methodische Komponente bei der Beurteilung der Güte von quantitativen Aggregationssystemen.[662] Diese wird im Folgenden betrachtet. Das Verfahren der Risk Map weist den Vorteil auf, dass die Systematik der Quantifizierungen leicht nachvollziehbar ist. Die Quantifizierung wird auf die wichtigsten Parameter reduziert und verfügt somit nicht über den Anspruch einer absoluten Detailtreue.[663] Ein Nachteil des Verfahrens ist jedoch gerade auf diese Verteilungsannahme zurückzuführen. Lediglich Ereignisrisiken mit einer festgelegten Eintrittswahrscheinlichkeit und einer festen Schadenshöhe werden nach dem Aggregationsmodell der Risk Map korrekt abgebildet. Bei anderen Risiken besteht eine Approximation.[664] Aufgrund der Reduzierung der realen Risikoverteilung auf eine fiktive Zweipunktverteilung kann es zu einer Fehleinschätzung kommen. Für Ereignisrisiken ist die Sichtweise der Risk Map vielfach approximativ zutreffend, für das Verteilungsrisiko verzerrt sie hingegen die wahre Risikosituation. Fehlinterpretationen bei der Analyse der Risikosituation auf der Basis einer Risk Map können zudem auf die Missachtung

---

[658] Die Güte der Daten hängt von der Strukturkonstanz des betrachteten Prozesses ab. Bei kurzfristigen Betrachtungszeiträumen ist tendenziell eine hohe Güte der Daten gegeben. Vgl. z. B. Gebhardt/Mansch 2001, S. 52/53.

[659] Es fehlt eine Objektivierungsmöglichkeit durch einen Marktbezug. Ein weiteres Problem besteht in der mangelnden Überprüfbarkeit der Schätzergebnisse. Insbesondere bei Risiken mit hohen Schadensintervallen fehlt die Möglichkeit des „Backtestings" der Schätzprozesse.

[660] Zu Techniken einer gruppengestützten Risikoidentifikation und -bewertung siehe z. B.: Romeike 2003a, S. 173-178; Kremers 2002, S. 284.

[661] Der „Hockey-Stick-Effekt" wird tendenziell auch bei der Schätzung der Risikoparameter eines eigenen Bereichs existieren.

[662] Vgl. Heri/Zimmermann 2001, S. 1008.

[663] Vgl. Wittmann 2000, S. 812-814.

[664] Vgl. Reichling 2003, S. 226.

von Korrelationen aufgrund der grafischen Darstellungsweise zurückzuführen sein.[665] Es kann beispielsweise das Problem bestehen, dass signifikante Korrelationen zwischen einzelnen Risiken nicht beachtet werden. Zudem kann der Ansatz der Selektion der auf einer Risiko-Matrix dargestellten Risiken problematisiert werden. Die Verwendung von Schwellenwerten kann zu einem Informationsverlust führen. Durch die Vernachlässigung von unterhalb des Grenzpunktes angesiedelten Risiken wird das bestehende Gesamtrisiko des Betrachtungsobjektes tendenziell zu niedrig eingeschätzt.[666] Bei dem Bestehen von Korrelationen zwischen vielen, unterhalb eines Schwellenwertes liegenden Risiken könnte ein signifikantes Risiko unberücksichtigt bleiben.[667] Bei einer automatisierten Aggregation sollte somit eine manuelle Überprüfung der Ergebnisse des Automatismus erfolgen. Es können manuelle Anpassungen bei der Selektion der auf einer Risk Map aufgeführten Risiken vorgenommen werden.

Durch Monte-Carlo-Simulationen lässt sich theoretisch jede real existierende Risikoverteilung korrekt modellieren. Die Güte des Verfahrens ist demzufolge weitgehend auf die Güte der Eingangsinformationen zurückzuführen. Systematische Verfälschungseffekte durch die Verfahrensannahmen bestehen bei einem umfassenden Ansatz der Monte-Carlo-Simulation nicht. Der Monte-Carlo-Simulationsansatz kann in der Praxis jedoch häufig lediglich angepasst verwendet werden.[668] Real existierende Diversifikationseffekte werden beispielsweise über pauschale Risikoabschläge näherungsweise erfasst. Trotz dieser Einschränkung ist der methodenbedingte Fehler auch bei einer auf praktische Anforderungen angepassten Monte-Carlo-Simulation als gering anzusehen. Ein Problem bei der Monte-Carlo-Simulation kann die Schätzung der Risikoparameter darstellen. Es müssen beispielsweise die Verteilungsart, die Verteilungsparameter sowie die Korrelationen richtig geschätzt werden. Bei einer Risikoschätzung bestehen somit viele mögliche Fehlerquellen, die sich auf die Resultate der Simulation auswirken.[669] Wird die Kennzahl des VaR für die Auswertung der Ergebnisse von Monte-Carlo-Simulationen verwendet, besteht zudem eine methodenbedingte Quelle für Fehlinformationen.[670]

[665] Vgl. Burger/Buchhart 2003, S. 187.

[666] Bei der Selektion signifikanter Risiken können alternativ zu einem fixen monetären Schwellenwert auch linear ansteigende oder nichtlineare Grenzen auf der Risk Map verwendet werden. Siehe Grafik bei: Reichling 2003, S. 227. Ein derartiger Aggregationsmechanismus findet sich zudem in: Weber/Weißenberger/Liekweg 1999, S. 1714.

[667] Andererseits können hoch korrelierte, einzeln unterhalb des Schwellenwertes liegende Risiken als ein Risikopunkt dargestellt werden.

[668] Siehe Abschnitt 5.3.1.

[669] Es entsteht die Gefahr eine Scheingenauigkeit. Vgl. Heinze/Kullmann 2002, S. 142.

[670] Vgl. Heri/Zimmermann 2001, S. 1005. Siehe Fußnote 645.

Bei der Top-Down-Szenarioanalyse besteht keine modellbedingte Fehlerquelle bei der Aggregation. Die gesamte Aggregation findet ohne methodische Unterstützung „in den Köpfen" der an der Szenariogenerierung beteiligten Personen statt. Die Güte der ermittelten aggregierten Risikoinformationen hängt somit von den Fähigkeiten und der Informationslage der am Szenariogenerierungsprozess beteiligten Personen ab.[671] Aufgrund des Fehlens von methodischer Prozessunterstützung ist die Qualität der Aggregation von modellierbaren Risiken jedoch als vergleichsweise schlecht einzuschätzen.[672] Bei Sensitivitätsanalysen ist die Güte der Ergebnisse auf die ermittelte Sensitivität zurückzuführen. Bei Finanzpositionen kann diese zumeist als hoch beurteilt werden. Es ist anzumerken, dass die Sensitivität per se noch kein Risikomaß darstellt. Lediglich in Verbindung mit einer geschätzten Varianz des unterliegenden Risikofaktors kann über die Sensitivitätsanalyse ein Risikomaß ermittelt werden.[673]

Insgesamt können quantitative Risikogrößen nach keinem Verfahren eine richtige Quantifizierung der Eingangsparameter sicherstellen. Durch systematische Quantifizierungsprozesse lässt sich jedoch eine hinreichende Quantifizierungsqualität erzielen.[674] Bezüglich der methodischen Güte ist die Monte-Carlo-Analyse bei korrekter Spezifizierung der Eingangsparameter als das beste Instrument anzusehen. Problematisch ist bei diesem Ansatz jedoch die richtige Spezifizierung der Eingangsdaten sowie die Verwendung des VaR als Auswertungsgröße. Die instrumentale Güte der Resultate der Risk Map für Ereignisrisiken ist als hoch anzusehen. Insbesondere die Ergebnisse von Sensitivitätsanalysen für mathematisch modellierbare Risiken weisen eine hohe Güte auf.[675]

5.4.4 Einsetzbarkeit im Controlling- und Managementprozess

Einsatz im Informationsversorgungsprozess

Im Rahmen eines operativen Controllingprozesses können aggregierte quantitative Risikoinformationen in vielfacher Form eingesetzt werden. Analog zum Finanzdatenberichtssystem können Risikoinformationen in Form von Tabellen, Grafiken und Kommentaren in Managementberichte integriert werden.

---

[671] Die Bottom-Up-Szenarioanalyse wird hier nicht betrachtet. Wie in Abschnitt 5.2.3. dargestellt, ist sie eher den Verfahren der Risikoerfassung als denen der Risikoaggregation zuzurechnen.

[672] Beispielsweise ist anzunehmen, dass die Aggregation von Finanzrisiken auf Basis eines subjektiv-intuitiven Verfahrens eine schlechtere Qualität aufweisen wird als eine Aggregation auf Basis eines auf Marktdaten basierenden VaR-Systems. Vgl. Economist 2004, S. 21.

[673] Die eigentliche Güte des Verfahrens hängt somit mit der Güte der Risikoabschätzung für den Risikofaktor zusammen.

[674] Vgl. Hoffman 2002, S, 188-193; Wittmann 2000, S. 817/818.

Die Informationsrelevanz ist bei den beschriebenen Methoden der quantitativen Risikoaggregation als hoch einzuschätzen. Die Eingangsdaten der Methoden werden im Unternehmen erfasst und sollten zumindest eine bezüglich der Größenordnung korrekte Quantifizierung der realen Risikostruktur der Unternehmensaktivitäten gewährleisten. Die Daten werden Abweichungen vom realen Zustand aufweisen.[676] Das Management sollte die Methoden deshalb jedoch nicht generell ablehnen, sondern die verfügbaren Daten unter Berücksichtigung möglicher Quantifizierungs- und Modellunsicherheiten interpretieren.[677] Bezüglich der Qualität der einzelnen in diesem Kapitel dargestellten Methoden lässt sich keine allgemeine Differenzierung erstellen. Die Verfahren eignen sich jeweils für eine Aggregation bestimmter Risikoklassen.[678] Es kann somit kein Verfahren bezüglich der Informationsrelevanz höher als ein anderes eingestuft werden. Die Verfahren sind im Zusammenhang mit dem Managementfokus und der betrachteten Fragestellung zu beurteilen.

Bezüglich des Gebietes einer Einsetzbarkeit von quantitativen Risikoinformationen ist eine Vielzahl von Möglichkeiten denkbar. Aggregierte quantitative Risikoinformationen können beispielsweise zur Entscheidungsunterstützung bei Budgetierungsfragen, Investitionsentscheidungen oder bei der Prognosenerstellung verwendet werden. Die Entscheidung zur Erhebung bestimmter quantitativer Informationen ist jeweils unter Berücksichtigung der Kriterien Informationsnutzen, Informationsgüte und Aufwand der Informationsgenerierung zu treffen.

Einsatz im Unternehmenssteuerungssystem

Im Finanzrisikomanagement wird in der Praxis auf Basis der in diesem Kapitel beschriebenen quantitativen Verfahren der Risikoaggregation eine aktive Risikosteuerung durchgeführt. Im Rahmen der Risikosteuerung werden Instrumente wie beispielsweise Limits oder RAPM-Größen eingesetzt. In der Literatur finden sich Ansätze, eine derartige Steuerung auch für die Nichtfinanzrisiken durchzuführen.[679]

Bei einer Steuerung von geschäftlichen oder operationellen Risikopositionen besteht das Problem der Objektivierung der Messgrößen. Risikoquantifizierungen sind bei diesen Risiken bisher wenig objektivierbar und können nicht ex post an realisierten Ereignissen verifiziert

---

675 Durch die Vernachlässigung der Größe der Risikofaktorbewegung wird jedoch ein wesentlicher Anteil des Risikos der Betrachtung entzogen.

676 Siehe Abschnitt 5.4.3.

677 Einfachere mathematische Verfahren sollten weder vollkommen abgelehnt noch blind eingesetzt werden. Das Management sollte sowohl die Vor- als auch die Nachteile der Modelle verstehen und nutzen können. Vgl. Nichols 1994, S. 91.

678 Siehe Abschnitt 5.4.1.

679 Burger/Buchhart 2002, S. 52/53; Gleißner/Lienhard 2001, S. 275-284.

oder falsifiziert werden. Die Aufstellung von Risikolimits oder RAPM-Größen ist demzufolge nicht durchführbar. Eine Kopplung von Zielgrößen an eine betragsmäßige Reduzierung eines bestimmten Risikos würde aufgrund der fehlenden Datenbasis scheitern. Eine Feinsteuerung der Risikosituation eines Unternehmens ist demnach bei den Risikoklassen der geschäftlichen und operationellen Risiken nicht möglich. Hingegen können anhand der in diesem Abschnitt dargestellten Ansätze Maßnahmen zu einer Grobsteuerung der Risikosituation unterstützt werden. Beispielsweise kann die Unternehmensführung den Bereichsleitern das Risiko auf höchster Aggregationsebene vorgeben. Die Unternehmensleitung kann bestimmen, dass Risiken einer definierten Schadensgrößenordnung zu vermeiden oder an eine zentrale Stelle zu melden sind. Bei einem derartigen Vorgehen ist keine exakte, sondern lediglich eine grobe Quantifizierung der Risiken notwendig. Eine grobe Steuerung kann somit bei allen Risikoklassen eines Unternehmens auf Basis der beschriebenen Aggregationsinstrumente vorgenommen werden.

5.5 Zusammenfassung

Quantitative Verfahren der Risikoaggregation können keine hundertprozentig korrekte Quantifizierung des Risikos gewährleisten. Hingegen stellt auch eine mit Unsicherheiten belastete Quantifizierung ein wichtiges Element eines Controllingsystems dar. Lediglich durch eine Quantifizierung kann die Möglichkeit einer Vergleichbarkeit zwischen Risiken geschaffen werden.[680]

In diesem Kapitel wurden die Verfahren der Monte-Carlo-Simulation, der Risk Map, der Szenarioanalyse sowie der Sensitivitätsanalyse dargestellt. Als Ergebnis des nach mehreren Kriterien durchgeführten Vergleiches wurde festgestellt, dass die Monte-Carlo-Simulation theoretisch das aussagekräftigste Instrument darstellt, jedoch in der Praxis aufgrund ihrer Komplexität nicht für die Aggregation aller Risikoarten eingesetzt werden kann.[681] Es sollten hingegen unterschiedliche Methoden für die einzelnen Risikoklassen verwendet werden. Für die Aggregation operationeller Risiken scheint die Risk Map ein geeignetes Instrument darzustellen. Geschäftsrisiken können über Szenarien aggregiert werden. Finanzrisiken werden heute bereits standardisiert über simulationsgestützte oder parametrische VaR-Ansätze aggregiert.

[680] Qualitative Maße können keine Vergleichbarkeit garantieren. Ein bestimmter quantitativer Schadensbetrag weist für unterschiedlich große Unternehmensbereiche beispielsweise eine unterschiedliche qualitative Bedeutung auf. Vgl. Wittmann 2000, S. 813.

[681] Vgl. Culp 2002, S. 13; Faisst/Kovacs 2003, S. 348.

Eine Veränderung der dargestellten aktuellen Beurteilung könnte sich mittelfristig aufgrund der zunehmenden Standardisierung der Aggregation der operationellen Risiken im Bankensektor ergeben. Aufgrund von Regelungen wie Basel II werden in diesem Sektor momentan umfangreiche Versuche unternommen, auch Nichtfinanzrisiken auf Basis statistischer Verfahren zu modellieren. Sollten mit diesen Verfahren in den kommenden Jahren positive Erfahrungen gesammelt werden, ist zu erwarten, dass die verfeinerten und an die Bedürfnisse der Praxis angepassten Verfahren auch auf das industrielle Risikomanagement übertragen werden könnten.[682]

Insgesamt ist die Relevanz von quantitativen aggregierten Risikoinformationen für das Controlling als hoch einzuschätzen. Diese können trotz der teilweise unbefriedigenden Güte der Quantifizierung als Informationsbasis für unterschiedlichste Managemententscheidungen verwendet werden. Für Finanzrisiken besteht auf Basis aggregierter Informationsgrößen die Möglichkeit einer Feinsteuerung. Für die weiteren Risikoklassen ist in der industriellen Praxis zumindest die Möglichkeit einer Grobsteuerung gegeben.

[682] Eine Standardisierung der Prozesse der umfassenden quantitativen Risikoaggregation könnte sich auf den industriellen Sektor übertragen. Operationelle Risiken im Finanzsektor weisen teilweise eine ähnliche Struktur auf wie operationelle Risiken im industriellen Bereich. Prozessfehler können beispielsweise sowohl bei Industriefirmen wie auch bei Banken auftreten.

6 Scoring- und ratingbasierte Verfahren der Risikoaggregation

In den Kapiteln 4 und 5 wurde der Einsatz von kapitalmarktbasierten und quantitativen Verfahren der Risikoaggregation dargestellt. In diesem Abschnitt werden auf Rating- und Scoringprozessen basierende Methoden der Risikoaggregation beschrieben und im Hinblick auf Einsatzmöglichkeiten im Rahmen der Risikomanagementfunktion des Controllings untersucht.

Die Begriffe Rating und Scoring sind inhaltlich eng verbunden. Beide Begriffe beschreiben eine Klassifizierung eines Gegenstandes bezüglich unterschiedlicher Kriterien.[683] In der wirtschaftlichen Praxis wird Rating heute als die durch Symbole ordinaler Skalen ausgedrückte Meinung zur Bonität eines untersuchten Wirtschaftsobjektes verstanden.[684] Der Begriff Rating ist im Deutschen ein Fachbegriff der Betriebswirtschaftslehre. Scoring verfügt hingegen über eine allgemeine, nicht fachgebundene Bedeutung.[685] Der Begriff Scoring beschreibt einen Prozess, bei dem unterschiedliche Sachverhalte unter der Zuordnung von Wertungspunkten beurteilt werden.[686] Beim Rating wird vielfach die Technik des Scorings angewendet. Die Bonität eines untersuchten Unternehmens wird anhand eines auf einer vorgegebenen Skala ermittelten Scores gemessen.

6.1 Scoring

Der Begriff Scoring beschreibt primär den Prozess der Punktbewertung eines Untersuchungsgegenstands unter Unsicherheit. Scoringmethoden werden in der betriebswirtschaftlichen Literatur in unterschiedlichen thematischen Zusammenhängen aufgeführt.[687] Insbesondere die Entscheidungstheorie hat verschiedene Ansätze eines systematischen Einsatzes des Instruments hervorgebracht. Der Einsatz von Scoringmodellen wird in dieser Disziplin vor allem zur Bewertung verschiedener Handlungsalternativen unter Unsicherheit bei mehrfacher Hauptzielsetzung vorgeschlagen.[688] Die Technik wurde beispielsweise auf Anwendungen des Bereichs des strategischen Managements übertragen. Auf der Scoringtechnik basierende Instrumente, wie die Nutzwertanalyse, die AHP-Technik oder das strategische Profil, können für eine Entscheidungsfindung zur Auswahl von Strategiealternativen

---

[683] Vgl. Braun/Gstach 2002, S. 19.
[684] Ähnlich: Everling/Sarcher 2003, S. 3.
[685] Abweichend von dieser Begriffsverwendung wird Scoring in der Literatur teilweise als der Prozess der Bonitätsbeurteilung von natürlichen Personen verstanden. Vgl. Füser 2001, S. 37.
[686] Vgl. Burger/Buchhart 2002, S. 156.
[687] Siehe z. B. Bahsi/Ringle 1981, S. 209-213; Andritzky 1976, S. 21-29; Weber/Krahnen/Weber 1995, S. 1621.

verwendet werden.[689] Auch auf die Risikoaggregation lassen sich die Methoden des Scorings übertragen. Bei der Risikoaggregation soll keine Entscheidungsalternative selektiert werden. Hingegen soll unter Beachtung der Einzelrisiken eine Gesamtrisikoposition ermittelt werden. Trotz der unterschiedlichen Zielsetzungen ist der Grundgedanke der Prozesse der Risikoaggregation und der Alternativenauswahl unter Unsicherheit vergleichbar. Der übergreifende Nutzen (das übergreifende Risiko) wird durch die gewichtete Zusammenfassung mehrerer, nach Einzelkriterien ermittelten Bewertungen bestimmt. Beide Bewertungsprozesse weisen die Charakteristika einer Standardisierung und einer Berücksichtigung der bestehenden Unsicherheiten auf.

Der Aufbau eines Scoringmodells kann grob in die nachfolgend aufgeführten Schritte untergliedert werden. Die Reihenfolge stellt lediglich einen Vorschlag einer chronologischen Ordnung dar. In der Praxis können alternative Abläufe gewählt werden:[690]

- Selektion des Scoringmodells
- Auswahl der Kriterien
- Bestimmung der Gewichte der Kriterien
- Aufstellung von Kriterienhierarchien
- Ermittlung der Auswertungsklassen und Bestimmung des Bepunktungssystems[691]

6.1.1 Scoringmodelle - das lineare und additive Scoringmodell

Das in der Literatur am häufigsten aufgeführte Scoringmodell ist der lineare und additive Aggregationsmechanismus.[692] Der Gesamtpunktwert eines Risikos wird als eine lineare Kombination der gewichteten Einzelbewertungen bestimmt. Der eigentliche Aggregationsschritt dieses Scoringansatzes erfolgt durch eine Addition der gewichteten Beurteilungspunkte. In Abbildung 19 ist der Aggregationsmechanismus dargestellt.[693] Bei diesem Ansatz wird die Bedeutung der Risiken anhand des absoluten Punktwertes bzw. der ordinalen Reihenfolge der Gesamtscores ermittelt.

---

[688] Vgl. Eisenführ/Weber 1999, S. 271-275.

[689] Vgl. Hahn/Hungenberg 2001, S. 65-67; Müller-Stewens/Lechner 2003, S . 219; Weber 1998, S. 92.

[690] Beispielsweise können bei einem Einsatz statistischer Verfahren zur Bestimmung signifikanter Kriterien die Schritte der Auswahl und der Gewichtung der Kriterien zusammenfallen. Siehe Abschnitt 6.1.2.

[691] Vgl. von Hagen/von Stein 2000, S. 677; Weber 1998, S. 92-96; Schierenbeck 2003b, S. 338; Dresel 2000, S. 582; Urbatsch/Kunath 2000, S. 9.

[692] Im Folgenden wird das Anwendungsgebiet der Risikoaggregation betrachtet.

[693] In diesem speziellen Beispiel wird eine Bepunktung auf einer willkürlich gewählten Skala von 1-10 Punkten vorgenommen. In diesem Beispiel addieren sich die Gewichte nicht zu 1 auf. In vielen Anwendungsfällen wird eine prozentuale Gewichtung verwendet, bei der sich die Einzelgewichtungen zu 100% aufaddieren.

Einzelne Scores

	Kriterium 1	Kriterium 2	Kriterium 3
Gewichtung	1,3	1,2	0,5
Risiko A	8	6	3
Risiko B	4	3	6
Risiko C	7	5	5

Gesamtscore

Risiko A	8x1,3 + 6x1,2 + 3x0,5 =	19,1
Risiko B	4x1,3 + 3x1,2 + 6x0,5 =	11,8
Risiko C	7x1,3 + 5x1,2 + 5x0,5 =	17,6

Abbildung 19: Das lineare und additive Scoringmodell

Der lineare additive Aggregationsmechanismus wird in der Literatur aufgrund unterschiedlicher Eigenschaften kritisiert. In Frage gestellt werden unter anderem die Annahmen der Additivität/Substitutionalität und der Unabhängigkeit der einzelnen Kriterien.[694] Bei Verwendung des Verfahrens wird beispielsweise angenommen, dass eine schlechte Bewertung bezüglich eines Kriteriums durch eine gute Bewertung bezüglich eines anderen Kriteriums ausgeglichen werden kann. Eine weitere kritisierte Eigenschaft besteht in der Annahme der Linearität des Modells. Unabhängig von der Ausprägung eines Risikofaktors bleibt dessen Grenzeinfluss unverändert bestehen.

Es existieren unterschiedliche Verfahren, um die beschriebenen Nachteile des linearen Aggregationsmodells zu vermindern.[695] Eine Möglichkeit besteht beispielsweise darin, in einem Exception-Reporting-Ansatz lediglich Kriterien mit einer deutlichen negativen Beurteilung zur Aggregation zu verwenden.[696] Es können beispielweise die Punkte oder die Anzahl von Kriterien aufaddiert werden, die eine bestimmte Grenzpunktzahl unter- bzw. überschreiten. Auch Ausschlusskriterien können als ein Instrument zur Flexibilisierung eines Scoringansatzes verstanden werden.[697]

Neben dem beschriebenen linearen additiven Modell werden in Beiträgen der Literatur verschiedene nichtlineare Verfahren vorgeschlagen. Aufgrund der Komplexität und der geringen Verständlichkeit der Mechanismen konnten sich diese Modelle nicht durchsetzen.[698] Aus

[694] Vgl. Reichling 2003, S. 211/212; Weber/Krahnen/Weber 1995, S. 1623.
[695] Vgl. Grunwald/Grunwald 2001, S. 212-219.
[696] Vgl. Grunwald/Grunwald 2001, S. 142; Gleißner/Füser 2003, S. 195/196.
[697] Bei Ausschlusskriterien kann auch eine Vielzahl von positiven Beurteilungen bezüglich anderer Kriterien keinen kompensierenden Effekt ausüben. Vgl. Gleißner/Füser 2003, S. 97/98; Urbatsch/Kunath 2000, S. 10.
[698] Vgl. Hahn/Hungenberg 2001, S. 65; Andrizky 1976, S. 23. Abweichende Verfahren können beispielsweise auf einer multiplikativen Verknüpfung der einzelnen Bewertungen basieren.

diesem Grund werden alternative Modelle in dieser Arbeit nicht weiter behandelt. Der lineare und additive Ansatz kann als repräsentatives Funktionsmodell für das Risikoaggregationsverfahren des Scorings angesehen werden.[699]

6.1.2 Selektion und Gewichtung der Kriterien

Ein wichtiger Schritt bei der Konfiguration von Scoringmodellen besteht in der Selektion und Gewichtung der einzelnen Kriterien. Die Auswahl der Kriterien kann auf unterschiedliche Weise erfolgen. Einerseits können statistische Verfahren, wie Diskriminanzanalysen oder Regressionen, verwendet werden. Bei Verfügbarkeit einer ausreichenden Datengrundlage können signifikante Kriterien durch diese Methoden weitgehend automatisiert ermittelt werden. Andererseits können Kriterien auf Basis des Erfahrungswissens der Entscheidungsträger gewählt werden. Für viele Anwendungsgebiete des Scorings, wie beispielsweise Ratingansätze, existieren zudem weitgehend standardisierte und in der Praxis bewährte Kriterienkataloge.

Die Bestimmung der Gewichte der Kriterien stellt die folgende Stufe des Aufbaus eines Scoringmodells dar. Für den Prozess der Auswahl und der Festlegung von Gewichten können bei Verfügbarkeit eines ausreichenden Datenbestandes statistische Verfahren verwendet werden. Die Schritte der Auswahl und Gewichtung von Kriterien fallen in diesem Fall zumeist zusammen.[700] Stehen keine umfangreichen Daten für eine statistische Bestimmung der Gewichte zur Verfügung, muss die Festlegung der Gewichte subjektiv oder intersubjektiv auf Basis von Erfahrungswissen durchgeführt werden.[701] In der Praxis werden zudem pauschale Vereinfachungsverfahren eingesetzt. Beispielsweise können die einzelnen Kriterien jeweils gleichgewichtet verwendet werden.[702]

Ein in der Praxis wichtiges Konfigurationsmerkmal von Scoringmodellen besteht in der Eingliederung der Kriterien in eine Hierarchie. In Scoringmodellen kann theoretisch eine beliebige Anzahl von Kriterien verwendet werden. Um die Komplexität des Modells jedoch überschaubar zu halten, können verschiedene Gruppen und Hierarchieebenen von Kriterien ge-

---

[699] Ein Scoringmodell kann keine absolute Richtigkeit der Aggregationsresultate gewährleisten. Scoringmethoden stellen jeweils ein Approximationsverfahren dar. Der Aggregationsmechanismus sollte dementsprechend möglichst einfach gehalten werden. Es ist zu vermuten, dass eine zusätzliche Modellgenauigkeit die Aggregationsqualität des Verfahrens nicht signifikant erhöht.

[700] Zu statistischen Verfahren zur Kriterienauswahl und -gewichtung siehe z. B.: Schierenbeck 2003b, S. 339-343; Burger 1995, S. 311 ff.; Coenenberg 2001, S. 896-899; Gleißner/Füser 2003, S. 151-156. Bei ausreichender Datengenerierung des betrachteten Prozesses können die konfigurierten Modelle zudem einem laufenden statistischen „Backtesting“ unterzogen werden.

[701] Vgl. Burger/Buchhart 2002, S. 158; von Hagen/von Stein 2000, S. 679.

bildet werden. Eine Bewertung nach einem Kriterium setzt sich dann aus der Aggregation der Bewertungen bezüglich unterschiedlichen, in der Hierarchie tiefer liegenden Subkriterien zusammen.[703] Durch die Hierarchiebildung können die Abhängigkeiten der Kriterien berücksichtigt werden.[704] Abbildung 20 stellt eine Hierarchie von Kriterien dar. Das Kriterium, in diesem Beispiel die Qualität des Führungssystems eines betrachteten Unternehmensobjektes, wird über den Aggregationsmechanismus aus der Beurteilung bezüglich der einzelnen Subkriterien ermittelt.

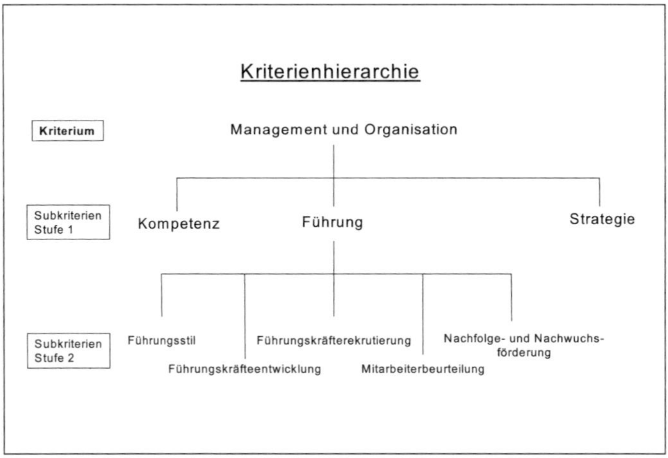

Abbildung 20: Aufbau von Kriterienhierarchien[705]

6.1.3 Bepunktungssystem und Auswertungsklassen

Unter dem Begriff Bepunktungssystem wird das System der Skalierung einer Bewertung verstanden. Das Punktesystem kann bezüglich der Anzahl der pro Kriterium zur Verfügung stehenden Beurteilungsmöglichkeiten unterschiedlich gestaltet werden. Besteht eine Vielzahl von Differenzierungsmöglichkeiten bei der Beurteilung, werden tendenziell Bepunktungssysteme mit vielen Beurteilungsstufen gewählt. Können die betrachteten Objekte hingegen

702 Vgl. Grunwald/Grunwald 2001, S. 212.
703 Siehe z. B. Braun/Gstach 2002, S. 277-292; Weber/Krahnen/Weber 1995, S. 1622.
704 Bei einer Unterordnung eines Kriteriums unter ein anderes Kriterium wird eine hundertprozentige Wirkkonformität angenommen. Stehen die Kriterien hingegen auf einer Ebene des Scoringmodells nebeneinander, wird eine vollkommene Unabhängigkeit unterstellt.
705 In Anlehnung an: Braun/Gstach 2002, S. 285/286.

lediglich ungenau eingestuft werden, wird tendenziell ein Aggregationsmechanismus mit wenigen Zwischenstufen gewählt.

Ein weiterer Schritt des Aufbaus eines Scoringmodells besteht in dem Aufstellen der Auswertungsregeln. Bei der Verwendung eines Scoringmodells als Instrument der Risikoaggregation stellt die Zuordnung des Gesamtscores eines bewerteten Objektes zu einer qualitativen Risikoklasse eine Auswertungsregel dar. Die Ausgestaltung des Auswertungssystems hängt mit dem Differenzierungsgrad des Bepunktungssystems zusammen. Bei einem pauschalen Bepunktungssystem werden tendenziell weniger Auswertungsklassen eingesetzt.[706] Die Ermittlung der Trennscores zwischen Auswertungsklassen kann auf Basis statistischer oder heuristischer Verfahren erfolgen.[707] Steht keine statistische Datengrundlage zur Verfügung, werden auf Erfahrungswissen basierende heuristische Verfahren zur Bestimmung der Grenzen der Auswertungsklassen verwendet. Aufgrund des approximativen Prozesses eines Scoringmechanismus ist eine heuristische Festlegung der Auswertungsklassengrenzen in vielen Fällen zu rechtfertigen. Das gewählte Auswertungsmodell kann anhand bestehender und im laufenden Betrieb neu generierter Daten auf seine Aussagekraft überprüft werden.

6.2 Rating

6.2.1 Hintergründe zum Rating

Rating kann als eine durch standardisierte Verfahren unterstützte Bonitätsbeurteilung[708] verstanden werden. Traditionell wird der Begriff des Ratings für einen von unternehmensexternen Agenturen durchgeführten Prozess zur Überprüfung der Bonität von Schuldnern verwendet.[709] Anhand von standardisierten, möglichst objektiven Verfahren werden Krediturteile über die Bonität von Schuldnern getroffen.[710] Eine bedeutende Veränderung gegenüber den ursprünglichen bankinternen Systemen der Kreditwürdigkeitsprüfung besteht darin, dass die traditionelle duale Skala der Bonitätsprüfung von kreditwürdig oder nicht kreditwürdig durch

---

[706] Bei einem pauschal aufgebauten Bepunktungssystem werden aufgrund der Ungenauigkeit nur wenige Auswertungsklassen bestehen. Bei einer Bewertung unter großer Unsicherheit erhöht ein detaillierteres Auswertungsschema die Anfälligkeit für eine Fehlbewertung. Vgl. Weber/Krahnen/Weber 1995, S. 1624/1625.

[707] Vgl. Schierenbeck 2003a, S. 338.

[708] Unter dem für den Gläubiger bestehenden Bonitätsrisiko wird sowohl das Risiko eines Kreditausfalls als auch das mit Marktwertschwankungen eines Kredits verbundene Risiko verstanden.

[709] In den Wirtschaftswissenschaften wird der Ratingbegriff zunehmend auch für andere Betrachtungsobjekte, wie beispielsweise für das Öko- oder Ethikrating, eingesetzt. Vgl. Homolka/Ngyuyen-Khak 1996, S. 677.

[710] Vgl. Füser 2001, S. 37.

ein ordinales, mehrwertiges Skalensystem ersetzt wird.[711] Eine weitere Neuerung des Verfahrens ist dadurch gegeben, dass qualitative wie quantitative Kriterien verwendet werden. Nach Schätzungen der Literatur sind lediglich 20% der Gesamtbewertung auf die finanziellen, vergangenheitsbezogenen Daten zurückzuführen, während 80% auf zukunftsbezogene betriebswirtschaftliche Faktoren ausgerichtet sind.[712] Der Vorzug des Ratings als methodischer Ansatzpunkt der Risikobeurteilung ist unter anderem auf dessen hohe Prognosefähigkeit zurückzuführen. Unterschiedlichste Untersuchungen haben einen signifikanten Prognosegehalt der Ratingurteile bei der Vorhersage von Insolvenzen aufgezeigt.[713]

Kurzer historischer Hintergrund des Ratings in Deutschland

In den USA gilt das Rating bereits seit Jahrzehnten als ein wichtiges Element der Finanzwirtschaft. In Deutschland verbreitete sich das Rating hingegen vergleichsweise spät. Noch in den 80er Jahren waren in Deutschland nur wenig mehr als 20 Großkonzerne geratet.[714] Unter anderem aufgrund des Hausbankensystems und der hiermit verbundenen geringeren Entwicklung des börsengestützten Fremdkapitalmarktes verbreitete sich das Rating im deutschen Industriesektor in geringerem Maße als im vergleichbaren Sektor des angloamerikanischen Raumes.[715] Mit dem Aufkommen der Diskussion um Basel II Ende der 90er Jahre ist auch im deutschen Industriesektor die Bedeutung des Ratings gestiegen. Mittlerweile sind neben den etablierten großen Ratingfirmen unterschiedliche kleinere Ratingagenturen entstanden, die sich auf die Ratinganforderungen des deutschen Finanzplatzes spezialisieren.[716]

Vergleich zum Risikocontrolling

Die Ansatzpunkte des Ratings und des internen Risikocontrollings sind trotz unterschiedlicher übergeordneter Zielsetzungen vergleichbar. Das klassische Bonitätsrating soll es potentiellen Fremdkapitalgebern ermöglichen, die Wahrscheinlichkeit für eine Rückzahlung von Krediten zu bestimmen. Das Problem bei der Ermittlung der Bonität durch einzelne Investoren besteht vor allem in der mangelnden Informationsverfügbarkeit sowie der Schwierigkeit der Abschätzung der realen wirtschaftlichen Risiken eines Unternehmens. Diese Defi-

---

[711] Vgl. Everling/Sarcher 2003, S. 7.

[712] Vgl. Gleißner/Füser 2003, S. 11 mit Verweis auf: del Mestre 2001, S. 7.

[713] Untersuchungen zu den Prognosefähigkeiten der Ratingurteile sind beispielsweise auf den Homepages der großen Ratingagenturen abrufbar. Siehe: Moodys.com; Standardandpoors.com; FitchRatings.com. Ratingagenturen sind einem erheblichen Reputationsrisiko ausgesetzt. Nur durch eine hohe Qualität der Urteile kann eine dauerhafte Marktakzeptanz geschaffen werden. Vgl. Berblinger 1996, S. 25; von Randow 1996, S. 554-556.

[714] Vgl. Everling/Sarcher 2003, S. 61.

[715] Vgl. Reichling 2003, S. 75/76.

[716] Vgl. Gleißner/Füser 2003, S. 46-56.

zite sollen durch das Rating durch spezialisierte Experten gemindert werden.[717] Die Kernpunkte des Ratings können demzufolge mit den Begriffen des Verhaltensrisikos und des leistungswirtschaftlichen Risikos zusammengefasst werden.[718] Mit dem Verhaltensrisiko wird das mit dem Informationsdefizit von Unternehmensexternen zusammenhängende Risiko eines „Moral Hazards"[719] beschrieben. Das leistungswirtschaftliche Risiko besteht darin, dass aufgrund der Komplexität betriebswirtschaftlicher Strukturen auch bei voller Informationsverfügbarkeit vielfach keine sicheren Aussagen zu den Erfolgschancen eines bestimmten Projektes oder Unternehmens getroffen werden können. Durch die beiden Kernpunkte des Verhaltensrisikos und des leistungswirtschaftlichen Risikos bestehen Ähnlichkeiten zwischen den Ansätzen des Ratings und des unternehmensinternen Risikocontrollings. Im Risikomanagement sind die gleichen Grundproblematiken des Verhaltensrisikos sowie des leistungswirtschaftlichen Risikos gegeben. Es soll die Leistungsfähigkeit der Organisation beurteilt und gesteuert werden. Das Leistungsrisiko muss somit richtig erfasst werden. Auch das Verhaltensrisiko spielt im Controlling eine wichtige Rolle. Es müssen spezialisierte Prozesse eingesetzt werden, um das wirtschaftliche Geschehen trotz des Bestehens von Informationsasymmetrie optimal zu erfassen und zu steuern. Prozesse des Ratings können eingesetzt werden, um die Informationsasymmetrie und somit das Verhaltensrisiko zu reduzieren. Es ist zu hinterfragen, ob bestimmte Ansätze des Ratings eine sinnvolle Ergänzung der Risikoanalysefunktion des Controllings darstellen können.[720] In der Praxis ist eine zunehmende Beachtung von Ratingansätzen im Controlling zu beobachten. Entsprechend unterschiedlichen Literaturbeiträgen von Praktikern wird die Bedeutung von Ansätzen des Ratings in Konzerncontrollingabteilungen in Zukunft voraussichtlich zunehmen.[721]

Langfristiger Ansatz des Ratings

Der Ratingansatz zur Analyse von leistungswirtschaftlichen Risiken basiert auf der Annahme, dass sich Unternehmenskrisen bereits frühzeitig durch unterschiedliche Indikatoren abzeichnen. Abgesehen von Ereignisrisiken zuzurechnenden Krisen aufgrund von außerordentlichen Schäden sind Unternehmenskrisen vielfach auf sich länger anbahnende Ursachen zurückzuführen. Über Ratingansätze wird versucht, die Ursachen für zukünftige Unternehmenskrisen frühzeitig zu erkennen.[722] Nach einem in der Ratingliteratur vielfach dargestellten Modell der Insolvenzforschung zum zeitlichen Krisenverlauf kann eine erfolgs-

[717] Vgl. von Randow 1996, S. 546-548; Gleißner/Füser 2003, S. 26; Steiner/Heinke 1996, S. 611/612.

[718] Vgl. von Hagen/von Stein 2000, S. 674/675.

[719] Unter dem Begriff „Moral Hazard" wird in diesem Zusammenhang ein opportunistisches Entscheidungsverhalten des Managements verstanden. Vgl. Gerke/Pellens 2003, S. 14.

[720] In der regulatorischen Versicherungsaufsicht wird beispielsweise erwogen, Ansätze der Ratingagenturen für Aufsichtsaktivitäten zu verwenden. Vgl. Romeike 2003c, S. 17.

[721] Vgl. u. a. Hirsch/Kunz 2003, S. 10; Wagner 2003, S. 347; Schomaker 2003, S. 395/396; Möller/Stoi 2002, S. 567.

[722] Vgl. Füser 2001, S. 196.

wirtschaftliche Krise in die folgenden Schritte unterteilt werden: Zunächst zeichnet sich eine strategische Krise ab, in der die strategische Führung eines Unternehmens keine ausreichenden Impulse für zukünftige Markterfolge erzeugt und somit eine Verschlechterung der Erfolgspotentiale zu beobachten ist.[723] Dies kann auf verschiedene Ursachen, wie fehlerhafte Produktpolitik oder technologischen Wandel, zurückzuführen sein. Die strategische Krise kann im weiteren zeitlichen Verlauf zu Problemen am Absatzmarkt führen. Der Erfolg der Hauptumsatzträger weist einen rückläufigen Trend auf.[724] Zu einer Erfolgs- und weitergehend einer Liquiditätskrise kann es kommen, wenn keine ausreichenden operativen und strategischen Anpassungsmaßnahmen getroffen werden. Als weitere Schritte einer Krise treten Unregelmäßigkeiten bei der Finanzierung und der Bilanzgestaltung auf.[725]

In den folgenden Abschnitten werden zwei unterschiedliche Ansätze des Ratings dargestellt. Zum einen wird der von den Ratingagenturen verfolgte Ratingansatz beschrieben. Anschließend wird die von Banken im Rahmen des Kreditvergabeprozesses eingesetzte Ratingmethode dargestellt. Diese beiden Gruppen von Ansätzen unterscheiden sich vor allem bezüglich der Standardisierung des Mechanismus der Risikoaggregation.

6.2.2 Ratingansatz der Ratingagenturen

Bevor auch Banken eigenständige Ratingansätze zur Überprüfung der Kreditwürdigkeit ihrer Gläubiger einführten, wurden Ratingprozesse lediglich von spezialisierten externen Agenturen durchgeführt. Bei den Agenturen kann zwischen den weltweit operierenden und marktbeherrschenden Ratingagenturen und den kleineren Agenturen unterschieden werden.[726] Die Verfahren der kleineren Ratingagenturen sind zumeist ähnlich wie die der international agierenden Ratingagenturen aufgebaut.[727]

Die Ratingprozesse der Agenturen unterscheiden sich teilweise.[728] Das im Folgenden dargestellte Grundmuster findet sich jedoch bei den Ratingprozessen der meisten Agenturen.[729]

---

[723] Vgl. Gleißner/Füser 2003, S. 78.
[724] Vgl. Grunwald/Grunwald 2001, S. 66-68; Voigt/Andersch 2003, S. 193.
[725] Vgl. Füser 2001, S. 197.
[726] Die großen Agenturen sind weitgehend auf das Rating von international agierenden Großunternehmen spezialisiert, während sich mittelständische Unternehmen zumeist über spezialisierte kleinere Agenturen beurteilen lassen. Vgl. Everling/Sarcher 2003, S. 8/9; Schneck/Morgenthaler/Yesilhark 2003, S. 177-181.
[727] Vgl. Paul/Stein 2002, S. 93.
[728] Beschreibungen der verschiedenen, sich leicht differenzierenden Vorgehensweisen können beispielsweise auf den Internetseiten der Ratingagenturen abgerufen werden. Eine detaillierte Beschreibung der internen Entscheidungsfindungsmechanismen ist jedoch auch hier nicht zu finden. Diese Prozesse stellen das Geschäftsgeheimnis der Ratingagenturen dar.
[729] Vgl. Gleißner/Füser 2003, S. 55; Schneck/Morgenthaler/Yesilhark 2003, S. 84-88.

Der erste Schritt besteht in der Auftragsvergabe für ein Rating. Der Auftrag wird zumeist von dem zu ratenden Unternehmen vergeben.[730] Anschließend wird von der Agentur ein Projektteam mit zumindest einem Experten zum Land bzw. zur Branche des zu ratenden Unternehmens gebildet. Dieses analysiert öffentlich zugängliche sowie von dem gerateten Unternehmen bereitgestellte interne Informationen. Im weiteren Verlauf des Ratingprozesses findet ein Analysegespräch zwischen dem Unternehmen und den Analysten statt. Bei dieser Besprechung sollten in Form einer Präsentation oder eines Gesprächs Fragen zu Finanzplänen, der Geschäftspolitik und sonstigen Problemfeldern des Unternehmens geklärt werden. Anschließend werden alle Information bei der Ratingagentur aufbereitet und analysiert. Der Ratingentscheid wird im Ratingkomitee unter der Mitwirkung unterschiedlicher Experten der Ratingagentur getroffen. Zumeist kann das Unternehmen bei Nachlieferung weiterer Informationen Einspruch gegen das erste, noch nicht veröffentlichte Urteil erheben. Das letztendlich ermittelte Rating wird nach Einwilligung des Unternehmens zumeist extern kommuniziert.[731] Nach dem Erstrating wird das Rating periodisch aktualisiert. Auch für den Aktualisierungsprozess muss das Unternehmen periodisch neue interne Informationen bereitstellen.

Das Ratingnotensystem der Ratingagentur Standard & Poor's hat sich weitgehend als Standard durchgesetzt. Für das langfristige Rating werden acht ordinal skalierte Noten von der besten Note AAA (höchste Bonität) bis zur schlechtesten Note D (Zahlungsverzug/ Konkurs) vergeben. Mit Ausnahme der Noten AAA und D kann durch ein Plus oder ein Minus als Vorzeichen zudem die Tendenz der Note dargestellt werden.[732] Für das kurzfristige Rating ist die Skala auf vier Noten beschränkt. Die kurzfristigen Ratings sind mit gewissen Spielräumen eindeutig an die längerfristigen Beurteilungen gebunden.[733]

6.2.2.1 Inhaltliche Fokussierungspunkte

Beim Rating durch Agenturen werden explizit keine mathematischen Formeln für eine standardisierte Errechnung der Ratingnote aus den Scores bezüglich der einzelnen Kriterien verwendet.[734] Die Gesamtnote wird in einem teils systematischen, teils intuitiven oder subjektiven Prozess ermittelt. Schwerpunktmäßig basiert das Rating auf der Urteilskraft der

[730] Für Ratings auf Basis von frei verfügbaren Informationen über ein Unternehmen kann der Auftrag auch von Unternehmensfremden erteilt werden. In der Vergangenheit wurde teilweise ein unbeauftragtes Rating durchgeführt, bei dem die Ratingagentur auch Einsicht in interne Unternehmensinformationen verlangte. Vgl. Everling/Sarcher 2003, S. 152.
[731] Vgl. Everling/Sarcher 2003, S. 145-154; Serfling/Badack/Jeiter 1996, S. 636/637.
[732] Vgl. Reichling 2003, S. 70; Schierenbeck 2003a, S. 333.
[733] Vgl. Standard & Poor's 2001, S. 82.
[734] Vgl. Standard & Poor's 2001, S. 17; Hirsch 1996, S. 659/660.

Analysten. In ihrem Analyseprozess werden verschiedene plausible Szenarien für die geschäftliche Entwicklung des betrachteten Unternehmens entworfen.[735]

Das Rating definiert sich als eine systematische Messung der Insolvenzwahrscheinlichkeit eines Unternehmens. Die grundlegenden Faktoren für ein Rating können theoretisch wie in Abbildung 21 dargestellt unterteilt werden.

Grundkriterien des Ratingansatzes

Das erwartete Ertragsniveau

- Das erwartete Ertragsniveau beschreibt die über den Betrachtungszeitraum zu erwartenden Zahlungsüberschüsse eines Unternehmens.

Risiko des erwarteten Ertragsniveaus

- Das Risiko des erwarteten Ertragsniveaus definiert sich über die Prognosesicherheit der erzielten Erträge.

Risikodeckungspotential

- Durch das Risikodeckungspotential als finanziellen „Puffer“ können negative Geschäftstendenzen abgefedert werden.

Abbildung 21: Grundkriterien des Ratings[736]

Beurteilungen zu den dargestellten abstrakten Kriterien lassen sich in der Praxis nur schwer auf direktem Wege ermitteln. Für den praktischen Gebrauch müssen die drei dargestellten Grundkriterien operationalisiert werden. Es werden die in den nächsten Abschnitten dargestellten Kriterienklassen abgeleitet. Beim praktischen Ratingansatz wird zwischen den Ebenen des Länderrisikos, des Branchenrisikos und des Unternehmensrisikos unterschieden.[737] Beim Unternehmensrisiko wird grob zwischen dem Risiko der Wettbewerbsfähigkeit und dem der finanziellen Struktur eines Unternehmens differenziert. Abbildung 22 stellt eine vereinfachte Form der Kriterienklassenhierarchie der Ratingagentur Moody's Investor Service dar.

Die tiefer liegende Hierarchieebene gibt weitgehend den Spielraum für das Rating vor. Weisen die Unternehmen der höchsten Bonität einer Branche beispielsweise ein Höchstrating von BBB auf, ist es für ein Unternehmen dieser Branche auch bei sehr guter Wettbewerbsfähigkeit und finanzieller Struktur sehr schwierig, ein Rating von A zu erhalten.

---

[735] Vgl. Berblinger 1996, S. 57; Murtfeld 2003, S. 19.
[736] Vgl. Gleißner/Füser 2003, S. 36-39.
[737] Vgl. Serfling/Badack/Jeiter 1996, S. 635.

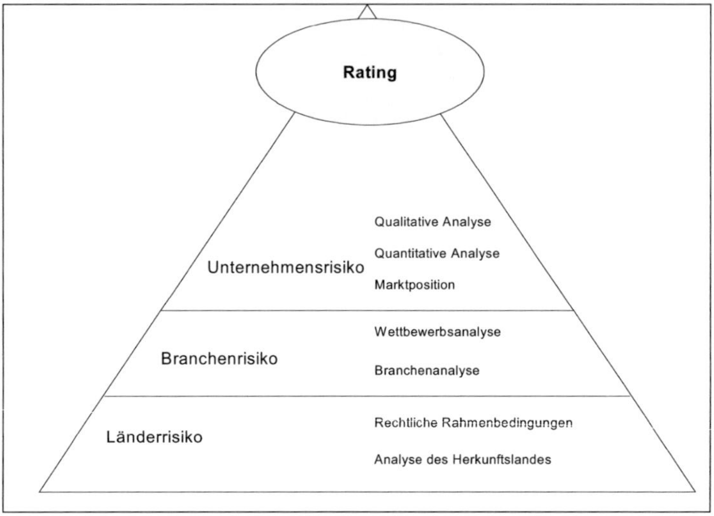

Abbildung 22: Hierarchie der Kriterienklassen des Ratings[738]

6.2.2.2 Länder- und Branchenrisiko

Das Länderrisiko eines individuellen Unternehmens wird von den Ratingagenturen weitgehend mit dem Risiko der Devisenbeschaffung gleichgesetzt. Politische und volkswirtschaftliche Veränderungen können dazu führen, dass ein Staat den freien Devisenhandel einschränkt oder zahlungsunfähig wird.[739] Ein negativer Einfluss des Landesrisikos tritt demzufolge vor allem bei Unternehmen in Ländern mit „weicher" Währung auf.[740] Zudem können Rechtsrisiken, wie potentielle Enteignungsrisiken, oder die Gefahr sonstiger staatlicher Eingriffe unter den Begriff des Länderrisikos subsumiert werden.[741]

Die zweite Stufe der Kriterienhierarchie von Ratingagenturen ist das Branchenrisiko. Dem Branchenrisiko wird bei der Urteilsvergabe des Ratings eine hohe Bedeutung beigemessen.[742] Für die Beurteilung der Risikostruktur einer Branche werden unter anderem die Stabilität, der Einfluss konjunktureller Zyklen sowie die Anfälligkeit gegenüber technischem Wandel, Arbeitsunruhen oder staatlicher Regulierung untersucht. Positive Eigenschaften von Branchen stellen beispielsweise beständiges Nachfragewachstum, stabile und hohe Gewinn-

[738] Vgl. Berblinger 1996, S. 64.
[739] Vgl. Everling/Sarcher 2003, S. 77; Standard & Poor's 2001, S. 37.
[740] Die Begrenzung des Ratings durch das Landesrisiko wird auch als „sovereign ceiling" bezeichnet.
[741] Vgl. Serfling/Badack/Jeiter 1996, S. 635; Dresel 2000, S. 581/582.

margen und moderate oder flexibel gestaltbare Investitionsausgaben dar.[743]

Die Branche gibt durch spezifische Wettbewerbsfaktoren den Rahmen für die Risikostruktur eines Unternehmens vor. Unternehmensfaktoren werden im Vergleich zur Branche und somit zu den direkten Wettbewerbern beurteilt.[744] Die bezüglich des Unternehmensrisikos verwendeten Kriterien variieren zwischen den einzelnen Branchen. Aufgrund der spezifischen Eigenheiten des Wettbewerbs kennzeichnen sich Kriterien des Unternehmensrisikos in verschiedenen Branchen durch unterschiedliche Gewichtungen und Interpretationsmöglichkeiten. In Tabelle 4 sind für einige Branchen bestehende spezifische Kriterien des Ratings zusammenfassend dargestellt.

Branche	Eigenschaften der Branche und wichtige Ratingfaktoren
Konsumgüter	Sehr heterogene Gruppe von Produkten. **Wichtige qualitative Ratingfaktoren:** Stärke der Marken (durch Produktinnovation, Servicegrad und Marketing)[745] Vertriebsstruktur, Distribution **Wichtige quantitative Ratingfaktoren:** Umsatz und Absatzmengen Operative Marge Marketing-/Vertriebskostenanteil an Umsätzen Investitionen, Schuldendeckungsquoten, Cash Flow etc.[746]
Pharmazie	Branche mit überdurchschnittlich hohem Rating. Rating nicht nach oben begrenzt. **Wichtige Ratingfaktoren:** Forschungs- und Entwicklungserfolg Effektive Produktvermarktung Patentschutz Umsatzmarge [747]
Ziviler Flugzeugbau	Starke zyklische Einflüsse. Rating eines Unternehmens ist durch die Branche begrenzt. **Wichtige Ratingfaktoren:** Marktposition Breite des Produktprogramms Umsatzrentabilität und Kostenstrukturen Produktinnovation und Kundenfinanzierungshilfen[748]
Chemie	Zunehmender Wettbewerb mit sinkenden Margen. Rating durch Branche begrenzt **Wichtige Ratingfaktoren:** Größe und Diversifikation Commodity- oder Spezialitätenprodukte Commodity: Geringe Kosten durch Größenvorteile, Materialkostenvorteile Spezialitäten: Technologievorteile, Kommerzialisierungsvorteile, Diversifikation[749]

Tabelle 4: Branchenspezifische Ratingfaktoren

[742] U. a. wird die Bedeutung der Branche daraus ersichtlich, dass die Analysten der großen Ratingagenturen stark branchenspezifisch spezialisiert sind. Vgl. Berblinger 1996, S. 57.
[743] Vgl. u. a. Meyer-Parpart 1996, S. 122; del Mestre 2001, S. 19; Berblinger 1996, S. 65/66.
[744] Siehe z. B. Gleißner/Füser 2003, S. 133.
[745] Vgl. Fitch Ratings 2001a, S. 2.
[746] Vgl. Moody's Investor Service 2001, S. 3-11.
[747] Vgl. Fitch Ratings 2000, S. 3-6.
[748] Vgl. Moody's Investor Service 1999a, S. 9-15; Hirschmann 2003, S. 40.
[749] Vgl. Moody's Investor Service 2002, S. 5-11.

6.2.2.3 Unternehmensrisiko - Qualitative Faktoren

Unternehmensrisiken können nach unterschiedlichen Kriterien beurteilt werden. Entsprechend einer häufig verwendeten Klassifikation können qualitative und quantitative Kriterien unterschieden werden.[750] In diesem Abschnitt werden qualitative Kriterien beschrieben. In Abschnitt 6.2.2.4 erfolgt eine Darstellung von quantitativen Kriterien. In der Praxis werden qualitative und quantitative Merkmale beim Rating integriert betrachtet.[751]

Wettbewerbsrisiko

In Tabelle 4 wurde dargestellt, dass das Wettbewerbsrisiko eines Unternehmens weitgehend im Kontext der speziellen Wettbewerbsstruktur der Branchen der Geschäftsfelder zu beurteilen ist. Bei der Wettbewerbsrisikoanalyse wird die Frage untersucht, ob die bestehenden Geschäftsfelder eine stabile Zahlungsmittelgenerierung für das Unternehmen sichern können. Bei der Beurteilung des Wettbewerbsrisikos wird die Stellung des Unternehmens im Vergleich zu seinen Konkurrenten untersucht. Es wird beurteilt, inwiefern das Unternehmen über Möglichkeiten verfügt, angestrebte Umsatzziele zu erreichen und dabei die Kosten zu kontrollieren.[752] Die Beurteilung des Wettbewerbsrisikos wird zumeist anhand von Methoden und Denkansätzen des strategischen Managements und der strategischen Analyse vorgenommen. Aufgrund der Branchenabhängigkeit, der Heterogenität sowie des Umfangs der in Literatur und Praxis verwendeten Analysemethoden können die Ansatzpunkte der Analyse des Wettbewerbsrisikos in dieser Arbeit lediglich sehr verkürzt dargestellt werden.[753] In der Literatur zum Rating wird vielfach das Wettbewerbs- und Strategiemodell von Porter als Ausgangspunkt für eine Wettbewerbsanalyse vorgeschlagen.[754] Das Risiko wird von einer Vielzahl von Einzelfaktoren bestimmt, die, wie in Tabelle 4 ersichtlich, in verschiedenen Branchen unterschiedlich gewichtet sind. Beispiele für risikomindernde Faktoren stellen hohe Marktanteile, Innovationskraft, Vertriebs-, Marketing- und Distributionsstärken oder Stärken in der Produktion dar. Eigenschaften, denen weiterhin eine hohe Bedeutung beigemessen wird, sind beispielsweise Wachstumstrends durch die Stellung der Produkte oder Märkte im Lebenszyklus, langfristiges Unternehmenswachstum oder staatliche Unterstützung.[755]

---

[750] Diese logische Strukturierung der Kriterien eines Ratingprozesses wird vielfach auch von Ratingagenturen oder Banken verwendet. Vgl. z. B. Paul/Stein 2002, S. 74.

[751] Das quantitative Kriterium der Rentabilität kann beispielsweise einen Indikator bei der qualitativen Beurteilung der Geschäftspolitik darstellen.

[752] Vgl. Moody's Investor Service 1998, S. 3.

[753] Zur Analyse der Wettbewerbsposition existiert eine unüberschaubare Vielfalt von Literaturbeiträgen. Insbesondere in den Untersuchungsfeldern der strategischen Unternehmensführung, der allgemeinen Unternehmensführung sowie teilweise der Industrieökonomik finden sich Ansätze der Wettbewerbsanalyse.

[754] Vgl. Gleißner/Füser 2003, S. 133-136; Zdrowomyslaw/Kasch 2002, S. 143; Porter 1999, S. 28-96.

[755] Vgl. u. a. Everling/Sarcher 2003, S. 115; Standard & Poor's 2001, S. 18; del Mestre 2001, S. 97-102.

Diversifikation

Die Diversifikation nimmt aufgrund ihrer risikoausgleichenden Wirkung eine bedeutende Rolle bei der Ratinganalyse von Unternehmen ein. Es können unterschiedliche Klassen von Diversifikationswirkungen in einem Unternehmen auftreten. Beispielsweise kann neben der Diversifikation aufgrund von unterschiedlichen Geschäftsbereichen eine weitere Risikominderung durch Faktoren wie unterschiedliche Kundengruppen, Zulieferer oder geografische Standorte erreicht werden. Bei dem Ratingurteil lässt sich der Vorteil von größeren Unternehmen in vielen Fällen auf Diversifikationseffekte zurückführen.[756] Diese verfügen zumeist über mehrere der aufgeführten Diversifikationsvorteile. Korrelationen spielen eine wichtige Rolle bei der Analyse der Diversifikation.[757] Diese werden beim Ratingprozess approximativ berücksichtigt.

Management und Organisation

Der Einstellung und der Fähigkeit des Managements wird beim Ratingprozess eine hohe Bedeutung beigemessen. Bei der Beurteilung der Managementeigenschaften wird zwischen der Fähigkeit, das Unternehmen erfolgreich zu führen, und der Risikoneigung differenziert.[758] Auch die Funktionalität der im Unternehmen bestehenden Organisations- und Kontrollsysteme wird von Ratingagenturen vielfach unter dem Kriterium der Managementqualität subsumiert. Die Beurteilung des Managements basiert auf Analysen der vergangenen Leistungen der Managementmitglieder sowie der im Unternehmen installierten Geschäftsprozesse, Kontrollprozesse und Organisationsformen.[759] Weiterhin werden Faktoren wie die Strategiebildung und -umsetzung sowie die persönlichen Eindrücke der Analysten bei Managementgesprächen berücksichtigt.[760]

Ereignisrisiken

Durch einen Ereignisschaden[761] kann sich die Bonität eines Unternehmens innerhalb kurzer Zeit verschlechtern. Ereignisschäden sind als relevant für einen Ratingprozess zu bezeichnen, wenn der zukünftig zu erwartende Cash Flow als Folge deutlich nach unten korrigiert werden muss. Ereignisse, die unter diesem Punkt erfasst werden, können beispielsweise mit Betriebsunfällen, überbetrieblichen Katastrophen oder rechtlichen Auseinandersetzungen

---

756 Vgl. Meyer-Parpart 1996, S. 126.

757 Siehe Abschnitt 4.2.2.

758 Die Risikoneigung spiegelt sich teilweise in der Finanzpolitik sowie in den Verhaltensweisen des Managements wider. Vgl. Meyer-Parpart 1996, S. 127/128; ten Brink 1996, S. 284/285.

759 Vgl. Moody's Investor Service 1998, S. 7/8; Gleißner/Füser 2003, S. 165.

760 Vgl. Standard & Poor's 2001, S. 19-22; Hirsch 1996, S. 667.

761 Der von den Ratingagenturen verwendete Begriff des Ereignisrisikos stimmt inhaltlich weitgehend mit dem in Abschnitt 3.3.2.1 eingeführten Begriff des operationellen Risikos überein.

verbunden sein.[762] Die Beurteilung der Risikoklasse der Ereignisrisiken beruht beim Rating vielfach auf Branchenspezifika.[763] Zudem werden unternehmensindividuelle Faktoren, wie Risikomanagementsysteme oder Überbelastungen der Infrastruktur bzw. eine Konzentration bei der Infrastruktur, berücksichtigt.[764]

Gruppen- und Konzernbindungen

Neben den in den vorherigen Abschnitten betrachteten Kriterien werden bei einem Rating strukturelle Gegebenheiten des gerateten Unternehmens aufgrund von Konzernverbindungen untersucht. Durch rechtliche und ökonomische Verbindungen innerhalb einer Konzernverbindung ergeben sich Ansprüche und Forderungen, die für das Rating von hoher Bedeutung sind.[765] Aufgrund der nicht unmittelbar für die Themenstellung dieser Arbeit gegebenen Bedeutung werden diese Punkte jedoch im Folgenden nicht weiter betrachtet.

6.2.2.4 Unternehmensrisiko - Quantitative Größen

Als quantitative Größen werden beim Rating zumeist finanzielle Kennzahlen verwendet. Es werden sowohl Indikatoren der Finanzkraft wie der Ertragskraft betrachtet.[766] Die Indikatoren sollten sowohl zur Analyse auf Geschäftsbereichsebene wie auf Gesamtunternehmensebene verwendet werden können. Bezüglich der Vergleichsobjekte können Zeit-, Norm-, und Betriebsvergleiche unterschieden werden. Der Fokus liegt nicht auf der Analyse der Vergangenheit, sondern auf Trends und zukünftigen Entwicklungen der Kennzahlen.[767]

Im Folgenden sind einige wichtige Ertrags- und Finanzkennzahlen dargestellt. Während Ertragskennzahlen vor allem die Höhe und die Prognosesicherheit des operativen Zahlungsmittelzuflusses ermitteln sollen, erfassen Finanzkennzahlen das Risikodeckungspotential. Die Kennzahlengruppen sind nicht eindeutig separierbar und es bestehen Interdependenzen zwischen Ertrags- und Finanzkennzahlen. Ein in Zukunft weitgehend gesicherter hoher positiver Cash Flow ist beispielsweise ein positiver Indikator für die Ertrags- wie auch die Finanzkraft eines Unternehmens.[768]

---

[762] Aus der Sicht der Ratingagentur stellt auch eine fremdkapitalfinanzierte Übernahme anderer Unternehmen ein Ereignisrisiko dar. Im Rahmen dieser Arbeit wird dieses Risiko jedoch nicht betrachtet.

[763] Vgl. Moody's Investor Service 1998, S. 17.

[764] Betreibt ein Unternehmen beispielsweise nur einen Produktionsstandort, wirkt sich dies negativ auf ein Rating aus. Vgl. Standard & Poor's 2001, S. 18.

[765] Vgl. Moody's Investor Service 1998, S. 12-17; Keiner 2003, S. 35-38.

[766] Längerfristig sind die Ertragskraft und die Finanzkraft als komplementär zu bezeichnen. Ohne ausreichende Ertragskraft kann längerfristig keine ausreichende Finanzkraft sichergestellt werden.

[767] Vgl. Standard & Poor's 2001, S. 23.

[768] Vgl. Baetge/Sieringhaus 1996, S. 225.

6.2.2.4.1 Ertragsrisikokennzahlen

Umsatz-, Kosten- und Ergebnisentwicklung

Die Umsatz- und Kostenentwicklung stellt einen wichtigen Indikator für das operative Leistungsrisiko eines Unternehmens dar. Analysiert wird u. a. die zeitliche Entwicklung der GuV-Positionen sowie die Prognosesicherheit.[769] Analysen von Kostenarten oder Umsätzen werden jeweils vor dem Hintergrund branchen- oder unternehmensspezifischer Einflussfaktoren durchgeführt.[770] Umsätze, Gewinnmargen und einzelne Kostenpositionen werden, soweit verfügbar, auf Geschäftsbereichs-, Produktgruppen- und Einzelproduktebene prognostiziert und analysiert. Über Benchmarkinganalysen sowie über Zeitvergleiche wird eine Abschätzung der Risikosituation des betrachteten Unternehmensbereichs getroffen.[771]

Cash Flow

Entsprechend unterschiedlichen Literaturbeiträgen stellt der Cash Flow den wichtigsten Indikator des Ratingansatzes für das Ertrags- wie auch das finanzielle Risiko dar.[772] Zum einen sind Cash-Flow-Größen im Vergleich zu Gewinngrößen weniger anfällig gegenüber Bewertungsmanipulationen.[773] Zudem stellen Cash-Flow-Werte bei der Analyse von Kapitalflussrechnungen eine Verbindung zwischen den ertragwirtschaftlichen und den finanzwirtschaftlichen Risiken her.[774] Je höher die prognostizierte Sicherheitsmarge zwischen dem betrieblichen Cash Flow und den finanziellen Zahlungsverpflichtungen ist, und je besser der Cash Flow vorhergesagt werden kann, desto positiver wirkt sich die Cash-Flow-Analyse auf das Gesamtrating aus.[775]

Rentabilität

Beim Rating werden Kriterien der Kapitalrentabilität, der Umsatzrentabilität und der Cash-Flow-Rentabilität eingesetzt. Eine hohe Rentabilität stellt eine Art Sicherheitsmaß für die

---

[769] Vgl. Braun/Gstach 2002, S. 181-183, del Mestre 2001, S. 79-81.

[770] Beispiel: In der Stahlindustrie haben die Unternehmen geringe Möglichkeiten zur individuellen Preissetzung. Aufgrund der zyklischen Preisbewegungen auf den Märkten spielen die firmenindividuellen Möglichkeiten zur Senkung der Herstellungskosten eine wichtige Rolle bei der Vergabe der Ratings. Vgl. Moody's Investor Service 1999b, S. 6-8.

[771] Vgl. Grunwald/Grunwald 2001, S. 102-105.

[772] Siehe z. B. Fitch Ratings 2001b, S. 3/4; Amann/Bissinger/Rashid 2003, S. 10-12. In der Praxis werden unterschiedliche Ausprägungen von Cash-Flow-Größen verwendet. Für die langfristige Betrachtung sind insbesondere gewinnorientierte Brutto-Cash-Flow-Werte von Bedeutung. Der EBITDA wird als Approximation des Brutto Cash Flows beim Rating häufig eingesetzt. Aufgrund der Berücksichtigung der Finanzierungs-/Investitionstätigkeit und des Working Capitals werden von einigen Agenturen hingegen der Free Cash Flow oder andere liquiditätsnähere Cash-Flow-Größen bevorzugt.

[773] Vgl. Meyer-Parpart 1996, S. 132; Gleißner/Füser 2003, S. 101; Krause/Schmidbauer 2003, S. 443.

[774] Vgl. Grunwald/Grunwald 2001, S. 98.

[775] Vgl. Berblinger 1996, S. 59.

zukünftigen operativen Gewinne eines Unternehmens dar.[776] Eine hohe Rentabilität ist ein Indikator für die Innenfinanzierungskraft eines Unternehmens. Bei einer stabilen und hohen Profitabilität ist damit zu rechnen, dass ein Unternehmen die Finanzmittel für notwendige Investitionen und die Kapitalkosten der Finanzierung aus dem eigenen Geschäft erwirtschaften kann.[777]

6.2.2.4.2 Finanzrisikokennzahlen

Finanz- und Ertragskennzahlen sind inhaltlich eng verbunden.[778] Es besteht eine Vielzahl von Ansätzen zur Bestimmung der Finanzkraft und des Finanzrisikodeckungspotentials eines Unternehmens. Im Folgenden sind einige in der Ratingliteratur häufig aufgeführte Beispiele für Indikatoren der Finanzkraft dargestellt.

Kapitalstruktur, Vermögens- und Finanzierungsstruktur

Eine konservative Kapitalstruktur stellt aufgrund des geringeren Financial-Leverage-Effekts einen wichtigen Ratingfaktor dar.[779] Die Kapitalstruktur wird durch verschiedene Kennzahlen, wie dem bereinigten statischen oder dem dynamischen Verschuldungsgrad, bewertet.[780] Die Kapitalstruktur wird zumeist im Zusammenhang mit der Branche eines Unternehmens beurteilt. Verschiedene Branchen können aufgrund von Faktoren wie der Höhe und der Stabilität des Cash Flows unterschiedliche Eigenkapitalanteile erfordern.[781] Die Bewertung der Kapitalstruktur ist zudem im Zusammenhang mit der Vermögensstruktur und der Investitionstätigkeit eines Unternehmens zu sehen. Beim Rating wird neben der Investitionsintensität insbesondere die Flexibilität bezüglich der Durchführung von Investitionsvorhaben beurteilt.[782]

---

[776] Vgl. del Mestre 2001, S. 26; ten Brink 1996, S. 282/283.

[777] Vgl. Schneck/Morgenthaler/Yesilhark 2003, S. 152/153; Braun/Gstach 2002, S. 184-186; Paul/Stein 2002, S. 121-128.

[778] Auf der einen Seite wirkt sich eine hohe Ertragsfähigkeit durch die Innenfinanzierungskraft positiv auf das Finanzrisiko aus. Auf der anderen Seite gewinnt das Finanzrisikodeckungspotential bei abnehmender Ertragskraft eines Unternehmens an Bedeutung.

[779] Es muss die langfristig vom Management angestrebte Kapitalstruktur betrachtet werden. Zudem muss der Wille sowie die Fähigkeit des Managements beurteilt werden, die Zielkapitalstruktur zu erreichen.

[780] Beim Rating wird die Kapitalstruktur eines Unternehmens in unterschiedlicher Weise angepasst. Beispielsweise werden immaterielle Vermögenswerte häufig bei der Berechnung der Kapitalstruktur eliminiert. Auf der anderen Seite stellen u. a. Operating Leases, Forderungsverkäufe oder Schulden nicht konsolidierter Unternehmen bilanzunwirksame Finanzierungen dar, die vielfach bei der Ratingbeurteilung der Kapitalstruktur berücksichtigt werden. Vgl. del Mestre 2001, S. 79/80.

[781] Vgl. Fitch Ratings 2001b, S. 3.

[782] Vgl. Moody's Investor Service 1998, S. 10.

Liquiditätskennzahlen

Mit den Liquiditätskennzahlen wird die kurzfristige Zahlungsfähigkeit eines Unternehmens untersucht. Liquiditätskennzahlen sind insbesondere bei Unternehmen mit schlechteren Ratings von Bedeutung. Zur Beurteilung der Liquiditätssituation werden Kriterien, wie beispielsweise Liquiditätsgrade oder Finanzierungsregeln wie die goldene Bilanzregel, verwendet.[783] Zudem werden verfügbare Kreditlinien in die Ratingbewertung einbezogen.

6.2.2.4.3 Kombinierende Kennzahlen

Neben dem Indikator der Cash-Flow-Generierung werden beim Rating weitere Kennzahlen eingesetzt, die sowohl eine Aussagekraft bezüglich der Ertragskraft als auch der Finanzstärke eines Unternehmens aufweisen. Insbesondere die in der Ratingpraxis häufig verwendeten Kennzahlen des dynamischen Verschuldungsgrades und der Zinsdeckungsspanne vereinen die Analysegebiete der Ertrags- und Finanzanalyse und der Risikodeckungspotentiale.[784]

6.2.2.5 Aggregationstechnik der Ratingverfahren der Agenturen

Ratingagenturen verwenden zumeist keinen festen Mechanismus bei der Risikoaggregation. Die Bewertung eines Unternehmens bezüglich eines einzelnen Kriteriums, wie des Wettbewerbsrisikos, kann beim traditionellen Ratingprozess fallspezifisch systematisch oder unsystematisch erfolgen. Das übergeordnete Gesamtrisiko eines Unternehmens wird anhand einer festgelegten Skala bewertet. Bei der Bestimmung des Gesamtrisikos werden keine automatisierten Aggregationsverfahren verwendet.[785] Das Gesamturteil zur Risikosituation des Unternehmens wird nicht automatisiert auf Basis der Beurteilungen zu einzelnen Kriterien errechnet. Die Aggregation erfolgt jeweils in subjektiven oder intersubjektiven Prozessen, basierend auf dem Erfahrungs- und Vergleichswissen der am Ratingprozess beteiligten Personen.

---

[783] Vgl. Braun/Gstach 2002, S. 187; Gleißner/Füser 2003, S. 147/148; Paul/Stein 2002, S. 129/130.

[784] Vgl. Standard & Poor's 2001, S. 54-58; Schneck/Morgenthaler/Yesilhark 2003, S. 101; Gleißner/Füser 2003, S. 100-102.

[785] Vgl. Hirsch 1996, S. 660. Siehe zudem Abschnitt 6.2.2.1.

6.2.3 Bankinterne Ratingverfahren

Der Kreditvergabeprozess von Banken befindet sich in einem Wandlungsprozess. Traditionell basierte die Kreditvergabe auf Verfahren der Bilanzanalyse sowie der subjektiv-intuitiven Einschätzung des Kreditbearbeiters.[786] Heute werden zunehmend standardisierte Ratingverfahren bei der Beurteilung von Kreditanträgen eingesetzt. Unter anderem ist dieser Veränderungsprozess auf die neuen Regeln nach Basel II zurückzuführen.[787] Entsprechend den neuen Anforderungen müssen systematische Ratingmethoden in jedem Kreditvergabeprozess eingesetzt werden. Bei diesen Verfahren werden im Vergleich zur traditionellen bankinternen Bonitätsprüfung qualitative und somit zukunftsgerichtete Faktoren stärker gewichtet.[788]

Ein elementarer Unterschied zum Rating durch Ratingagenturen besteht beim internen Ratingansatz der Banken in dem größeren Automatisierungs- und Standardisierungsgrad.[789] Unter anderem ist dies auf Effizienzgesichtspunkte zurückzuführen. Ein wichtiges Kriterium bei der Kreditbeurteilung ist in dem Verhältnis zwischen Aufwand und Nutzen bei der Kreditvergabe zu sehen. Insbesondere bei Kleinkrediten wird die Bonitätsbeurteilung zunehmend automatisiert vorgenommen.[790] Es werden beispielsweise mathematisch-statistische Methoden für die Jahresabschlussanalyse oder Scoringverfahren verwendet. Zudem verbreiten sich neuere Technologien wie Expertensysteme oder auf Neuronalen Netzwerken basierende Verfahren.[791]

Der Aggregationsmechanismus der bankinternen Ratingverfahren basiert i. d. R. auf Scoringverfahren. Zumeist wird die Aggregation anhand eines einfachen linear additiven Scoringmodells durchgeführt.[792] Bei einer Bewertung der Qualität der Aggregationssysteme müssen die in Abschnitt 6.1 aufgezeigten Vor- und Nachteile des Scoringansatzes in Betracht gezogen werden. Bei den in der Praxis verwendeten scoringbasierten Ratingansätzen wird die Auswahl zumindest der qualitativen Kriterien vielfach noch subjektiv vorgenommen. Auch die Festlegung der Auswertungsklassen basiert häufig noch auf subjektiven

---

[786] Vgl. Grunwald/Grunwald 2001, S. 5.

[787] Vgl. Füser 2001, S. 20-24. Ein anderer wichtiger Grund liegt in der zunehmenden Beachtung der risikoadjustierten Profitabilität bei den Banken. Vgl. z. B. Balzi/Pauly 2003, S. 60-63.

[788] Vgl. Braun/Gstach 2002, S. 140. Siehe Abschnitt 6.2.1.

[789] Vgl. Gleißner/Füser 2003, S. 14; Hartmann 2003, S. 12.

[790] Vgl. Bergmann 2003, S. 39-41; Füser 2001, S. 64-88; Ringlstetter/Häußler/Güntzer/Jüttner 1987, S. 611-615.

[791] Vgl. von Hagen/von Stein 2000, S. 685; Füser 2001, S. 149-159, 282-286; Schierenbeck 2003a, S. 337-343. Zu Logit- und Probit-Modellen siehe u. a.: Kaiser/Szczesny 2003, S. 790-820.

[792] Vgl. u. a. Grundwald/Grundwald 2001, S. 140/141.

Prozessen.[793] Trotz dieser subjektiven Komponente wird in der Literatur ein bedeutender Vorteil des Einsatzes von Scoringmethoden im Kreditvergabeprozess in den Eigenschaften der Objektivität und Nachvollziehbarkeit gesehen.[794] Im Gegensatz zum subjektiv-intuitiven Ratingansatz der Agenturen ist der Aggregationsmechanismus weitgehend fest definiert und nachvollziehbar.[795]

Finanzielle Kriterien

Im modernen Kreditrisikomanagement von Banken werden zunehmend komplexere Modelle für die Jahresabschlussanalyse verwendet. Moderne EDV-Lösungen ermöglichen eine flexible und automatisierte Auswertung von Jahresabschlüssen über verschiedene Klassifizierungsdimensionen wie Zeit, Branchen oder Regionen.[796] Für die Integration der finanziellen Daten in den Scoringbögen zur Ermittlung des Gesamtratings werden Klassen gebildet. Die kardinal errechneten Kennzahlen werden somit für die Aggregation in ordinale Scoringurteile transformiert. Analog zu weiteren Kriterienklassen, wie Branchenattraktivität oder Wettbewerbsstellung, werden die Bewertungen der finanziellen Risiken als Teilscore in die Aggregation zur Bestimmung des Gesamtscores einbezogen.[797]

Die bei internen Ratingansätzen verwendeten Daten unterscheiden sich wenig von denen der klassischen Kreditbeurteilung und den finanziellen Kriterien der Ratingagenturen. Unter anderem werden in den Ratingsystemen die folgenden Klassen von Finanzindikatoren berücksichtigt:[798]

- Rentabilität
- Entwicklung von Umsatz, Kosten, Cash Flow
- Liquidität
- Kapitalstruktur, Vermögensstruktur
- Unternehmensgröße (nach Bilanzsumme, Umsatz, Gewinn etc.)

[793] Trotz der regulatorischen Vorschriften sind die Ratingsysteme in der Praxis vielfach sehr heterogen ausgestaltet. Bei den von deutschen Großbanken verwendeten Scoringmodellen zeigten sich in einer Untersuchung beispielsweise erhebliche Unterschiede bei den Kriterien, den Bepunktungssystemen und den Gewichtungen der Kriterien. Vgl. Paul/Stein 2002, S. 40. Die Risikotoleranz der Kreditvergabe wird in der Praxis häufig noch anhand eines subjektiv festgelegten Cut Off Scores gesteuert. Vgl. Füser 2001, S. 57; Baetge/Baetge/Kruse 2001, S. 984; Kaiser/Szczesny 2003, S. 791.

[794] Vgl. von Hagen/von Stein 2000, S. 677; Urbatsch/Kunath 2000, S. 4.

[795] Vgl. u. a. Gleißner/Füser 2003, S. 67; Urbatsch/Kunath 2000, S. 8. Wird das formale Scoringsystem als gegeben angesehen, erfolgt der Prozess der Risikoaggregation standardisiert und weitgehend nachvollziehbar.

[796] Vgl. Füser 2003, S. 259/260; Klauck/Liermann 2003, S. 40/41.

[797] Vgl. von Hagen/von Stein 2000, S. 683.

[798] Vgl. Müller/Kesting/Rau 2003, S. 34-42; Füser 2001, S. 257-260.

Diese und weitere Kriterienklassen werden jeweils nach unterschiedlichen Kriterien operationalisiert in dem quantitativen Bestandteil der Bankenratingsysteme eingesetzt.[799] Für die Auswahl der Finanzkennzahlen sowie die Bestimmung der Gewichte werden in der Praxis weitgehend automatisierte Methodiken verwendet. Das Verfahren wie auch die Parameter werden im operativen Betrieb einer regelmäßigen Überprüfungsroutine unterzogen.

Qualitative Indikatoren

Die qualitativen Indikatorensysteme des internen Ratingansatzes weisen eine vergleichbare Zusammensetzung wie die qualitativen Kriteriensysteme der Ratingagenturen auf. Da die qualitativen Kriterienkataloge teilweise neben der Aggregationsfunktion die Funktion einer Checkliste einnehmen, wird häufig eine Vielzahl von Kriterien in den Ratingprozess einbezogen.[800] Die Einzelkriterien werden zumeist in Hierarchien eingegliedert und zu übergeordneten Kriterienklassen verdichtet.[801] Nachfolgend sind die übergeordneten qualitativen Kriterienklassen eines in der Literatur aufgeführten bankinternen Ratingansatzes darstellt:[802]

- Finanzen, Rechnungswesen, Controlling
- Geschäftsmodell
- Kunden und Lieferanten
- Management und Organisation
- Personal
- Produktion und Leistungsprozesse
- Marketing und Vertrieb[803]

6.2.4 Abgrenzung des Ratings vom Risikocontrolling

In Abschnitt 6.2.1 wurde dargestellt, dass bezüglich der Kernziele des Risikomanagements und des Ratings Ähnlichkeiten bestehen. Aufgrund der unterschiedlichen Ausgangssituation existieren jedoch auch erhebliche Unterschiede zwischen den Ansätzen. Im Folgenden

[799] Differenzierte Rechnungslegungsregeln können beispielsweise durch standardisierte Anpassungen der Zahlen berücksichtigt werden. Bilanzpolitische Einflüsse können zudem teilweise durch die integrative Verwendung unterschiedlicher Kennzahlen eliminiert werden. Vgl. Baetge/Sieringhaus 1996, S. 234/235.

[800] Checklisten bewirken eine Strukturierung der Untersuchung. Es wird sichergestellt, dass alle relevanten Punkte berücksichtigt werden. Zudem erfordert das Aufstellen einer Checkliste eine inhaltliche Strukturierung des Untersuchungsgebietes. Vgl. Gleißner 2001b, S. 114-120; Wolf/ Runzheimer 2001, S. 103.

[801] Siehe Abschnitt 6.1.2.

[802] Vgl. Braun/Gstach 2002, S. 277/278; siehe auch: Gleißner/Füser 2003, S. 61/62.

[803] Weitere in der Praxis verwendete Indikatoren, wie etwa Sicherheiten, werden in diesem Abschnitt aufgrund der fehlenden Relevanz für die Fragestellung dieser Arbeit nicht dargestellt.

werden einige Unterschiede zwischen dem Rating durch unternehmensexterne Institutionen und der Risikomanagementfunktion des Controllings aufgezeigt.

Grundlage des Vergleichs

Der Einsatz von Scoring- und Ratingtechniken in Banken und Ratingagenturen basiert im Wesentlichen auf einem Vergleichsgedanken.[804] Bei Ratingansätzen der Agenturen wird sowohl die Bewertung bezüglich einzelner Kriterien als auch die Aggregation auf Basis des firmenübergreifenden Wissens der Mitarbeiter vorgenommen. Die Mitarbeiter von Ratingagenturen sind auf bestimmte Branchen spezialisiert. Die Beurteilung und die Gewichtung einzelner Faktoren wird basierend auf den überbetrieblichen Kenntnissen und Erfahrungen der Analysten vorgenommen.[805] Auch die internen Ratingansätze der Banken zur Beurteilung fremder Unternehmen basieren auf dem Vergleichsgedanken. Zur Adjustierung der Modelle werden statistische Verfahren unter Verwendung der Daten einer Vielzahl von Unternehmen verwendet. Auch bei der Beurteilung von Unternehmen bezüglich der Einzelkriterien stellt die Vergleichsmöglichkeit ein wichtiges Element dar. Grundlage der Bewertung ist zumeist eine durch einen Firmenvergleich vorgenommene ordinale Einstufung eines einzelnen Unternehmens bezüglich des betrachteten Kriteriums.[806]

Im internen Controlling bestehen Vergleichsmöglichkeiten in sehr viel eingeschränkterer Weise. Durch die Durchführung von Benchmarkingstudien oder der Beachtung von Marktforschungsstudien wird im Controlling zunehmend ein Branchen- und Wettbewerbs-Know-how aufgebaut. Die Kernkompetenz besteht jedoch nicht wie bei Banken und Ratingagenturen im überbetrieblichen Wissen.

Partialbetrachtung/Totalbetrachtung

Beim Rating wird das Risiko eines Unternehmens aus der Sichtweise des Fremdkapitalgebers beurteilt. Die Beurteilung bezieht sich jeweils auf die gesamten Unternehmensaktivitäten. Es muss somit ein Mechanismus verwendet werden, bei dem das Risiko risikoartenübergreifend ermittelt werden kann. Beim internen Risikocontrolling muss nicht zwangsläufig eine risikokategorienübergreifende Aggregation ermöglicht werden. Es kann ein Aggregationsmechanismus verwendet werden, der für eine Risikokategorie eine optimale Aggregation ermöglicht, jedoch für die Aggregation anderer Risikoarten nicht geeignet ist. Es kann somit eine Aggregation lediglich bezogen auf bestimmte Risikofelder durchgeführt werden.

---

[804] Ein Rating stellt ein ordinales Urteil dar. Vgl. Serfling/Badack/Jeiter 1996, S. 647.

[805] Bei den großen Ratingagenturen besteht zudem der Effekt, dass die Branchenexperten von konsolidierten Branchen die internen Daten der wichtigen Wettbewerber kennen.

[806] Vgl. Gleißner/Füser 2003, S. 61.

Diagnostische Funktion vs. Steuerungsfunktion
Die Zielsetzung des Ratings besteht in einer richtigen Einschätzung des Risikos. Der Prozess des Ratings von Unternehmen weist somit ausschließlich eine diagnostische Funktion auf und kann aus neutraler Perspektive vorgenommen werden. Im internen Risikocontrolling ist neben der diagnostischen Funktion zudem die Zielsetzung der Steuerung gegeben. Eine Risikoaggregation wird mit dem Ziel durchgeführt, das Risiko im Rahmen des Managementprozesses zu beeinflussen. Es muss somit ein Zielbezug zwischen dem Risiko und den Aktivitäten des Managements hergestellt werden. Diese Anforderung an einen Zielbezug besteht beim externen Rating nicht. Beim externen Rating muss die interne Managementstruktur eines Unternehmens nicht berücksichtigt werden.[807]

6.3 Einsatzmöglichkeiten und Aggregationsdimensionen

Der Einsatz von Scoring- und Ratingmethoden in einem Unternehmen ist theoretisch auf unterschiedliche Weise denkbar. Im Folgenden wird eine Differenzierung zwischen Top-Down- und Bottom-Up-Ansätzen des Scorings und des Ratings vorgenommen.

6.3.1 Ansätze von Scoring- und Ratingverfahren im Controlling

6.3.1.1 Scoringmethoden

In der Literatur werden unterschiedliche Ansätze zum Einsatz von Scoringtechniken im Rahmen der Risikoaggregation dargestellt. Die Verwendung der Scoringtechnik im Rahmen eines Ratingansatzes wurde bereits in den vorangegangenen Abschnitten beschrieben. In diesem Abschnitt werden einige weitere Einsatzmöglichkeiten dargestellt.

Scoringsysteme können im Rahmen des Risikocontrollings mit sehr unterschiedlichen Ansatzpunkten auf verschiedenen Unternehmensebenen eingesetzt werden. Im Rahmen eines Bottom-Up-Prozesses können diese beispielsweise in einem Selbstbeurteilungsverfahren verwendet werden.[808] Zudem kann die Bepunktung im Rahmen eines Bottom-Up-Prozesses von neutralen oder von mit dem betrachteten Unternehmensbereich im Leistungsaustausch

[807] Weiterhin besteht im Zusammenhang mit der Steuerungsfunktion eine Messproblematik. Beim internen Risikomanagement besteht die Zielsetzung, eine möglichst anerkannte und eindeutig nachprüfbare Aggregationsmethode zu verwenden. Insbesondere beim Ratingansatz der Agenturen werden hingegen vielfach subjektive und intuitive Aggregationsmechanismen eingesetzt.

[808] Vgl. Blunden 2003, S. 230-232. In der Literatur wird teilweise der englische Begriff des Self Assessments verwendet.

stehenden Personen durchgeführt werden.[809] Im Rahmen von Top-Down-Prozessen wird die Bepunktung bezüglich der einzelnen Kriterien von der oberen Unternehmenshierarchie oder neutralen Personen vorgenommen.

Bottom-Up-Scoringverfahren

Bei Bottom-Up-Ansätzen des Scorings ist die Möglichkeit einer Aggregation über verschiedene Hierarchiestufen lediglich in begrenztem Umfang gegeben. Eine Aggregation über Hierarchiestufen und Risikoarten hinweg ist bei Bottom-Up-Scoringansätzen häufig nur mit Verlusten bezüglich der Aussagekraft möglich.[810] Lediglich bei einer engen Fokussierung auf bestimmte Risikoarten erscheint eine hierarchieübergreifende Aggregation sinnvoll. Bei einer engen Fokussierung auf bestimmte Risikokategorien können Risikoinformationen normiert und somit aggregiert werden. In der Literatur werden unterschiedliche Möglichkeiten für den Einsatz von Bottom-Up-Scorecards im Rahmen eines Risikoaggregationsprozesses dargestellt. Scoringtechniken können unter anderem für technische, finanzielle oder organisatorische Risiken verwendet werden. In der Literatur wird beispielsweise vorgeschlagen, im Rahmen einer Integration des Risikomanagements und des Balanced-Scorecard-Ansatzes Punktbewertungen für entlang der Dimensionen der Balanced Scorecard definierte Risiken zu ermitteln. Insbesondere für die qualitativen Kriterien der Balanced-Scorecard lassen sich Scoringmethoden verwenden.[811] Die Aggregation erfolgt entsprechend dieses Ansatzes jeweils auf ein bestimmtes Einzelrisiko oder eine Risikoart bezogen. Eine Aggregation über Risikoarten wird zumeist nicht vorgenommen.

Top-Down-Scoringverfahren

Bei Top-Down-Ansätzen des Scorings können risikoartenübergreifende Analysen durchgeführt werden. Da die Aggregation nicht über mehrere Stufen erfolgt, müssen die Risikoinformationen nicht „auf einen Nenner" gebracht werden. Für risikoartenübergreifende Risikoanalysen auf hoher Hierarchieebene sind Top-Down-Analysen demzufolge tendenziell besser geeignet als Bottom-Up-Ansätze. Bei einem unternehmensinternen Einsatz von Top-Down-Scorecards wird die Wahl der Kriterien und der Gewichte zumeist approximativ und

---

[809] Als Beispiel einer Beurteilung durch unternehmensexterne Personen siehe: Kaplan/Norton 2001, S. 32.

[810] Risikoartenübergreifende Bottom-Up-Scoringurteile werden in einem mehrstufigen Aggregationsprozess tendenziell eine geringe Aussagekraft aufweisen. Im Gegensatz zu quantitativen Systemen fehlt bei Scoringsystemen eine Normierungsmöglichkeit. In verschiedenen Abteilungen mit „wichtig" bewertete Risiken können beispielsweise eine sehr unterschiedliche Bedeutung für das Risikoportfolio eines Gesamtkonzerns aufweisen.

[811] Vgl. Reichmann 2001, S. 623/624. Beispielsweise können entsprechend des Ansatzes des „Balanced Chance and Risk Management" für mit bestimmten Zielkriterien, wie der Kundenzufriedenheit, verbundene Risiken Kennwerte erhoben werden. Aufgrund der Unschärfe des Bewertungsmechanismus bietet sich ein Scoringansatz hierfür an.

basierend auf Erfahrungswissen getroffen.[812] Top-Down-Ansätze des Scorecardings werden in der Literatur für unterschiedliche Anwendungsansätze vorgeschlagen. In einem Ansatz des internen Risikocontrollings von Simons wird beispielsweise ein Scoringverfahren zur Abschätzung des übergreifenden Risikos eines Unternehmens verwendet.[813] Bei diesem Ansatz werden die Punktbewertungen zu neun, mit den Betrachtungsdimensionen der Unternehmenskultur, des Wachstums und des Informationsmanagements verbundenen Kriterien aufaddiert. Die Summe der Punkte ergibt eine grobe Abschätzung des Risikopotentials eines Unternehmens.[814] Ein in der Literatur vielfach dargestelltes Beispiel für einen Einsatzbereich von Top-Down-Scoringtechniken stellt zudem das Stärken/Schwächen-Profil der strategischen Analyse dar.[815] Bei diesem Ansatz erfolgt zumeist keine rechnerische Aggregation. Aufgrund der überschaubaren Anzahl von Kriterien kann sich der Betrachter seine eigene Meinung zur übergreifenden Risikolage des betrachteten Unternehmensobjektes bilden.[816] Auch eine mit qualitativen Dimensionen verwendete Risk Map kann als ein Instrument der Kategorie der Top-Down-Scoringmechanismen interpretiert werden.[817] Bei diesem Instrument werden Risiken anhand der ordinalen Scoringdimensionen der potentiellen Schadenshöhe und der Eintrittswahrscheinlichkeit bewertet.

6.3.1.2 Ratingtechniken

Ratingsysteme stellen einen Top-Down-Ansatz der Risikoaggregation dar. Ratinganalysen werden basierend auf Informationen höherer Aggregationsebene, wie beispielsweise der Geschäftsbereichs- oder der Regionalbereichsebene, erstellt. Im Folgenden wird dargestellt, wie Ratingprozesse in die Tätigkeit der Risikoaggregation des Controllings integriert werden können.

Nicht modellgestützte Ratingverfahren

Analog zum Vorgehen der Ratingagenturen können im Rahmen eines unternehmensinternen Ratingansatzes subjektive Prozesse der Risikoaggregation eingesetzt werden. Hierbei werden die inhaltlichen Fokussierungspunkte des Ratingansatzes übernommen, ohne einen automatisierten Aggregationsmechanismus zu verwenden. Dieser Ansatz ist weitgehend mit der traditionellen Risikoanalyse des Controllings vergleichbar. Der Unterschied zur traditio-

---

[812] Für statistische Auswertungen besteht bei unternehmensinternen Analyseobjekten vielfach keine ausreichende Datenbasis.

[813] Vgl. Burger/Buchhart 2002, S. 159.

[814] Vgl. Simons 2000, S. 265.

[815] Vgl. Zdrowomyslaw/Kasch 2002, S. 28.

[816] Vgl. Müller-Stewens/Lechner 2003, S. 219. Siehe auch: Andritzky 1976, S. 23.

[817] Vgl. Blunden 2003, S. 231. In mehrstufigen Bottom-Up-Prozessen sollten Risk Maps nur mit quantitativen Dimensionen eingesetzt werden. Siehe Abschnitt 5.2.3.

nellen Vorgehensweise der Risikoaggregation besteht darin, dass insbesondere die speziellen inhaltlichen Ansatzpunkte des Ratings beachtet werden. Bei der Risikoanalyse werden entsprechend dem Ratinggrundgedanken die Kernkriterien des Ratings der zukünftigen Höhe und Prognostizierbarkeit der Cash Flows sowie des Risikodeckungspotentials betrachtet.[818] Wie beim Rating wird der Schwerpunkt der Analyse auf die unterliegenden Branchenstrukturen und die Wettbewerbsfähigkeit des Unternehmens gelegt. Der Ansatz der Analyse kann im Controlling sowohl für spezifische, fokussierte Fragestellungen als auch für standardisierte Risikoanalyseprozesse verwendet werden.

Scoringbasierte Ratingverfahren

Ratingansätze können im Controlling in Form von Scoringsystemen eingesetzt werden. Bei diesen analog zu den internen Ratingsystemen von Banken aufgebauten Verfahren werden Kriterienraster für die Ermittlung des wirtschaftlichen Risikos eines betrachteten Unternehmensobjekts eingesetzt. In der Literatur werden derartige Ansätze vor allem im Zusammenhang mit der Ermittlung von Kapitalkosten für Geschäftssegmente aufgeführt. Nach einem Ansatz der Boston Consulting Group werden beispielsweise Kriterien, wie die Zyklusabhängigkeit des Marktes, die Wettbewerbsstellung, die Markteintrittsbarrieren oder die Kostenstruktur des Unternehmensbereichs, bewertet. Diese Kriterien entsprechen weitgehend den traditionellen Ratingkriterien.[819] Die Kriterien können individuell an die spezielle Struktur und die Aktivitäten eines Unternehmens angepasst werden. Zudem können Standardratingmodelle von Banken eingesetzt werden.

6.3.2 Aggregationsdimensionen

Aggregationsinstrumente sollten eine flexible Aggregation entlang unterschiedlicher Dimensionen ermöglichen. Im Folgenden wird dargestellt, inwiefern die in diesem Kapitel beschriebenen Methoden des Scorings und Ratings im internen Controlling für eine Aggregation nach unterschiedlichen Analysedimensionen verwendet werden können.

6.3.2.1 Unternehmensbereiche

Scoringverfahren

Scoringverfahren lassen sich in unterschiedlicher Weise für eine Risikoaggregation im Unter-

[818] Siehe Abschnitt 6.2.2.1.

[819] Vgl. Bufka/Schiereck/Zinn 1999, S. 119. Der im selben Beitrag dargestellte Kriterienkatalog des Unternehmens Fuqua Industries ist bezüglich der Kriterienauswahl und des Aggregationsmechanismus ähnlich aufgebaut. Siehe zudem Abschnitt 4.3.1.3.

nehmen einsetzen. Bottom-Up-Scoringansätze können nur beschränkt für eine risikoartenübergreifende Aggregation entlang einer mehrstufigen Unternehmenshierarchie verwendet werden.[820] Nur bei einer Fokussierung auf einzelne, weitgehend kardinal messbare oder normierbare Risikoarten ist eine Aggregation über mehrere Hierarchiestufen denkbar.[821] Bottom-Up-Scoringsysteme sind dementsprechend nur bedingt für eine hierarchie- und risikoartenübergreifende Aggregation nach Geschäftsbereichen, regionalen Einheiten oder Unternehmensfunktionen geeignet.

Top-Down-Scoringmethoden können für eine Aggregation von beliebigen Risiken nach Geschäftsbereichen, Unternehmensfunktionen oder regionalen Einheiten eingesetzt werden. Entsprechend dieser Methode können Risiken für frei wählbare Einheiten der oberen Unternehmensebene abgeschätzt werden. Im Gegensatz zu den Bottom-Up-Ansätzen besteht bei dieser Methodik keine Möglichkeit einer Desaggregation der Risikowerte auf einzelne, in der Hierarchie tiefer liegende Unternehmenseinheiten.

Ratingansätze

Ratingansätze können als ein Top-Down-Verfahren der Aggregation interpretiert werden. Für die Analyse des Risikos von Geschäftsbereichen können unterschiedliche Kriterien des Ratings verwendet werden. Anhand von auf der Finanzanalyse basierenden Ratingmethoden kann das Risiko für Unternehmensbereiche mit eigenständigen Rechnungswesensystemen abgeschätzt werden.[822] Sinnvoll einsetzen lassen sich die Instrumente der finanziellen Risikoanalyse insbesondere dann, wenn der betrachtete Geschäftsbereich über wenig Leistungsverflechtungen mit anderen Unternehmenssegmenten verfügt. Bei Existenz derartiger Verflechtungen können die Daten aufgrund der Schlüsselungen Verzerrungseffekte aufweisen. Zudem sollten sich die betrachteten Geschäftsbereiche durch abgrenzbare und homogene Marktsegmente und Wettbewerbsstrukturen kennzeichnen. Somit lassen sich Branchen- und Wettbewerbsrisiken für den betrachteten Bereich bestimmen.

Unter der Voraussetzung, dass im Rechnungswesen eines Unternehmens für regionale Segmente eigenständige Abrechnungseinheiten bestehen, lassen sich auf der Finanzanalyse basierende Methoden des Ratings auch für regionale Unternehmensbereiche einsetzen.[823]

---

[820] Siehe Abschnitt 6.3.1.1.

[821] Nur wenn einheitliche Messstandards vorliegen, ist eine übergreifende Aggregation denkbar. Ein Standard kann über ein kardinales Messsystem oder eine inhaltliche Normierung der Bewertungen einzelner Risikoarten geschaffen werden. Ein kardinaler Ansatz wäre eher den quantitativen als den scoringbasierten Aggregationssystemen zuzurechnen.

[822] Für die Ermittlung von Finanzkennzahlen sollte der betrachtete Bereich mit einer eigenständigen GuV sowie Bilanzdaten modellierbar sein.

[823] Verzerrungen können durch Leistungsverflechtungen entstehen. Erfolgt beispielsweise die Produktion der Güter in anderen Regionen und werden die Waren zu nicht an Marktpreisen ausgerichteten Transferpreisen verrechnet, besteht ein Verzerrungseffekt.

Problematisch kann die Betrachtung der Branchen- und Wettbewerbsstrukturen für regionale Segmente sein. Eine begrenzte lokale Betrachtung des Wettbewerbsrisikos eines Unternehmens in einer globalen Industrie ist aufgrund der interregionalen Einflüsse schwierig.[824] Wird hingegen eine eher lokal ausgerichtete Branche betrachtet, erscheint eine regional beschränkte Definition des Wettbewerbsrisikos sinnvoll. Für die qualitative Beurteilung sollten Aussagen bezüglich der Attraktivität des Marktes sowie der Wettbewerbsstruktur des Unternehmens getroffen werden. Hieraus wird ersichtlich, dass die lokale Risikoermittlung lediglich bei einer weitgehend homogenen Aktivitätsstruktur der in eine Aggregation einbezogenen regionalen Geschäftsbereiche sinnvoll ist.[825]

Für die Beurteilung des Risikos von Unternehmensfunktionen ist der Ratingansatz lediglich beschränkt einsetzbar. Die finanziellen Kennzahlen des Ratingansatzes beziehen sich auf eigenständige Markteinheiten und sind somit für die Betrachtung funktionaler Unternehmenseinheiten nur beschränkt geeignet. Für die Risikobeurteilung des Vertriebs könnten beispielsweise die Indikatoren der Umsatzdatenentwicklung und der Preisentwicklung verwendet werden. Für weitere Funktionen lassen sich anhand von Finanzdaten lediglich in beschränktem Maße Risikoinformationen ermitteln. Auf der anderen Seite können die qualitativen Kriterien eines Ratings für die Risikobeurteilung von Funktionen verwendet werden. Eine detaillierte Analyse des funktionalen Risikos ist jedoch auch auf Basis der qualitativen Ratingtechniken nur bedingt möglich.[826]

Scoringgestützte Ratingmodelle können theoretisch für jegliche Aggregationsdimension eingesetzt werden. Derartige Ansätze eignen sich, wie in den vorangegangenen Absätzen dargelegt, vor allem für Unternehmensobjekte mit eigenständigem Rechnungswesen und homogenen Branchen- und Wettbewerbsstrukturen. Insbesondere für die Aggregation entlang der Dimension der Geschäftsbereiche ist es denkbar, individuell konfigurierte oder in Banken verwendete Scoringmechanismen einzusetzen. Die in den vorangegangenen Absätzen getroffenen Aussagen können auch auf die regionale und funktionsbereichsbezogene Risikoanalyse übertragen werden. In lokal geprägten Industrien lassen sich scoringgestützte Ratingansätze sinnvoll für die Ermittlung des regionalen Risikos einsetzen. Bei funktionalen

[824] Vgl. Pohle 2002, S. 1088; Lehner 2003, S. 178.

[825] Wird das lokale Wettbewerbsrisiko einer Vielzahl von lokalen Aktivitäten beurteilt, ergeben sich möglicherweise Überlagerungseffekte.

[826] Die qualitativen Ansätze des Ratings eignen sich insbesondere für die Ermittlung von aus der Unternehmensumwelt entstehenden Wettbewerbs- oder Branchenrisiken. Ist ein funktionales Risiko auf unternehmensexterne Faktoren zurückzuführen, kann dieses demzufolge durch die Ansätze des Ratings erfasst werden. Bestehen in einer Unternehmensfunktion hingegen primär interne Risikofaktoren, eignet sich der Ratingansatz als Top-Down-Methode nur bedingt.

Betrachtungen sind die Analyseeigenschaften von auf den traditionellen Ratingkriterien basierenden Scoringmethoden als beschränkt einzuschätzen.

6.3.2.2 Risikoklassen

Scoringverfahren

Anhand von Scoringverfahren können in Rahmen von Top-Down- oder Bottom-Up-Mechanismen unterschiedlichste Risikoinformationen aggregiert werden.[827] Hierfür müssen das Aggregationsmodell, die Kriterienhierarchien und die Kriteriengewichtungen festgelegt werden. Eine hierarchieübergreifende Aggregationen ist unter Verwendung von Bottom-Up-Scoringmodellen nur begrenzt möglich.[828] Werden die Risikoarten eng definiert, so können normierte Risikoindikatoren im Rahmen eines Bottom-Up-Prozesses aggregiert werden. Einzelne Risikoarten der Klasse der operationellen, finanziellen oder geschäftlichen Risiken können demzufolge über Bottom-Up-Scoringsysteme aggregiert werden. Die Aggregation einer breiten Klasse von Risikoarten ist hingegen nicht sinnvoll. Für eine Aggregation unterschiedlicher Risikoarten bieten sich Top-Down-Scoringansätze an. Unter Verwendung dieser Klasse von Scoringverfahren können individuelle Modelle für die Aggregation von finanziellen, geschäftlichen oder operationellen Risiken aufgebaut werden.[829] Die Genauigkeit der Aggregation von Risikoinformationen auf Basis des Top-Down-Scoringmechanismus ist als begrenzt anzusehen.[830] Wird eine detaillierte Aggregation, beispielsweise von Finanzrisiken, gefordert, sind Scoringansätze lediglich beschränkt einsetzbar.

Ratingansätze

Auch Ratingmethoden können zur Aggregation unterschiedlicher Risikoklassen eingesetzt werden. Bei Ratingansätzen zur Aggregation von Finanzrisiken werden zumeist keine detaillierten Simulationen verwendet, sondern Überschlagsrechnungen durchgeführt. Beispielsweise wird das Rohstoff- oder das Währungsrisiko anhand von Sensitivitätsbetrachtungen bestimmt. Die Ansätze des Ratings eignen sich insbesondere für die Abschätzung des Geschäftsrisikos. Durch die Betrachtung von finanziellen und qualitativen Daten kann eine sinnvolle Risikoabschätzung des branchen- und des unternehmensspezifischen Risikos durchgeführt werden. Die Qualität der Abschätzung des Geschäftsrisikos hängt weitgehend von dem Branchen-, Wettbewerbs- und unternehmensspezifischen Wissen und den analytischen Fähigkeiten der an der Risikoanalyse beteiligten Personen ab. Operationelle Risiken

---

[827] Siehe Abschnitt 6.1.

[828] Siehe Abschnitt 6.3.1.1.

[829] Die Möglichkeit zur Durchführung von Desaggregationen ist bei dieser Top-Down-Methode begrenzt.

[830] Siehe Abschnitt 6.3.1.1.

können anhand der traditionellen Instrumente der Ratingansätze lediglich mit beschränktem Detaillierungsgrad erfasst und aggregiert werden. Zumeist liegt der Fokus auf einer Benchmarkinganalyse sowie auf einer Untersuchung der Effektivität der internen Risikoreporting- und Kontrollprozesse.

Auch scoringgestützte Ratingmodelle können zur Aggregation von unterschiedlichen Risikoarten eingesetzt werden. Die Standardratingmodelle erfassen vor allem das Geschäftsrisiko eines Unternehmens. In individuell an die Strukturen des Unternehmens angepassten Ratingmodellen können zudem Ansätze aus internen Kontrollsystemen eingesetzt werden. Somit lassen sich Managementprozesse zur Behandlung der operationellen Risiken erfassen. Auch finanzielle Risiken können über Ratingmodelle abgeschätzt werden.

6.3.2.3 Zeitliche Aggregation

Scoringmodelle

Beim Einsatz von Scoringmethoden müssen jeweils Modell, Kriterien und Gewichte intuitiv oder auf Basis statistischer Auswertungen ausgewählt werden. Der zeitliche Fokus der Aggregation hängt von dem individuellen Aufbau des Scoringmodells ab. Es können Modelle für die Aggregation von Risikoinformationen bezüglich eines Zeitraumes von einer Stunde bis zu mehreren Jahren aufgebaut werden. Die in vielen Scoringverfahren zu betriebswirtschaftlichen Fragenstellungen gewählten qualitativen Indikatoren weisen einen Frühwarncharakter auf. Bei den beispielsweise in „Balanced Chance and Risk Scorecards" verwendeten Scoringansätzen werden tendenziell längerfristige Risiken aggregiert.[831] Es können jedoch auch Scoringmodelle für eine Aggregation von kurzfristigen Risiken, wie beispielsweise EDV-Systemrisiken, aufgebaut werden.

Ratingansätze

Ratingansätze definieren sich zumeist durch eine langfristige Risikobetrachtung. Die Unternehmensratings nehmen in Anspruch, das Risiko über die gesamte Laufzeit von emittierten Verbindlichkeiten abzubilden.[832] In der Praxis wird sich der detailliert analysierte Zeitraum jedoch auf drei bis fünf Jahre beschränken. Die Unsicherheit steigt mit dem betrachteten Zeitraum exponentiell an, sodass die Analyse eines weiter in die Zukunft gerichteten Zeitraums mit einem erheblichen Spekulationsanteil verbunden ist.[833] Auch langfristige Ratingurteile weisen eine Aussagekraft bezüglich des kurzfristigen Zeitraums auf. Bei Ratingagenturen sind die kurzfristigen und langfristigen Ratingbeurteilungen streng korreliert. Wenn ein Unternehmen entsprechend einem Ratingurteil beispielsweise eine Insolvenzwahrscheinlichkeit

[831] Vgl. Reichmann 2001, S. 624.
[832] Vgl. Berblinger 1996, S. 57.

von 10% innerhalb der nächsten fünf Jahre aufweist, so kann die Wahrscheinlichkeit bei einem Betrachtungszeitraum von einem Jahr nicht darüber liegen.[834] Die zeitliche Aggregationswirkung von Ratings wird anhand von Tabellen zur zeitlichen Entwicklung der Ausfallwahrscheinlichkeit von gerateten Unternehmen deutlich.[835]
Methoden des Ratings können im Controlling flexibel für eine Aggregation des langfristigen oder des kurzfristigen Risikos verwendet werden. Bei der Ratinganalyse werden sowohl kurz- als auch längerfristige Kriterien betrachtet und subjektiv-intuitiv aggregiert. Werden die kurzfristigen Kriterien, wie beispielsweise die Indikatoren für operationelle Risiken oder das Finanzdeckungspotential stärker gewichtet, so fokussiert die Analyse auf den kurzfristigen Betrachtungszeitraum. Für eine langfristige Risikoanalyse müssen zusätzlich die langfristigen Erfolgspotentiale des untersuchten Unternehmensbereichs berücksichtigt werden.

Auch die scoringgestützen Ratingmethoden können flexibel für eine Fokussierung auf einen kurz- oder längerfristigen Betrachtungszeitraum konfiguriert werden. Ratingmethoden weisen stets eine Aussagekraft bezüglich der kurz- und langfristigen Risiken auf. Bei der Konfiguration des Modells wird durch Auswahl und Gewichtung der Faktoren der zeitliche Fokus des Aggregationsmechanismus festgelegt.

6.4 Beurteilung

In diesem Abschnitt wird eine Beurteilung der Aggregationsmechanismen der Scoring- und Ratingverfahren anhand unterschiedlicher Kriterien vorgenommen. Die untersuchten Verfahren werden anhand der Kriterien der Flexibilität, der Einfachheit, der Güte und der Informationsrelevanz beurteilt.[836]

6.4.1 Flexibilität

Das Beurteilungskriterium der Flexibilität wird in dieser Arbeit durch die Fragestellung definiert, inwiefern sich die untersuchten Methoden für die Aggregation von Risikoinformationen entlang unterschiedlicher Untersuchungsdimensionen eignen. Bei der Beurteilung der Me-

833 Vgl. Everling/Sarcher 2003, S. 144.
834 Vgl. Evering/Sarcher 2003, S. 118-120.
835 Tabellen zur mehrjährigen Ausfallwahrscheinlichkeit und zur Jahresmigration werden in unterschiedlichen Literaturquellen dargestellt. Vgl. z. B. Reichling 2003, S. 71-73; Schierenbeck 2003a, S. 318. Siehe zudem die Internet-Hompages der Ratingagenturen.
836 Siehe Abschnitt 3.5.

thoden des Scorings und Ratings entsprechend dieses Kriteriums kann auf die Inhalte des Abschnitts 6.3.2 zurückgegriffen werden.

Scoringtechniken

Die Flexibilität von Top-Down-Scoringverfahren ist als hoch einzuschätzen. Das Risiko von verschiedenen Unternehmensobjekten lässt sich bezüglich der Dimensionen Unternehmensbereiche, Risikoarten sowie Zeit flexibel auswerten.[837] Eingeschränkt wird diese Bewertung dadurch, dass die Methode keine flexible Desaggregation ermöglicht. Es kann jeweils nur das Risiko auf einer definierten Aggregationsebene betrachtet werden. Die Flexibilität des Einsatzes von Top-Down-Scoringverfahren wird zudem durch den heuristischen Aggregationsmechanismus vermindert.[838] Scoringbasierte Bottom-Up-Aggregationen weisen im Vergleich zu Top-Down-Ansätzen eine wesentlich geringere Flexibilität auf. Lediglich für spezifische Risikoarten mit normierbaren Risikoindikatoren ist eine Aggregation über mehrere Stufen denkbar. Eine integrierte Analyse von mehreren Risikoarten auf hohem Aggregationsniveau ist bei dieser Methode weitgehend ausgeschlossen.[839]

Ratingansätze

Der Ratingansatz zeichnet sich durch seinen strategischen und marktorientierten Fokus aus. Er eignet sich demzufolge insbesondere für die Aggregation von Geschäftsrisiken für bezüglich der Geschäftsaktivitäten homogen strukturierte Unternehmenseinheiten. Es kann vor allem das Risiko für höhere Hierarchieebenen, wie Geschäftsbereiche oder Regionalbereiche mit eigenständiger Geschäftsstruktur und eigenen Finanzsystemen, aggregiert werden. Auch die Aggregation finanzieller oder operationeller Risiken lässt sich mit den Methoden des Ratings durchführen. Für die Analyse der Risikoarten der finanziellen und operationellen Risiken werden entsprechend dem Ratingansatz jedoch vergleichsweise pauschale Näherungsverfahren verwendet.[840] Für die Analyse des Risikos einzelner Funktionsbereiche eignen sich die Methoden des Ratings nur bedingt. Aufgrund des Top-Down-Ansatzes wird die spezifische Risikostruktur von nicht als eigene Geschäftseinheit agierenden Organisationseinheiten nur näherungsweise erfasst.[841] Die zeitliche Dimension kann durch die Verwendung von Methoden des Ratingansatzes berücksichtigt werden. Durch die Gewichtung operativer oder strategischer Kriterien kann der Fokus der Analyse auf kurz- oder langfristige

---

[837] Vgl. Blunden 2003, S. 233; Bahsi/Ringle 1981, S. 212. Siehe Abschnitt 6.3.2.

[838] Für bestimmte Risiken, wie beispielsweise für einige Finanzrisiken, kann der Ansatz nur beschränkt eingesetzt werden. Für Finanzrisiken sind andere Methoden besser geeignet, wenn für die Analyse ein umfangreiches Datenmaterial zur Verfügung steht. Siehe Abschnitt 5.1.

[839] Ausnahmen bilden kardinale Scoringsysteme.

[840] Für die Analyse des operationellen Risikos wird beispielsweise die Funktionserfüllung des internen Risikoreportingsystems und des internen Kontrollsystems untersucht. Siehe auch Abschnitt 6.3.2.2.

[841] Siehe Abschnitt 6.3.2.1.

Risikoinhalte gelegt werden. Die Flexibilität von Ratingansätzen ist somit insbesondere bei der Betrachtung von markt- und wettbewerbsnahen Risiken als hoch zu bezeichnen. Das Risiko von in der Unternehmenshierarchie tiefer liegenden Einheiten kann über die Methoden des Ratings nur bedingt erfasst werden.

Werden Ratingmethoden in Form eines Scoringmodells verwendet, besteht eine geringere Flexibilität im Vergleich zum nicht modellgestützten Ratingansatz. Die Risikoanalyse kann nicht mehr fallspezifisch erfolgen, sondern muss standardisiert durchgeführt werden. Die standardisierten Modelle müssen für unterschiedliche spezifische Fragestellungen eingesetzt werden. Bezüglich der prinzipiellen Anwendbarkeit der scoringbasierten Ratingmodelle für die in Abschnitt 6.3.2 dargestellten Analysedimensionen besteht jedoch eine vergleichbare Flexibilität wie beim nicht modellbasierten Ratingansatz. Anhand von eigenständig konfigurierten Ratingmodellen oder übernommenen Standardmodellen der Banken können Geschäftsrisiken und in beschränktem Maße auch operationelle und Finanzrisiken für Geschäftsbereiche oder regionale Unternehmenseinheiten aggregiert werden. Auch bezüglich der zeitlichen Dimension lassen sich durch Scoringmodelle unterschiedliche Aggregationen zu differenzierten Zeiträumen durchführen. Die Analyse ist stets durch eine Top-Down-Sichtweise gekennzeichnet.

6.4.2 Einfachheit

6.4.2.1 Verständlichkeit

Scoringtechniken

Scoringsysteme sind bezüglich des Aufbaus und der Funktionsweise leicht verständlich. Der Scoringmechanismus basiert zumeist auf einem linearen additiven Aggregationsmodell.[842] Dieser Ansatz ist auch ohne tiefere mathematische Vorkenntnisse zu verstehen. Wird der Begriff der Verständlichkeit jedoch durch die Nachvollziehbarkeit des Prozesses der Bepunktung definiert, so hängt die Verständlichkeit eines Scoringsystems mit der Art der Kriterien zusammen. Werden offene Kriterien eingesetzt, ist ein tieferes Verständnis des untersuchten Gegenstandes notwendig. Die Bewertung erfolgt teilweise subjektiv-intuitiv. Sind die Kriterien hingegen weitgehend geschlossen aufgebaut, sodass bei der Bewertung bezüglich der einzelnen Kriterien wenig individuelle Entscheidungsspielräume bestehen, wird kein tieferes Verständnis der betrachteten Materie verlangt. Die Frage nach der Verständlichkeit eines Scoringmodells ist somit nicht eindeutig zu beantworten. Der formale Aggregationsprozess ist bei Verwendung eines Scoringmodells einfach gestaltet. Weiterhin wird die Verständlich-

---

[842] Siehe Abschnitt 6.1.1.

keit und Nachvollziehbarkeit des Prozesses jedoch weitgehend von der Art der Kriterien beeinflusst.[843]

Ratingansätze

Die Verständlichkeit von nicht modellgestützten Ratingprozessen ist weitgehend negativ zu beurteilen. Zwar sind die eingesetzten Instrumente eines derartigen Risikoaggregationsprozesses einfach verständlich. Vielfach werden die traditionell im Controlling eingesetzten Instrumente verwendet. Wird das Kriterium der Verständlichkeit jedoch als die Nachvollziehbarkeit des Prozesses der Informationsaggregation interpretiert, ist eine Verständlichkeit häufig nicht gegeben. Die subjektive Komponente ist beim Ratingprozess stark ausgeprägt.[844] Zudem erfordert der Aggregationsprozess spezifisches Wissen und umfangreiche Erfahrungen, was die allgemeine Verständlichkeit des Prozesses reduziert.[845] Generell sollte in gut ausgebildeten zentralen Controllingabteilungen Personal vorhanden sein, welches über ausreichendes Wissen und Erfahrung zur Anwendung der Instrumente des Ratings verfügt. Jedoch kann dies nicht entlang der gesamten Controllinghierarchie erwartet werden. Zudem kann es auch bei gut informierten Personen zu unterschiedlichen Urteilen bei der Ratingfindung kommen. In der Literatur wird geäußert, dass der Ratingprozess ebenso ein wissenschaftliches Element wie ein Element der Kunst beinhaltet.[846] Die Verständlichkeit und Nachvollziehbarkeit der Risikoaggregation durch Ratingverfahren ist somit als beschränkt zu beurteilen.

Scoringgestützte Ratingprozesse weisen bezüglich des Kriteriums der Verständlichkeit die Eigenschaften von Top-Down-Scoringsystemen auf. Bezüglich des formalen Prozesses ist das System zumeist leicht verständlich. Die Nachvollziehbarkeit von Beurteilungen ist hingegen differenziert zu beurteilen. Bei Ratingsystemen mit vielen geschlossenen Kriterien kann die Beurteilung von einer weiten Gruppe von Personen durchgeführt und nachvollzogen werden. Werden hingegen offene Kriterien verwendet, ist der Beurteilungsprozess vielfach nur schwer nachvollziehbar.

---

[843] Werden durch das Scoringsystem komplexe Objekte betrachtet, hängt die Verständlichkeit mit dem verwendeten Kriterienmodell zusammen. Wird ein komplexer Gegenstand über viele geschlossene Kriterien beurteilt, ist der Scoringprozess weitgehend nachvollziehbar gestaltet. Werden hingegen offenere Kriterien verwendet, so wird ein elementarer Teilschritt der Aggregation in den subjektiv-intuitiven Prozess der Bepunktung verlagert. Der Beurteilungsprozess ist somit nur begrenzt nachvollziehbar.

[844] Vgl. Hirsch 1996, S. 659/660.

[845] Der Einsatz der Methoden erfordert ein fundiertes betriebswirtschaftliches Wissen sowie Kenntnisse zur betrachteten Branche und zu den Wettbewerbsbedingungen. Vgl. Hirsch 1996, S. 664/665

[846] Vgl. Standard & Poor's 2001, S. 1,17; Hirsch 1996, S. 671/672.

6.4.2.2 Aufwand

Scoringverfahren

Scoringverfahren können technisch in jedes standardisierte EDV-System integriert werden. Der systemische Aufwand ist als gering einzuschätzen. Die Frage nach dem mit Implementierung und Betrieb verbundenem Aufwand hängt weiterhin von dem Ressourceneinsatz zur Erstellung des Modells sowie zur Urteilsfindung bezüglich der Kriterien zusammen. Werden detaillierte Bottom-Up-Scoringmodelle verwendet, kann für die Aufstellung und Validierung des Modells ein hoher Aufwand entstehen.[847] Werden hingegen Top-Down-Modelle verwendet, ist der entstehende Aufwand als beschränkt einzuschätzen.

Ratingansätze

Die Integration von Ratingprozessen in eine Controllingorganisation dürfte ohne erheblichen Aufwand möglich sein. Die Analyse von finanziellen Daten gehört zur Kerntätigkeit von Controllingabteilungen. Als problematisch kann sich der beim Rating vorgenommene Vergleich zu Finanzdaten anderer Branchen- oder Peer-Group-Unternehmen herausstellen. Hierfür sollte eine periodisch gepflegte Datenbasis angelegt werden. Qualitative Ratingkriterien, wie die Veränderung der Branchen des Unternehmens oder die Entwicklung der Wettbewerbsfähigkeit des Unternehmens im Markt, werden im Controlling in zunehmendem Maße analysiert.[848] Der Einsatz von Ratingmethoden im Controlling sollte demzufolge keinen erheblichen zusätzlichen methodischen Aufwand darstellen. Ein gewisser Aufwand besteht durch den personellen Ressourceneinsatz zur Erstellung der Risikobeurteilungen. Aufgrund der subjektiv-intuitiven Aggregationsbasis entstehen nicht automatisierbare Analyseschritte. Der Aufwand hängt mit der Abfragehäufigkeit von Risikoanalysen zusammen.[849]

Durch scoringbasierte Ratingmethoden können periodisch vorgenommene Ratingaktivitäten automatisiert werden. Durch eine derartige Formalisierung kann der periodisch auftretende Aufwand der Ratinganalyse reduziert werden. Bei diesem Verfahren werden zumeist Standardscoringmodelle von Banken oder subjektiv auf Basis von Erfahrungswissen konfigurierte Modelle verwendet.[850] Der mit dem Aufbau und Betrieb der Scoringsysteme verbundene Aufwand ist als beschränkt einzustufen.

---

[847] Vgl. Beeck/Kaiser 2000, S. 641.

[848] Der Analyse von qualitativen Informationen, wie strategischen Wettbewerbsinformationen, wird im Controlling eine zunehmende Bedeutung beigemessen. Siehe Abschnitt 2.1.6.

[849] Werden nur gelegentlich Risikoanalysen abgefragt, besteht ein geringer Aufwand. Werden häufig Risikobeurteilungen verlangt, sollte unter Aufwandsgesichtspunkten evtl. ein anderes, besser automatisierbares Verfahren verwendet werden.

[850] Denkbar wäre zudem eine statistische Konfiguration der Modelle. In Controllingprozessen bestehen jedoch häufig nicht die Datengrundlagen für die statistische Aufstellung von Modellen.

6.4.3 Güte

Scoringverfahren

Die Güte von Aggregationsmethoden lässt sich nur schwer allgemein beurteilen. Beim Scoringansatz hängt die Güte unter anderem von der verwendeten Modellstruktur ab. Generell kann geurteilt werden, dass ein Scoringansatz einen Approximationsmechanismus darstellt.[851] Eine exakte Quantifizierung eines Risikos ist durch diesen Ansatz zumeist nicht gewährleistet. Auf der anderen Seite sind exakte Risikoquantifizierungen auch bei anderen Methoden der Risikoaggregation lediglich in wenigen Fällen möglich. Bei unterschiedlichen Anwendungen, wie beispielsweise bei internen Ratingansätzen von Banken, verfügen Scoringansätze mit einem gut konfigurierten und validierten Modell über ausreichende Prognoseeigenschaften. Insbesondere bei der Zusammenfassung unterschiedlicher Informationskategorien können über den Top-Down-Scoringansatz hinreichende Aggregationsresultate erzielt werden. Die Güte von Scoringverfahren in einem mehrstufigen Bottom-Up-Aggregationsverfahren ist zum großen Teil von der Möglichkeit der inhaltlichen Normierung der Bewertungskriterien abhängig.[852]

Ratingansätze

Dass die Ansätze des externen Ratings einen unter Beachtung ihres approximativen Ansatzes hohen Prognosegehalt bezüglich des Unternehmensrisikos aufweisen können, wurde in unterschiedlichen empirischen Untersuchungen nachgewiesen. Fraglich ist, ob die Güte des Ratings durch unternehmensexterne Organisationen auf den internen Risikoaggregationsprozess des Controllings übertragen werden kann. Die Qualität eines Ratings basiert weitgehend auf den analytischen Fähigkeiten und der Informationsversorgung der jeweiligen Analysten. Auch bei der Übertragung der Ratingansätze auf das Controlling hängt die Güte des Verfahrens zum großen Teil von den Fähigkeiten und der Informationsversorgung der an dem Beurteilungsprozess beteiligten Personen ab. Unternehmensinterne Daten stehen im Controlling zur Verfügung. Werden im Controlling umfassende Kenntnisse zur Wettbewerbs- und Branchensituation aufgebaut, können die Ratingansätze prinzipiell auf die interne Risikoanalyse übertragen werden. Eine mit den Ratingagenturen vergleichbare Güte der Risikoaggregation wird jedoch aufgrund der unterschiedlichen Spezialisierung und des verfügbaren Datenmaterials nur schwer erreicht werden können.[853] Dennoch kann durch Verwendung von Ratingansätzen im Controlling im Vergleich zu anderen Verfahren der

[851] Vgl. Weber/Krahnen/Weber 1995, S. 1626.

[852] Siehe Abschnitt 6.3.1.1.

[853] Die „Kernkompetenz“ von Ratinganalysten besteht in der Beurteilung von Unternehmensrisiken. Es besteht somit ein höherer Grad an Spezialisierung. Zudem verfügen die Analysten der großen

internen Risikoaggregation insbesondere bei der Beurteilung von Geschäftsrisiken eine hohe Güte der Risikoermittlung erzielt werden.

Auf dem Ratingansatz basierende automatisierte Scoringmodelle werden beim Einsatz im Controlling tendenziell eine begrenzte Güte aufweisen. Die subjektiv aufgebauten oder auf Standardverfahren basierenden Modelle werden für unterschiedliche unternehmensinterne Risikoanalysen eingesetzt. Aufgrund der Standardisierung der Vorgehensweise wird die einzelfallbezogene Güte der Risikoaggregation tendenziell geringer als beim Einsatz von nicht modellbasierten Ratingansätzen ausfallen.[854] Auf der anderen Seite kann ein Scoringmodell eine gute heuristische Näherung darstellen. Dieser Ansatz wird beispielsweise von unterschiedlichen Unternehmen zur Adjustierung gesamtkonzernbezogener Kapitalkosten an geschäftsbereichsspezifische Risikostrukturen verwendet. Für die Anforderungen derartiger Anwendungen ist der Gütegrad von scoringgestützten Ratingverfahren als ausreichend anzusehen.

6.4.4 Einsetzbarkeit im Controlling- und Managementprozess

Anhand des Kriteriums der Relevanz im Managementprozess wird untersucht, inwiefern die Ergebnisse eines Risikoaggregationsmechanismus im Rahmen des Informationsversorgungs- und des Steuerungssystems eines Unternehmens eingesetzt werden können.

Scoringsysteme

Scoringsysteme weisen den Vorteil auf, dass sie sehr flexibel sind und ohne erheblichen Aufwand für unterschiedliche Einsatzgebiete verwendet werden können. Anhand von Scoringsystemen können gezielt Informationen zu unterschiedlichsten Analyseobjekten erfasst und aggregiert werden. Für die Informationsversorgung können Scoringsysteme im Rahmen von Top-Down- oder Bottom-Up-Prozessen in unterschiedlicher Form verwendet werden. Top-Down-Scoringmodelle sind für vergleichsweise grobe Risikoabschätzungen zu aggregierten Risikofeldern einsetzbar.[855] Bottom-Up-Ansätze eignen sich hingegen eher für die detaillierte Informationsbestimmung zu genau zu definierenden Risikoarten. Bestehen Normierungsmöglichkeiten, können bei Bottom-Up-Ansätzen zudem Drill-Down-Mechanismen in das Informationssystem integriert werden.

Ratingagenturen über den Vorteil, dass sie die internen Daten unterschiedlicher branchenbeherrschender Unternehmen kennen.

[854] Vgl. Hirsch 1996, S. 661-663.

[855] Siehe Abschnitt 6.3.1.1.

Für eine Steuerung eignen sich Top-Down-Scoringansätze nur bedingt. Ein Grund besteht darin, dass aufgrund der fehlenden Desaggregationsmethodik keine Möglichkeit für eine Operationalisierung einer aggregierten Stellgröße besteht. Zudem reicht die Nachvollziehbarkeit und Güte der Risikowerte nicht aus, um den Anforderungen an die in Steuerungsprozessen verwendeten Variablen zu entsprechen. Bottom-Up-Ansätze des Scorings weisen den Vorteil auf, dass sie als Rückkopplungsmechanismen im Rahmen eines Steuerungssystems verwendet werden können. Dass derartige Größen im Management akzeptiert werden, zeigt sich beispielsweise bei in der Praxis implementierten Balanced-Scorecard-Ansätzen. Bei diesem Instrument werden qualitative Leistungs- oder Risikozielgrößen, wie die Kunden- oder Mitarbeiterzufriedenheit, vielfach über Scoringansätze aggregiert.

Ratingansätze

Ratingprozesse weisen insbesondere eine Aussagefähigkeit bezüglich des Geschäftsrisikos auf. Eine Integration von Ratingprozessen in ein Informationsversorgungssystem ist in unterschiedlicher Form denkbar. Eine sinnvolle Einsatzmöglichkeit von Ratingprozessen besteht in der flexiblen Erstellung von „ad hoc"-Berichten. Basierend auf den Methoden des Ratings können auf Managementanfrage flexibel Risikoberichte zu speziellen Inhalten erstellt werden. Zudem ist die Integration von Ratingergebnissen in das Standardinformationssystem denkbar. Zum einen können regelmäßig einzelne Ratingindikatoren berichtet werden. Zum anderen ist es denkbar, dass für bestimmte Unternehmensbereiche regelmäßig ein aggregiertes Rating auf Basis subjektiv-intuitiver Aggregationsprozesse erstellt wird. Ein derartiger Ansatz wäre jedoch mit einem hohen personellen Aufwand verbunden.

Eine Integration von Indikatoren des Ratings in das Informationsversorgungs- und Steuerungssystem des Risikomanagements ist vor allem deshalb sinnvoll, da das Risiko beim Ratingansatz weitgehend anhand der Indikatoren definiert wird, die auch für den Ertragssteuerungsprozess im Unternehmen verwendet werden.[856] Über die Beachtung der Ratingmethoden kann somit eine integrierte Leistungs- und Risikosteuerung erfolgen. Die Möglichkeit einer Integration von Ratingansätzen in ein Führungssystem ist jedoch nicht unmittelbar gegeben. Einzelne Kriterien des Ratings, wie der Cash Flow oder der Marktanteil, sind Bestandteil eines jeden Führungssystems. Für diese Indikatoren können Ziele gesetzt und eindeutig nachgehalten werden. Die Vorgaben bezüglich einzelner Kennzahlen können sich beispielsweise an den von Ratingagenturen für bestimmte Ratingnoten vorgegebenen

[856] Die finanziellen Indikatoren des Ratings stimmen weitgehend mit den im Ertragssteuerungsprozess verwendeten Finanzkennzahlen überein. Qualitative Kriterien, wie beispielsweise die Wettbewerbsposition, weisen eine Überschneidung mit den Zielgrößen der strategischen Steuerung auf.

Richtwerten orientieren.[857] Eine direkte Kopplung von Managementvorgaben an ein auf höchster Ebene aggregiertes Risikoniveau ist bei Verwendung von subjektiv-intuitiven Aggregationsmechanismen des Ratings hingegen nicht möglich. Bei einem derartigen Vorgehen bestände nur bedingt die Möglichkeit zur eindeutigen Operationalisierung des Zieles und zur Durchführung einer nachvollziehbaren Zielerreichungsmessung.[858] Bei der Integration von Ratingansätzen in das Führungssystem muss die Operationalisierung des übergreifenden Ziel-Risikowertes auf Subkriterien weitgehend ohne Unterstützungswirkung des Aggregationssystems durchgeführt werden. Das Herunterbrechen des angestrebten Risikoniveaus auf einzelne operative oder strategische Zielwerte muss subjektiv durch das Management bzw. den Controller durchgeführt werden.

Scoringbasierte Ratingsysteme können nutzbringend in ein Managementinformationssystem integriert werden. Somit kann nachvollziehbar eine gesamthafte Risikobeurteilung eines betrachteten Unternehmensbereiches ermittelt werden. Zudem kann durch die Möglichkeit einer Desaggregation auf Einzelkriterien die Kausalität einer bestimmten Risikobeurteilung nachvollziehbar dargestellt werden. Schwierigkeiten können bei einem derartigen Ansatz vor allem im Zusammenhang mit der Akzeptanz des Modellaufbaus und der Beurteilung qualitativer Kriterien auftreten. Werden die qualitativen Kriterien offen definiert, besteht keine eindeutige Nachvollziehbarkeit der Beurteilungen.

Eine Integration eines derartigen Systems in ein Führungssystem ist problematisch. Es können die im letzten Absatz beschriebenen Problematiken bezüglich der Akzeptanz des Modells und der Akzeptanz der Beurteilungen zu qualitativen Kriterien auftreten. Zudem besteht das Problem, dass die Zielgröße von einer Vielzahl von sehr unterschiedlichen Subindikatoren beeinflusst werden kann. Dies wiederspricht dem Führungsgrundsatz der Konzentration auf wenige zentrale Größen. Zumindest indirekt wird ein derartiges System jedoch von unterschiedlichen Unternehmen in Führungssystemen eingesetzt. Bei Unternehmen, die segmentbezogene Kapitalkosten anhand von scoringgestützten Ratingsystemen ermitteln, wirkt sich die Risikoaggregation indirekt auf die Führungsgrößen des Steuerungssystems aus.[859]

---

[857] Standard & Poor's veröffentlicht beispielsweise grobe Richtwerte für einzelne Kriterien, die von Unternehmen für definierte Ratingnoten eingehalten werden sollten. Vgl. z. B. Standard & Poor's 2001, S. 54-58.

[858] Eine Ausnahme bilden Vorgaben an selbstständig agierende und von externen Agenturen geratete Unternehmen. Es ist durchaus denkbar, dass eine Mutterfirma einer Versicherungstochter das Ziel vorgibt, ein bestimmtes Rating zu erzielen. Hierbei sollte sich die Vorgabe auf ein Financial Strengh Rating, d. h. ein Rating ohne Beachtung der Unterstützungsmechanismen durch die Konzernmutter, beziehen.

[859] Vgl. Fröhling 2000a, S. 38-42; Allianz 2002, S. 139.

6.5 Zusammenfassung

In diesem Kapitel wurde die Einsatzfähigkeit von Rating- und Scoringprozessen im Rahmen des internen Risikomanagements des Controllings untersucht. Bei der Beurteilung der Ratingmethoden wurde zwischen scoringgestützten Prozessen der Aggregation und subjektiv-intuitiv vorgenommenen Aggregationsprozessen unterschieden.

Bezüglich der Informationsversorgung sind einige der untersuchten Ansätze sinnvoll einsetzbar. Übergreifende Risikoabschätzungen auf hoher Aggregationsebene können über Top-Down-Scoringansätze mit vertretbarem Aufwand durchgeführt werden. Zum Monitoring eng abgrenzbarer Risiken, wie beispielsweise einiger operationeller Risiken, sollten hingegen Bottom-Up-Scoringsysteme verwendet werden. Allgemeine sowie spezifische Geschäftsrisiken können sinnvoll anhand der Ansätze des Ratings aggregiert werden. Finanzielle Risiken lassen sich anhand der in diesem Teil der Arbeit dargestellten Methoden nur mit einem geringen Genauigkeitsgrad erfassen.[860]

Für die Risikosteuerung eignen sich für bestimmte Anwendungsfälle Bottom-Up-Scoringansätze und auf subjektiv-intuitiven Prozessen basierende Ratingmethoden. Bottom-Up-Scoringmethoden können für die Steuerung spezieller, inhaltlich klar eingegrenzter Risikofaktoren verwendet werden. Insbesondere über nicht modellgestützte Ratingansätze ergeben sich interessante Ansatzpunkte für die Integration von Risikogesichtspunkten in die Unternehmenssteuerung. Bei Ratingansätzen werden vielfach die gleichen oder ähnliche Indikatoren wie bei der Ertragssteuerung analysiert.[861] Durch die Betrachtung von Ratinggesichtspunkten bei der Unternehmenssteuerung lassen sich somit ohne erheblichen Zusatzaufwand Ansätze einer integrierten Leistungs- und Risikosteuerung verwirklichen. Es können somit Risikogesichtspunkte in die Feinsteuerung eines Unternehmens integriert werden. Nachteilig an dem Verfahren ist, dass im Gegensatz zu formalisierten Methoden der Risikoaggregation, wie dem VaR, kein automatisiert errechneter Risikowert ermittelt werden kann. Die Operationalisierung des angestrebten Risikoniveaus auf einzelne operative oder strategische Zielvorgaben muss subjektiv auf Basis des Erfahrungswissens des Managements oder des Controllers vorgenommen werden.

---

[860] Dies gilt im Vergleich zu den in Abschnitt 5.1 dargestellten quantitativen Aggregationsverfahren.

[861] Die Betrachtungsweise des Ratings unterscheidet sich vielfach lediglich durch eine an Risikogesichtspunkten ausgerichtete Interpretation der Indikatoren.

7 Zusammenfassung der Ergebnisse und Fazit

Der Prozess des Risikomanagements nimmt im Controlling internationaler Konzerne eine immer wichtigere Stellung ein. Unter dem Einfluss zunehmender Veränderungen in der Unternehmensumwelt, konjunkturell oder strukturell bedingter volkswirtschaftlicher Wachstumsschwächen sowie neuer regulatorischer Anforderungen kommt der systematischen Behandlung des Risikos eine steigende Bedeutung zu. Die traditionellen Steuerungssysteme gingen vielfach von einer einfach prognostizierbaren zukünftigen Umfeld- und Unternehmensentwicklung aus. Da dieser Zustand nicht mehr gegeben ist, werden verstärkt Anstrengungen unternommen, Methoden des Risikomanagements in den Steuerungssystemen der Unternehmen zu integrieren. Der Prozessschritt der Risikoaggregation stellt einen wichtigen Bestandteil der systematischen Risikobehandlung dar. Auf Basis von verlässlichen aggregierten Daten könnte die Risikosituation eines Unternehmens übergreifend erfasst und optimiert werden. Anhand der bisher in der industriellen Praxis verwendeten Methoden ist eine verlässliche Aggregation jedoch vielfach noch nicht befriedigend durchführbar. In der Praxis wird bisher zumeist keine zentrale, alle Risikoarten umfassende Aggregationsanalyse vorgenommen. Das industrielle Risikomanagement ist bisher eher dezentral ausgerichtet. Für einzelne Risikoarten oder Unternehmensbereiche werden Risiken bestimmt und gesteuert. Eine übergreifende Aggregationsrechnung wird jedoch vielfach noch nicht durchgeführt. Der Fokus dieser Arbeit besteht in der Fragestellung, welche der in der Literatur aufgeführten Risikoaggregationsmethoden in einem übergreifenden industriellen Risikomanagement- bzw. Risikocontrollingprozess eingesetzt werden können.[862]

7.1 Zusammenfassung der Ergebnisse der Kapitel 4-6

Für die Untersuchung der Fragestellung dieser Arbeit werden die in der Literatur aufgeführten Methoden der Risikoaggregation in drei Klassen unterteilt. Diese Klassen werden anhand von vier Kriterien untersucht. Es können somit jeweils vergleichende wie absolute Beurteilungen bezüglich der einzelnen Verfahrensgruppen ermittelt werden. Da sich die untersuchten Verfahrensklassen teilweise aus heterogenen Einzelverfahren zusammensetzen, ist die Beurteilung nicht eindeutig durchführbar. Um eine Beurteilungsmöglichkeit herzustellen, werden die Grundcharakteristika der einzelnen Verfahrensklassen herausgearbeitet. Anhand dieser Grundcharakteristika können Beurteilungen bezüglich der einzelnen Kriterien vorgenommen werden.

Untersuchte Verfahrensklassen

Die erste untersuchte Verfahrensklasse stellt die Gruppe der kapitalmarktbasierten Aggregationsmethoden dar. Theoretische Grundlage dieser Verfahren bildet die Kapitalmarkttheorie. Aufbauend auf Annahmen, wie der Existenz von informationseffizienten Kapitalmärkten, kann gefolgert werden, dass sich aus Kapitalmarktkursen neben der Bewertung eines Unternehmens auch dessen systematisches Risiko ableiten lässt. Instrumente zur Erfassung des Risikos stellen der Betafaktor oder Ansätze der Arbitrage Pricing Theory dar. Im Grundansatz können nach diesen Aggregationsverfahren lediglich gesamtunternehmensbezogene Risikodaten ermittelt werden.[863] Es existieren jedoch verschiedene Verfahren für eine Flexibilisierung der Aggregationsmethode. Durch Verwendung von approximativen Ansätzen, wie den Fundamental-Beta-Werten, dem Analogieansatz oder Pragmatischen Betas, können auf dem Informationsverarbeitungsprozess der Kapitalmärkte basierende Risikowerte auf einzelne Konzernbereiche heruntergebrochen werden.

Die zweite untersuchte Klasse von Risikoaggregationsmethoden besteht in der Gruppe der quantitativen Verfahren. Diese Gruppe umfasst unterschiedliche Methoden der Risikoaggregation, deren ursprüngliches Einsatzgebiet im Finanzsektor liegt. Im Banken- und Versicherungssektor bestehen verschiedenste Verfahren, Risiken quantitativ zu erfassen und auf aggregierte Spitzenrisikokennzahlen zu verdichten. Die Verfahren lassen sich prinzipiell auch auf den industriellen Sektor übertragen. Aufgrund von verschiedenen Faktoren, wie divergierenden Wertschöpfungsketten und Risikostrukturen, ist eine Übertragung in der Praxis jedoch lediglich in begrenztem Umfang möglich. Gemeinsam ist den Verfahren der quantitativen Risikoaggregation bei Finanz- und Nichtfinanzunternehmen, dass der Wirkmechanismus von Risikofaktoren auf die Gewinn-, Vermögens- und Liquiditätssituation des Unternehmens modelliert wird. Quantitative Methoden, die sich prinzipiell auf den industriellen Sektor übertragen lassen, sind beispielsweise die Sensitivitätsanalyse, die Szenarioanalyse, die Risk Map oder die Monte-Carlo-Simulation.

Die dritte in dieser Arbeit untersuchte Klasse von Risikoaggregationsverfahren besteht in der Gruppe der Rating- und Scoringverfahren. Scoringverfahren sind ein umfassend einsetzbares Instrument zur strukturierten Beurteilung von komplexen Inhalten unter Unsicherheit. Im Zusammenhang mit der Risikoaggregation können Scoringverfahren für unterschiedlichste Betrachtungsobjekte verwendet werden. Das Ratingverfahren ist ein auf dem Scoringver-

[862] Der mit einem Aggregationsverfahren verbundene Prozessschritt der Risikoidentifikation wird in dieser Arbeit nicht detailliert betrachtet. Techniken der Risikoidentifikation werden in der Literatur in vielen Beiträgen dargestellt. Siehe Abschnitt 2.2.4.2.

[863] Bei Konzernen ist im Normalfall lediglich die Holdinggesellschaft oder die Konzernmutter an der Börse gelistet.

fahren aufbauendes Risikoaggregationsinstrument, welches zur umfassenden Beurteilung der Bonität von Unternehmen entwickelt wurde. Die Bonität eines Unternehmens wird, basierend auf der Beurteilung bezüglich einzelner Kriterien, ordinal auf einer Skala bewertet. Die übergreifende Bewertung des Unternehmens aus den Beurteilungen bezüglich der Einzelkriterien kann rechnerisch fixiert oder basierend auf subjektiv-intuitiven Prozessen erfolgen. Beim Rating werden qualitative und quantitative Informationen zum Unternehmen und dessen Branche bzw. Wettbewerbssituation betrachtet. Grundlage der quantitativen Beurteilung bilden verschiedene Finanzkennzahlen.

Kriterien

In dieser Arbeit werden die drei gebildeten Klassen von Risikoaggregationsmethoden anhand der Kriterien der Flexibilität, der Einfachheit, der Güte und der Einsetzbarkeit im Rahmen des Controllingprozesses untersucht. Bezüglich des Kriteriums der Flexibilität wird analysiert, inwiefern sich die Verfahren für eine Aggregation entlang unterschiedlicher, im Controllingprozess häufig betrachteter Dimensionen eignen. Es werden die Dimensionen der regionalen, der produktbezogenen, der funktionsbereichs-/prozessbezogenen, der risikoartenbezogenen sowie der zeitlichen Dimension betrachtet. Das Kriterium der Einfachheit umfasst die Fragestellung, inwieweit ein System ohne erheblichen Aufwand in der Praxis implementiert werden kann. Weiterhin wird beurteilt, ob die Verfahren einfach verständlich und nachvollziehbar sind. Entsprechend dem Kriterium der Güte wird die Qualität der auf Basis der Aggregationsverfahren ermittelten Daten untersucht. Das Kriterium der Einsetzbarkeit im Management- und Controllingprozess fokussiert auf die Fragestellung, inwiefern ein System der Risikoaggregation zielführend in einem industriellen Controllingprozess verwendet werden kann. Es wird insbesondere untersucht, ob die Verfahren in das Informationsversorgungssystem und in das Planungs- und Steuerungssystem eines zentralen Controllings integriert werden können.

Beurteilungen

Bezüglich des Kriteriums der Flexibilität weisen quantitative Aggregationsmethoden und Scoring- und Ratingansätze jeweils innerhalb spezifischer Anwendungsfelder befriedigende Eigenschaften auf. Bei kapitalmarktbasierten Aggregationsmethoden ist die Flexibilität hingegen geringer einzuschätzen.

Im Grundansatz können anhand der kapitalmarktbasierten Risikoaggregationsverfahren lediglich Risikowerte für eigenständig notierte Geschäftsbereiche ermittelt werden. Auch über Approximationsansätze lassen sich Risikowerte nur für die oberste Aggregationsebene eines Unternehmens ermitteln. Eine Bestimmung von Risikowerten für Risikoarten, Funktionsbereiche oder regionale Unternehmenseinheiten ist nur beschränkt möglich.

Quantitative Methoden sind theoretisch umfassend einsetzbar. Anhand der Methode der Monte-Carlo-Simulation könnten theoretisch sämtliche Risiken unter Berücksichtigung der Korrelationen nach verschiedensten Dimensionen korrekt abgebildet und aggregiert werden. Aufgrund praktischer Probleme der Implementierung sowie der Schwierigkeit der Bestimmung der Eingangsparameter ist dieser Ansatz in der Praxis bisher jedoch nur für Finanzrisiken umfassend einsetzbar.[864] Weitere quantitative Aggregationsverfahren, wie die Risk Map oder die Sensitivitätsanalyse, eignen sich hauptsächlich für die approximative Aggregation bestimmter Risikoklassen.[865]

Weitgehend flexibel einsetzbar sind die Methoden des Ratings und des Scorings. Scoringmodelle können top down für umfassende Analysen oder bottom up für spezielle Untersuchungsgegenstände eingesetzt werden. Ratingmethoden können für als eigenständig am Markt agierende Unternehmenseinheiten verwendet werden. Insbesondere eignen sich diese Methoden für die Bestimmung von aggregierten Informationen zu Geschäftsrisiken. Für die Aggregation von Daten zu operationellen Risiken und Finanzrisiken stellen Ratingmethoden lediglich approximative Prozesse bereit.

Bei der Beurteilung der Einfachheit sind vor allem kapitalmarktbasierte Aggregationsmethoden und einige Ansätze der quantitativen Verfahren positiv hervorzuheben. Bei der Beurteilung wird in dieser Arbeit zwischen den Subkriterien der organisatorischen Einfachheit und der Verständlichkeit unterschieden.

Bezüglich des Kriteriums der organisatorischen Einfachheit gilt, dass Top-Down-Methoden tendenziell einfacher zu implementieren und betreiben sind als Bottom-Up-Methoden. Die Methoden können zentral eingesetzt werden, ohne dass hierfür umfassende Prozesse in der gesamten Organisation implementiert werden müssen. Bezüglich der organisatorischen Einfachheit sind unter anderem aus diesem Grund kapitalmarktbasierte Verfahren sowie Rating- und Top-Down-Scoringverfahren positiv zu beurteilen. Auch einige den quantitativen Risikoaggregationsverfahren zuzurechnende Methoden, wie die Sensitivitätsanalyse oder Top-Down-Szenarien, können für bestimmte Anwendungsbereiche ohne erheblichen Aufwand implementiert werden.[866]

Wird das Kriterium der Einfachheit als die Verständlichkeit und Nachvollziehbarkeit von Prozessen definiert, so sind vor allem kapitalmarktbasierte Risikoaggregationsmethoden und einige quantitative Verfahren, wie die Sensitivitätsanalyse oder die Risk Map, positiv hervorzuheben. Bei Ratingprozessen ist die Nachvollziehbarkeit vergleichsweise negativ einzuschätz-

[864] Siehe Fußnote 873.

[865] Die in der Praxis häufig eingesetzte Risk Map eignet sich beispielsweise für eine Aggregation von operationellen Risiken (zumeist Ereignisrisiken) über verschiedene Ebenen.

[866] Im Rahmen von Bottom-Up-Reportingprozessen sind zudem Risk Maps weitgehend einfach zu implementieren.

en, da die Aggregationsleistung zum Teil nicht durch die Methode, sondern subjektiv-intuitiv durch die am Ratingprozess beteiligten Personen erbracht wird.

Bezüglich des Kriteriums der Güte kann kein Verfahren als vollkommen geeignet angesehen werden.[867] Eine Ausnahme bilden Verfahren zur Aggregation kurzfristiger Finanzrisiken, für die sich standardisierte und in Praxis und Theorie anerkannte quantitative Methoden entwickelt haben. Innerhalb weiterer Anwendungsfelder können ausreichende Prognoseeigenschaften zudem durch Ratingtechniken und durch einige quantitative Risikoaggregationsverfahren erzielt werden.

Kapitalmarktbasierte Risikoaggregationsmethoden können den im Controllingprozess bestehenden Güteanforderungen nicht standhalten. Zum einen spiegeln Methoden wie der Betafaktor zumeist nur das systematische aggregierte Gesamtrisiko eines Unternehmens wider. Zudem reicht die Effizienz der Kapitalmärkte in der Praxis nicht aus, um den Genauigkeitsanforderungen von unternehmensinternen Steuerungstechniken zu entsprechen.[868]

Die Güte von quantitativen Methoden der Risikoaggregation hängt von den Eingangsdaten eines Systems und der Modellierungstechnik ab. Die Güte der gebräuchlichen Verfahren zur Aggregation von Finanzrisiken ist als vergleichsweise hoch zu bezeichnen. Für weitere Risikoklassen, wie Geschäftsrisiken oder operationelle Risiken, können lediglich Daten einer schlechteren Qualität ermittelt werden. Quantitative Top-Down-Methoden, wie Szenarien, weisen einen approximativen Charakter auf. Quantitative Bottom-Up-Prozesse verfügen über den Vorteil, dass auf das dezentral in der Organisation vorhandene Wissen zurückgegriffen werden kann. Wenn die Eingangsdaten durch Experten in hinreichender Qualität bereitgestellt werden, können beispielsweise über das Instrument der Risk Map für Ereignisrisiken Ergebnisse einer ausreichenden Güte erzielt werden.

Bei Scoringverfahren hängt die Güte weitgehend von dem Wissen und der Erfahrung der beurteilenden Personen und von dem Scoringkatalog ab.[869] Ratingprozesse können gute Resultate bei der Aggregation von Geschäftsrisiken aufweisen. Aufgrund der starken subjektiven Komponente hängt die Güte jedoch weitgehend von den analytischen Fähigkeiten der beurteilenden Personen ab.

---

[867] Aufgrund der Komplexität der Vorhersage zukünftiger Ereignisse sowie der mangelnden Überprüfbarkeit vieler Ausgangsinformationen eines Risikoaggregationssystems ist eine korrekte Parametrisierung der Modelle und eine richtige Spezifikation der Eingangsdaten schwierig.

[868] Für strategische Auswertungen können diese Methoden hingegen verwendet werden. In diesem Anwendungsbereich wird mit einem geringeren Detaillierungsgrad gerechnet.

[869] Wird ein detailliertes Scoringsystem verwendet, bei dem den Beurteilenden wenig Spielraum verbleibt, so hängt die Güte weitgehend von dem Kriterienkatalog und dem Gewichtungssystem ab.

Das letzte in dieser Arbeit verwendete Kriterium stellt das der Relevanz im Controllingprozess dar. Für Informationsversorgungsprozesse eignen sich insbesondere quantitative Verfahren und scoring- und ratingbasierte Methoden. Für eine Steuerungsfunktion können einige quantitative Verfahren eingesetzt werden. Auch Rating- und Scoringprozesse sind für bestimmte Anwendungsfälle einsetzbar.
Aufgrund der geringen Güte sind kapitalmarktbasierte Verfahren der Risikoaggregation nicht für operative Risikoreportingprozesse geeignet. Hingegen können sie im Rahmen strategischer Überlegungen als Entscheidungshilfe für definierte Fragen verwendet werden. Für eine Steuerungsfunktion können diese Verfahren nicht eingesetzt werden. Die Qualität des Rückkopplungsprozesses ist zu schwach ausgeprägt.
Quantitative Verfahren der Risikoaggregation eignen sich für Informationsversorgungsprozesse. Aufgrund der Normierungsmöglichkeit können Risiken konzernweit bewertet und aggregiert werden. Sowohl quantitative Reportingprozesse als auch Top-Down-Approximationsmodelle können wichtige Informationen erzeugen. Für eine Steuerung sind die Methoden in beschränktem Umfang verwendbar. Finanzrisiken können beispielsweise über Limits im Vergleich zu anderen Risikoarten gut gesteuert werden. Für operationelle Risken kann eine Grobsteuerung anhand von Bottom-Up-Methoden, wie der Risk Map, erfolgen. Eine auf quantitativen Methoden basierende Steuerung der Geschäftsrisiken ist aufgrund der Vielzahl von Einflussfaktoren auf diese Risikokategorie tendenziell nur bedingt möglich.
Ratingansätze eignen sich vor allem für die Aggregation von Geschäftsrisiken. Nach diesen Methoden werden viele relevante Einflussfaktoren des Geschäftsrisikos erfasst. Problematisch ist, dass anhand der beim Rating verwendeten Aggregationstechnik keine automatisierte Errechnung einer Spitzenrisikokennzahl erfolgt. Die Aggregation und Desaggregation eines angestrebten Risikoniveaus auf einzelne Stellparameter ist nicht automatisierbar und muss durch den Controller oder durch das Management erfolgen. Scoringverfahren eignen sich im Rahmen eines Top-Down-Ansatzes für eine aggregierte Informationsermittlung. Für eine Steuerung ist ein derartiger Ansatz nicht geeignet. Über scoringbasierte Bottom-Up-Aggregationsprozesse können bestimmte, inhaltlich eng umrissene Risiken gesteuert werden.

7.2 Fazit

Aufgrund der Komplexität des Untersuchungsgegenstandes dieser Arbeit ist es schwierig, eine allgemein gültige Folgerung aufzustellen. Ein Risikomanagementsystem muss individuell an die Umwelt- und die Unternehmenseigenschaften angepasst werden. Faktoren, die eine individuelle Ausgestaltung des Aggregationssystems erfordern, stellen beispielsweise die Unternehmensgröße, die Branche, die Technologien, der Standort, die Kapitalstruktur, die Unternehmenskultur, die Diversifizierung oder die individuellen Führungsstrukturen dar. Trotz der Anforderung nach einer individuellen Ausrichtung des Risikoaggregationssystems können auf der Basis der Ergebnisse dieser Arbeit einige allgemeinere Aussagen getroffen werden.

1. Die Risikoaggregation in einem Unternehmen sollte differenziert nach Risikoklassen erfolgen. In Unternehmen existieren unterschiedliche Risikoformen. Entsprechend einem „Building Block Approach“[870] sollten Risiken mit unterschiedlichen Charakteristika im Rahmen einer mehrstufigen Risikoartenhierarchie getrennt werden. Auf der obersten Hierarchiestufe sollten jeweils wenige übergeordnete Risikoklassen gebildet werden, denen in zeitlicher und inhaltlicher Hinsicht homogene Risikoarten zugeordnet werden können. Bei den Banken wird zumeist die Aufteilung der einzelnen Risikoarten in wenige übergeordnete Risikoklassen durchgeführt. Es wird vorgeschlagen, in der kurz- und mittelfristigen Sichtweise für Industrieunternehmen auf oberster Risikoartenhierarchieebene die im Risikomanagement der Banken gebräuchlichen Risikoklassen der finanziellen, der operationellen und der geschäftlichen Risiken zu übernehmen.[871] Bei einer langfristigen Sichtweise sollte keine derartige Unterteilung vorgenommen werden. Langfristig sind alle Risiken letztendlich der Klasse der geschäftlichen Risiken zuzuordnen.[872]

2. Bei der Risikoaggregation sollten für die einzelnen Risikoklassen differenzierte Instrumente verwendet werden. In der im Rahmen dieser Arbeit durchgeführten Untersuchung wurde unter dem Kriterium der Flexibilität betrachtet, inwiefern sich die Aggregationsmethoden für einen Einsatz entlang verschiedener Untersuchungsdimensionen eignen. Es hat sich gezeigt, dass die Qualität eines Risikoaggregationsinstruments jeweils nur im Zusammenhang mit einzelnen untersuchten Risikoklassen beurteilt werden kann. Die Qualität der Methoden unterscheidet sich abhängig von der betrachteten Risikoklasse. Die meisten Aggregationsmethoden eignen sich nur für definierte Risikoklassen. Somit sollten für eine Risikoklasse jeweils spezielle Instrumente eingesetzt werden. Für das gesamte Risikospektrum eines Unternehmens empfiehlt es sich somit, nicht eine Methode, sondern eine geringe Anzahl von Methoden parallel zu betreiben. Diese sollten jedoch nicht nebeneinander, sondern integriert und ergänzend angewendet werden. Für Finanzrisiken existieren in der Praxis erprobte Aggregationsmethoden. Für die anderen Risikoklassen werden im Folgenden bestimmte Aggregationstechniken vorgeschlagen.

---

[870] Vgl. Schierenbeck 2003b, S. 137.

[871] Bei vielen Risikoaggregationssystemen des Industriesektors werden lediglich operationelle Risiken betrachtet. Insofern wird der vorgeschlagene Ansatz implizit bereits eingesetzt.

[872] Die meisten bestehenden Risiken sind letztendlich auf vergangene Entscheidungen zum strategischen Ressourcenaufbau zurückzuführen.

3. Operationelle Risiken weisen zumeist den Charakter eines Ereignisrisikos auf. Im Bankenbereich werden teilweise komplexe statistische oder simulationsgestützte Modelle für die Aggregation von operationellen Risiken verwendet. Eine Übernahme dieser komplexen Techniken in den industriellen Sektor ist zum momentanen Stand der Entwicklung nur in Ausnahmenfällen sinnvoll. Im Industriebereich sollten möglichst einfache und nachvollziehbare Methoden verwendet werden. Aufgrund der Unsicherheit der Quantifizierung der Eingangsdaten erbringen komplexere Methoden keinen Genauigkeitsvorteil. Im Normalfall eignen sich einfache quantitative Aggregationsmethoden wie die Risk Map für die Aggregation von operationellen Risiken. Anhand dieser Methode können die wesentlichen Grundcharakteristika von operationellen Risiken modelliert und zusammengefasst werden. Für spezielle, bezüglich der Risikofaktoren abgrenzbare Risiken können zudem Scoringmethoden eingesetzt werden.
Gegenüber den geschäftlichen Risiken weisen operationelle Risiken die Eigenheit auf, dass die innerhalb und außerhalb des Unternehmens bestehenden Risikofaktoren vielfach identifizierbar sind und teilweise speziell behandelt werden können. Operationelle Risiken sollten demzufolge in unterschiedlichen Bereichen und Ebenen der Unternehmung dezentral erfasst werden. Über Bottom-Up-Berichtsprozesse kann das in der Organisation verfügbare Wissen gebündelt werden. Die Berichtsstrukturen können auch für eine Steuerung der Risiken verwendet werden.

4. Geschäftsrisiken sind von hoher Bedeutung für das Unternehmen. Die in dieser Arbeit hauptsächlich betrachteten kurz- und mittelfristigen Geschäftsrisiken sind quantitativ schwer modellierbar. Da die Risiken von einer Vielzahl von Risikofaktoren verursacht werden, dürfte eine detaillierte Modellierung in der Praxis zumeist nicht durchführbar sein. Modellbasierte Methoden eignen sich demzufolge nur bedingt für eine Aggregation von Geschäftsrisiken. Für die Aggregation von Geschäftsrisiken sollten unterschiedliche Methoden, wie quantitative Top-Down- und Bottom-Up-Aggregationstechniken sowie Ansätze des Ratings, integriert verwendet werden. Auf Basis finanzieller Ratingmethoden können top down anhand von traditionellen Rechnungswesendaten mit geringem Aufwand erprobte Risikokennzahlen ermittelt werden. Zur Abschätzung einzelner Risikokomponenten können weiterhin top down quantitative, eher strategische Methoden, wie Szenarioanalysen, verwendet werden. Für definierte Untersuchungsgegenstände können quantitative Bottom-Up-Reportingsysteme eingesetzt werden. Aufgrund der erheblichen Unsicherheit der Quantifizierung der Eingangsdaten sollten jeweils nur einfache Quantifizierungsansätze verwendet werden. Auch zur Steuerung sollte ein differenziertes Instrumentarium eingesetzt werden. Über finanzielle Ratingindikatoren können Risikogesichtspunkte beispielsweise in die monetären Ertragssteuerungssysteme integriert werden.

5. Mit der Zunahme von regulatorischen und betriebswirtschaftlichen Anforderungen an das Risikomanagement im Industrie- und im Finanzsektor sind weitere Innovationen im Feld der Risikoaggregation zu erwarten. Viele Innovationen im Bereich des Risikomanagements werden weiterhin aus dem Banken- und Versicherungssektor stammen. Bei einer Bewährung im Finanzsektor werden die Methoden auf den industriellen Sektor übertragen. Es ist beispielsweise denkbar, dass sich komplexere Methoden, wie beispielsweise Simulationen, die sich heute für einen Einsatz im breiten industriellen Risikomanagement nicht eignen, auf Basis im Bankensektor gesammelter Erfahrungen mittel- und langfristig auch im industriellen Sektor durchsetzen können.[873]

Es existieren viele Felder der Risikoaggregation, in denen ein Bedarf an Innovationen und praktischen Erfahrungen besteht. Beispielsweise sollte es zu einer weitergehenden Standardisierung der Risikoarten und -klassen kommen, was in einer anderen Arbeit zu untersuchen ist. Die Risikoklassen und Risikoarten lassen sich im industriellen Sektor für einzelne Branchen standardisieren. Hierfür könnte sich das bei Banken eingesetzte und in dieser Arbeit für einen Einsatz im industriellen Sektor vorgeschlagene Klassifikationsschema als Basis eignen. Es besteht zudem ein weiterer Entwicklungs- und Erprobungsbedarf bei den Techniken zur Aggregation von operationellen Risiken und Geschäftsrisiken. Potentielle Techniken zur Aggregation von operationellen Risiken werden momentan im Finanzsektor umfassend analysiert. Der Betrachtung des kurz- und mittelfristigen Geschäftsrisikos wird in Zukunft eine höhere Aufmerksamkeit zukommen. Eine Möglichkeit besteht beispielsweise darin, Ansätze zu einer standardisierten Integration von Ratingmethoden in die internen Prozessen der Geschäftsrisikoaggregation zu entwickeln.

[873] Im Rahmen von Basel II werden im Bankenbereich momentan umfangreiche Tests zum Einsatz statistischer Modelle für das Management von operationellen Risiken durchgeführt. Bei einer erfolgreichen Standardisierung einzelner quantitativer Modellierungstechniken ist eine Übertragung auf bestimmte Anwendungsfelder des industriellen Risikomanagements denkbar.

Literaturverzeichnis

Adelt, Bruno; Ruf, Michael (2002): Controlling im Volkswagen-Konzern. Von der Dokumentation zur Zukunftsgestaltung, in: Controlling, 14. Jg., H. 11, S. 643-650.

Aders, Christian; Hebertinger, Martin, (2003): Value Based Management - Shareholder-Value-Konzepte, in: Ballwieser, Wolfgang; Wesner, Peter; KPMG (Hrsg.): Value Based Management, S. 1-48, Frankfurt.

Aggarwal, Rajesh K.; Samwick, Andrew A. (2003): Why Do Managers Diversify Their Firms? Agency Reconsidered, in: JoF, Vol. 58, No. 1, S. 71-118.

Albrecht, Peter; Koryciorz, Sven (2000): Value-at-Risk für Versicherungsunternehmen: Konzeptionelle Grundlagen und Anwendungen, in: Johanning, Lutz; Rudolph, Bernd (Hrsg.): Handbuch Risikomanagement Band 2, S. 1105-1129, Uhlenbruch Verlag, Bad Soden.

Albrecht, Peter; Maurer, Raimond; Mayser, Jürgen (1996): Multi-Faktorenmodelle: Grundlagen und Einsatz im Management von Aktien-Portefeuilles, in: ZfbF, 48. Jg., H. 1, S. 3-29.

Albrecht, Thomas (1998): Die Vereinbarkeit der Value-at-Risk-Methode in Banken mit anteilsorientierter Unternehmensführung, in: ZfB, 69. Jg., H. 3, S. 259-273.

Alexander, Carol (2003a): Statistical models of operational loss, in: Alexander, Carol (Hrsg.): Operational Risk, S. 129-170, Prentice Hall Verlag, London.

Alexander, Carol (2003b): Managing operational risks with Bayesian networks, in: Alexander, Carol (Hrsg.): Operational Risk, S. 285-295, Prentice Hall Verlag, London.

Allianz (2002): Allianz Geschäftsbericht 2001, München.

Amann, Martin; Bissinger, Maria; Rashid, Andre (2003): Cash ist Fakt - Gewinn ist Ansichtssache, in: RATINGaktuell, 2. Jg., H. 2, S. 10-13.

Amit, Raphael; Wernerfelt, Birger (1990): Why Do Firms Reduce Business Risk?, in: Academy of Management Journal, Vol. 33, No. 3, S. 520-533.

Andritzky, Klaus (1976): Der Einsatz von Scoring-Modellen für die Produktbewertung, in: Die Unternehmung, 30. Jg., H. 1, S. 21-37.

Arbeitskreis Finanzierung der Schmalenbach-Gesellschaft (1996): Wertorientierte Unternehmenssteuerung mit differenzierten Kapitalkosten, in: ZfbF, 48. Jg., H. 6, S. 543-578.

Baetge, Jörg; Baetge, Kai; Kruse, Ariane (2001): Bilanz-Rating und Kreditwürdigkeitsprüfung, in: Schierenbeck, Henner; Rolfes, Bernd; Schüller, Stephan (Hrsg.): Handbuch Bankcontrolling, 2. Auflage, S. 981-993, Gabler Verlag, Wiesbaden.

Baetge, Jörg; Jerschensky, Andreas (1999): Frühwarnsysteme als Instrumente eines effizienten Risikomanagements und -controllings, in: Controlling, 11. Jg., H. 4/5, S. 171-176.

Baetge, Jörg; Niemeyer, Kai; Kümmel, Jens (2001): Darstellung der Discounted-Cashflow-Verfahren (DCF-Verfahren) mit Beispiel, in: Peemöller, Volker H. (Hrsg.): Praxishandbuch Unternehmensbewertung, S. 263-360, Verlag Neue Wirtschafts-Briefe, Herne/Berlin.

Baetge, Jörg; Sieringhaus, Isabel (1996): Bilanzbonitäts-Rating von Unternehmen, in: Büschgen, Hans; Everling, Oliver (Hrsg.): Handbuch Rating, S. 221-249, Gabler Verlag, Wiesbaden.

Bahsi, Gökhand; Ringle, Günther (1981): Die Bestimmung der optimalen Organisationsform mit Hilfe der Scoring-Methode, in: Zeitschrift für Organisation, 50. Jg., H. 4, S. 208-214.

Ballwieser, Wolfgang (2003): Controlling und Risikomanagement: Aufgaben des Vorstands, in: Hommelhoff, Peter; Hopt, Klaus J.; von Werder, Axel (Hrsg.): Handbuch Corporate Governance, S. 429-440, Schäffer-Poeschel Verlag, Stuttgart.

Balzi, Beat; Pauly, Christoph (2003): Die Finanzfabrik der Zukunft, in: Der Spiegel, H. 1/2004, 29.12.2003. S. 60-63.

Bamberg, Günter; Baur, Franz (1987): Statistik, 5. Auflage, Oldenbourg Verlag, München.

Barton, Thomas; Shenkir, Wiliam; Walker, Paul (2002): Making Enterprise Risk Management Pay Off, Prentice Hall Verlag, New York.

Bartram, Söhnke M. (2000): Verfahren zur Schätzung finanzwirtschaftlicher Exposures von Nichtbanken, in: Johanning, Lutz; Rudolph, Bernd (Hrsg.): Handbuch Risikomanagement Band 2, S. 1267-1294, Uhlenbruch Verlag, Bad Soden.

Bartsch, Hans-Jochen (1997): Taschenbuch mathematischer Formeln, 17. Auflage, Karl Hanser Verlag, München.

Baur, Wolfgang; Horvath, Peter (2003): Aktuelle Herausforderungen an das Controlling bei der Dürr AG, in: Controlling, 15. Jg., H. 1, S. 53-55.

Bausch, Andreas; Kaufmann, Lutz (2000): Innovationen im Controlling - am Beispiel der Entwicklung monetärer Kennzahlensysteme, in: Controlling, 12. Jg., H. 3, S. 121-128.

BDI (2001): Corporate Governance in Deutschland, BDI Drucksache Nr. 322, Berlin.

Becker, Daniel R. (2001): Finanzierungstheoretische Aspekte von Tracking Stocks als Restrukturierungsinstrument, www.uni-koeln.de/wisofak/bankseminar/veroeff/mub/85/Becker.pdf, Stand: 02.05.2003.

Beeck, Helmut; Kaiser, Thomas (2000): Quantifizierung von Operational Risk mit Value-at-Risk, in: Johanning, Lutz; Rudolph, Bernd (Hrsg.): Handbuch Risikomanagement Band 1, S. 633-653, Uhlenbruch Verlag, Bad Soden.

Berblinger, Jürgen (1996): Marktakzeptanz des Rating durch Qualität, in: Büschgen, Hans; Everling, Oliver (Hrsg.): Handbuch Rating, S. 21-110, Gabler Verlag, Wiesbaden.

Bergmann, Markus (2003): Basel II: Optimiertes Kreditrisiko-Management mit intelligentem IT-Invest, in: RATINGaktuell, 2. Jg., H. 2, S. 38-41.

Bernstein, Peter (1998): Against the Gods: The Remarkable Story of Risk, Wiley Verlag, New York.

Betz, Stefan (2001): Abweichungsanalysen als Instrumente des Risikomanagements, in: Götze, Uwe; Henselmann, Klaus; Mikus, Barbara (Hrsg.): Risikomanagement, S. 475-492, Physica-Verlag, Heidelberg.

Bierach, Barbara (2002): Hammer, Nagel, Schere - Welche Managementtechniken halten, was sie versprechen?, in: Wirtschaftswoche, 56. Jg., Nr. 38, S. 96-97.

Bilfinger Berger (2002): Bilfinger Berger Geschäftsbericht 2001, Mannheim.

BIS (2003): The New Basel Capital Accord, www.bis.org/publ/bcbsca.htm, Stand: 07.02. 2004.

Black, Fisher (1986): „Noise“, in: JoF, Vol. 41, No. 3, S. 529-543.

Blunden, Tony (2003): Scorecard Approaches, in: Alexander, Carol (Hrsg.): Operational Risk, S. 229-240, Prentice Hall Verlag, London.

Bodie, Zvi; Kane, Alex; Marcus, Alan J. (2002): Investments - International Edition, McGraw-Hill Verlag, New York.

Bol, Georg (2004): Wahrscheinlichkeitstheorie, 5. Auflage, Oldenbourg Verlag, München.

Born, Karl (2002): Rechnungslegung International, 3. Auflage, Schäffer-Poeschel Verlag, Stuttgart.

Bourqui, Claude; Blumer, Andreas (2002): Der Sarbanes-Oxley Act: Fakten und Folgen, in: Praxis Special, o. Jg., H. 11/2002, S. 19-23, Ernst & Young, Zürich.

Brandt, Werner; Hütten, Christoph (2003): Die Finanzberichterstattung international börsennotierter Unternehmen im Licht der jüngsten Entwicklungen - Das Beispiel SAP, in: ZfbF, 55. Jg., H. 11, S. 707-721.

Braun, Peter; Gstach, Oliver (2002): Rating kompakt - Basel II und die neue Kreditwürdigkeitsprüfung, Kognos Verlag, Augsburg.

Brealey, Richard A.; Myers, Stewart C. (2000): Principles Of Corporate Finance, 6. Auflage, McGraw-Hill Verlag, Boston.

Brühl, Volker (2000): Länderrisiken bei internationalen Unternehmenskäufen, in: Finanz Betrieb, 2. Jg., H. 2, S. 61-66.

Bruns, Hans-Georg (2002): International vergleichbare und qualitativ hochwertige deutsche Jahresabschlüsse durch Anwendung der IAS/IFRS, in: ZfbF, 54. Jg., H. 3, S. 173-181.

Buchner, Holger (2000): Anforderungen an die Informationsversorgung in turbulenten Zeiten, in: Horvath & Partner (Hrsg.): Früherkennung in der Unternehmenssteuerung, S. 143-169, Schäffer-Poeschel Verlag, Stuttgart.

Buderath, Hubertus; Amling, Thomas (2000): Das interne Überwachungssystem als Teil des Risikomanagements, in: Dörner, Dietrich; Horvath, Peter; Kagermann, Henning (Hrsg.): Praxis des Risikomanagements, S. 127-152, Schäffer-Poeschel Verlag, Stuttgart.

Bufka, Jürgen; Schiereck, Dirk (1999): Risikoadjustierung der Kapitalkosten über die BCG-Methode: Überlegungen zur Weiterentwicklung pragmatischer Ansätze, in: ZfB, 69. Jg., S. 1455-1461.

Bufka, Jürgen; Schiereck, Dirk; Zinn, Kai (1999); Kapitalkostenbestimmung für diversifizierte Unternehmen, in: ZfB, 69. Jg., H. 1, S. 115-131.

Bundesbank (2001): Deutsche Bundesbank Monatsbericht April 2001, Frankfurt.

Burger, Anton (1995): Jahresabschlussanalyse, Oldenbourg Verlag, München.

Burger, Anton; Buchhart, Anton (2002): Risikocontrolling, Oldenbourg Verlag, München.

Busse von Colbe, Walther; Pellens, Bernhard (1998): Lexikon des Rechnungswesens, 4. Auflage, Oldenbourg Verlag, München.

Campa, Jose Manuel; Kedia, Simi (2002): Explaining the Diversification Discount, in: JoF, Vol. 57, No. 4, S. 1731-1762.

Casey, Christopher (2000): Unternehmensbewertung und Marktpreisfindung - zur Mikrostruktur des Kapitalmarktes, Deutscher Universitäts-Verlag, Wiesbaden.

Chen, Nai-Fu (1983): Some Empirical Tests of the Theory of Arbitrage Pricing, in: JoF, Vol. 38, No. 5, S. 1393-1414.

Chen, Son-Nan; Keown, Arthur J. (1981): Risk Decomposition and Portfolio Diversification When Beta is Nonstationary: A Note, in: JoF, Vol. 36, No. 4, S. 941-946.

Chew, Donald H. (2002): What's in this Issue - A Message from the Editor, in: Journal of Applied Corporate Finance, Vol. 14, No. 4, S. 2-3.

Coenenberg, Adolf G. (2001): Jahresabschluss und Jahresabschlussanalyse, 18. Auflage, Verlag Moderne Industrie, Landsberg/Lech.

Copeland, Tom; Koller, Tim; Murrin, Jack (1998): Unternehmenswert - Methoden und Strategien für eine wertorientierte Unternehmensführung, 2. Auflage, Campus Verlag, Frankfurt.

Corell, Frank-Christian (2000): Risikomanagement und Unternehmenswert - Die Wertrelevanz der Kapitalanlage, in: Johanning, Lutz; Rudolph, Bernd (Hrsg.): Handbuch Risikomanagement Band 2, S. 1131-1171, Uhlenbruch Verlag, Bad Soden.

Credit Suisse (2002): Credit Suisse Group Geschäftsbericht 2001, Zürich.

Culp, Christopher L. (2002): The Revolution in Corporate Risk Management: A Decade of Innovations in Process and Products, in: Journal of Applied Corporate Finance, Vol. 14, No. 4, S. 8-26.

Currle, Michael (2000): Segmentberichterstattung, in: Controlling, 12. Jg., H. 1, S. 45/46.

Dahya, Jay; McConnel, John J.; Travlos, Nickolaos G. (2002): The Cadbury Committee, Corporate Performance and Top Management Turnover; in: JoF, Vol. 57, No. 1, S. 461-483.

DaimlerChrysler (2003): DaimlerChrysler Geschäftsbericht 2002, Stuttgart.

Daum, Jürgen H. (2002): Intangible Assets oder die Kunst, Mehrwert zu schaffen, Galileo Press Verlag, Bonn.

del Mestre, Guido (2001): Rating-Leitfaden für Kreditinstitute und Unternehmen, Bank-Verlag, Köln.

Deutsche Bank (2003): Deutsche Bank Results 2002, Geschäftsbericht 2002, Frankfurt.

Diederichs, Marc; Danowski, Kerstin (2002): Risikomanagement und Risikocontrolling im CBB Konzern, in: Controlling, 14. Jg., H. 10, S. 571-577.

Döhring, Ulrich; Buchholz, Rainer (2001): Buchhaltung und Jahresabschluss, Erich Schmidt Verlag, Berlin.

Dörner, Dietrich; Doleczik, Günter (2000): Prüfung des Risikomanagements, in: Dörner, Dietrich; Horvath, Peter; Kagermann, Henning (Hrsg.): Praxis des Risikomanagements, S. 193-215, Schäffer-Poeschel Verlag, Stuttgart.

Dowd, Kevin (1998): Beyond Value at Risk, Wiley Verlag, Chichester.

Dresel, Tania (2000): Quantifizierung von Länderrisiken mit Hilfe von Kapitalmarktspreads, in: Johanning, Lutz; Rudolph, Bernd (Hrsg.): Handbuch Risikomanagement Band 1, S. 579-609, Uhlenbruch Verlag, Bad Soden.

DRS 5-10 (2000): Deutscher Rechnungslegungsstandard Nr. 5-10: Risikoberichterstattung von Kredit- und Finanzdienstleistungsinstituten.

Drukarczyk, Jochen (2001): Unternehmensbewertung, 3. Auflage, Vahlen Verlag, München.

DVFA (2002): Fremdkapitalgeber erwarten überzeugende Finanzkommunikation, www.dvfa.de/presse/archiv/pm_20021106.htm, Stand: 11.11.2003.

Easley, David; Hvidkjaer, Soeren; O'Hara, Maureen (2002): Is Information Risk a Determinant of Asset Returns?, in: JoF, Vol. 57, No. 5, S. 2185-2221.

Eck, Peter; Rose, Christian; Ouissi, Michael (2000): Risikomanagement und Bilanzsimulation - Integrationslösung am Beispiel der Aktiv Bau AG, in: Controlling, 12. Jg., H. 2, S. 85-93.

Economist (2004): Living dangerously - A survey of risk, in: The Economist, 24.01.2004, Beilage.

Eggemann, Gerd (2000): Risikomanagement nach KonTraG aus dem Blickwinkel des Wirtschaftsprüfers, in: Betriebs-Berater, 55. Jg., H. 10, S. 503-509.

Eisele, Wolfgang (2002): Technik des betrieblichen Rechnungswesens, 7. Auflage, Vahlen Verlag, München.

Eisenführ, Franz; Weber, Martin (1999): Rationales Entscheiden, 3. Auflage, Springer Verlag, Berlin.

Emmerich, Gerhard (1999): Risikomanagement in Industrieunternehmen - gesetzliche Anforderungen und Umsetzung nach dem KonTraG, in: ZfbF, 51. Jg., H. 11, S. 1075-1089.

Erben, Roland (2002): Der Irrationale Entscheider - David Kahneman erhält den Wirtschafts-Nobelpreis, in: Risknews.de, 11/2002, S. 43/44, www.risknews.de, Stand: 10.01.2003.

Erben, Roland (2003): Das Unternehmens-Controlling im Spiegel des Ratings, in: RATINGaktuell, 2. Jg., H. 2, S. 20-22.

Erben, Roland; Romeike, Frank (2003): Risikoreporting mit Unterstützung von RMIS, in: Romeike, Frank; Finke, Robert B. (Hrsg.): Erfolgsfaktor Risikomanagement, S. 275-297, Gabler Verlag, Wiesbaden.

Esser, Klaus (2000): Wertorientierte Unternehmensführung bei Mannesmann, in: ZfbF, 52. Jg., H. 3, S. 176-187.

Everling, Oliver (1996): Ratingagenturen an nationalen und internationalen Finanzmärkten, in: Büschgen, Hans; Everling, Oliver (Hrsg.): Handbuch Rating, S. 3-17, Gabler Verlag, Wiesbaden.

Everling, Oliver; Sarcher, Walburga (2003): Rating-Lexikon, Bank-Verlag, Köln.

Eyerer, Peter; Schöch, Hartmut; Betz, Michael (2000): Umweltrisiken, in: Dörner, Dietrich; Horvath, Peter; Kagermann, Henning (Hrsg.): Praxis des Risikomanagements, S. 415-442, Schäffer-Poeschel Verlag, Stuttgart.

Fahrmeir, Ludwig; Künstler, Rita; Pigeot, Iris; Tutz, Gerhard (2003): Statistik - Der Weg zur Datenanalyse, 4. Auflage, Springer Verlag, Heidelberg.

Faisst, Ulrich; Kovacs, Markus (2003): Quantifizierung operationeller Risiken - ein Methodenvergleich, in: Die Bank, o. Jg., H. 5/2003, S. 342-349.

Falter, Wolfgang; Michel, Uwe (2000): Frühaufklärung und Risikomanagement für Unternehmen der chemischen Industrie, in: Dörner, Dietrich; Horvath, Peter; Kagermann, Henning (Hrsg.): Praxis des Risikomanagements, S. 471-505, Schäffer-Poeschel Verlag, Stuttgart.

Fama, Eugene F. (1977): Risk-Adjusted Discount Rates and Capital Budgeting under Uncertainty, in: Journal of Financial Economics, Vol. 5, No. 1, S. 3-24.

Fama, Eugene F. (1991): Efficient Capital Markets: II, in: JoF, Vol. 46, No. 5, S. 1575-1617.

Fama, Eugene F.; French, Kenneth R. (1992): The Cross-Section of Expected Stock Returns, in: JoF, Vol. 47, No. 2, S. 427-465.

Fink, Ronald (2003): Option-Pricing In, CAPM Out?, in: CFO.com, www.cfo.com/print-artilcle/1,5317,9414l,00.html, Stand: 15.05.2003.

Fischer, Edwin, O. (1999): Die relevanten Kalkulationszinsfüße in der Investitionsplanung, in: ZfB, 69. Jg., H. 7, S. 777-801.

Fischer, Marc; Fischer, Andreas (2001): Neue Konzepte für das Controlling der Zukunft, in: krp, 45. Jg., H. 1, S. 29-35.

Fitch Ratings (2000): Pharmaceuticals: Formulary for a Strong Credit Profile, February 2000.

Fitch Ratings (2001a): Special Report - Consumer Products: Review and 2002 Outlook, December 2001.

Fitch Ratings (2001b): Criteria Report - Corporate Rating Methodology.

Francfort, Alfred J.; Rudolph, Bernd (1992): Zur Entwicklung der Kapitalmarktstrukturen in Deutschland und den Vereinigten Staaten von Amerika, in: ZfbF, 44. Jg., H. 12, S. 1059-1077.

Franke, Armin (1997): Risiko-Controlling bei Projekten des Industrieanlagenbaus, in: Controlling, 9. Jg., H. 5/6, S. 170-179.

Franke, Günter (1983): Kapitalmarkt und Separation, in: ZfB, 53. Jg., H. 3, S. 239-260.

Frantzmann, Hans-Jörg (1990): Zur Messung des Marktrisikos deutscher Aktien, in: ZfbF, 42. Jg., H. 1, S. 67-83.

Franz, Klaus-Peter (2000): Corporate Governance, in: Dörner, Dietrich; Horvath, Peter; Kagermann, Henning (Hrsg.): Praxis des Risikomanagements, S. 41-72, Schäffer-Poeschel Verlag, Stuttgart.

Franzetti, Claudi (2002): Insurance-based Investment Banking - Szenario von Konkurrenz und Kooperation, in: Die Bank, o. Jg., H. 12/2002, S. 830-835.

Fröhling, Oliver (1999): Risikoadjustierte Kapitalkostenermittlung für Geschäftssegmente, in: ZfB, 69. Jg., H. 12, S. 1445-1454.

Fröhling, Oliver (2000a): KonTraG und Controlling, Vahlen Verlag, München.

Fröhling, Oliver (2000b): Reward- and Risk-Controlling, in: Controlling, 12. Jg., H. 1, S. 5-13.

Funk, Joachim (1999): Wie schaffen diversifizierte Unternehmen Wert?, in: ZfbF, 51. Jg., H. 7/8, S. 759-773.

Füser, Karsten (2001): Intelligentes Scoring und Rating - Moderne Verfahren zur Kreditwürdigkeitsprüfung, Gabler Verlag, Wiesbaden.

Gabler (2000): Gabler Wirtschaftslexikon, 15. Auflage, Gabler Verlag, Wiesbaden.

Garrison, Ray H.; Noreen, Eric W. (2000): Managerial Accounting, 9. Auflage, McGraw-Hill Verlag, New York.

Gay, Gerald D.; Nam, Jouahn; Turac, Marian (2002): How Firms Manage Risk: The Optimal Mix of Linear and Non-Linear Derivatives, in: Journal of Applied Corporate Finance, Vol. 14, No. 4, S. 82-93.

Gebhardt, Günther; Mansch, Helmut (2001): Risikomanagement und Risikocontrolling in Industrie- und Handelsunternehmen, in: ZfbF, Sonderheft 46/2001.

Geiger, Hans; Piaz, Jean-Marc (2001): Identifikation und Bewertung operationeller Risiken, in: Schierenbeck, Henner; Rolfes, Bernd; Schüller, Stephan (Hrsg.): Handbuch Bankcontrolling, 2. Auflage, S. 789-802, Gabler Verlag, Wiesbaden.

Gerke, Wolfgang (2003): Das Pflichtenheft des Risikomanagements, www.bankundboerse.wiso.uni-erlangen.de, Stand: 11.12.2003.

Gerke, Wolfgang; Pellens, Bernhard (2003): Pensionsrückstellungen, Pensionsfonds und das Rating von Unternehmen - eine kritische Analyse, Forschungsgutachten, www.bankundboerse.wiso.uni-erlangen.de, Stand: 10.12.2003.

Gersemann, Olaf (2003): Wirtschaft im Windkanal, in: Wirtschaftswoche, 57. Jg., Nr. 51, S. 84-89.

Geschka, Horst (1999): Die Szenariotechnik in der strategischen Unternehmensplanung, in: Hahn, Dietger; Taylor, Bernard (Hrsg.): Strategische Unternehmensplanung - Strategische Unternehmensführung, 8. Auflage, S. 518-545, Physica-Verlag, Heidelberg.

Glaum, Martin (2000): Finanzwirtschaftliches Risikomanagement deutscher Industrie- und Handelsunternehmen, Studie PWC, Fachverlag Moderne Wirtschaft, Frankfurt.

Glaum, Martin (2002): The determinants of selective hedging - Evidence from German non-financial corporations, Universität Gießen, wiwi.uni-giessen.de/dl/showfile/Glaum/2515, Stand: 15.05.2003.

Glaum, Martin; Brunner, Marko; Himmel, Holger (2000): The DAX and the Dollar: The Economic Exposure of German Corporations, Universität Gießen, wiwi.uni-giessen.de/dl/det/Glaum/2516, Stand: 25.05.2003.

Gleason, James T. (2001): Risikomanagement - Wie Unternehmen finanzielle Risiken messen, steuern und optimieren, Campus Verlag, Frankfurt.

Gleißner, Werner (2000): Risikopolitik und Strategische Unternehmensführung, in: Der Betrieb, 53. Jg., H. 33, S. 1625-1629.

Gleißner, Werner (2001a): Risikomanagement im Überblick, in: Gleißner, Werner; Meier, Günter (Hrsg.): Wertorientiertes Risiko-Management für Industrie und Handel, S. 13-16, Gabler Verlag, Wiesbaden.

Gleißner, Werner (2001b): Identifikation, Messung und Aggregation von Risiken, in: Gleißner, Werner; Meier, Günter (Hrsg.): Wertorientiertes Risiko-Management für Industrie und Handel, S. 111-137, Gabler Verlag, Wiesbaden.

Gleißner, Werner (2003): Rating-Prognose am Beispiel einer Investitionsentscheidung, in: RATINGaktuell, 2. Jg., H. 6, S. 24-27.

Gleißner, Werner; Füser, Karsten (2003): Leitfaden Rating - Basel II: Rating-Strategien für den Mittelstand, 2. Auflage, Vahlen Verlag, München.

Gleißner, Werner; Lienhard, Herbert (2001): Wertorientierte Kapitalallokation - ein Schlüssel zum Unternehmenserfolg, in: Gleißner, Werner; Meier, Günter (Hrsg.): Wertorientiertes Risiko-Management für Industrie und Handel, S. 269-287, Gabler Verlag, Wiesbaden.

Gleißner, Werner; Meier, Günter (2000): Risikomanagement als integraler Bestandteil wertorientierter Unternehmensführung, in: Datenverarbeitung, Steuer, Wirtschaft, Recht (DSWR), 29. Jg., H. 1-2, S. 6-10.

Gleißner, Werner; Wolfrum, Marco (2001): Risiko: Grundlagen aus Statistik, Entscheidungs- und Kapitalmarkttheorie, in: Gleißner, Werner; Meier, Günter (Hrsg.): Wertorientiertes Risiko-Management für Industrie und Handel, S. 139-160, Gabler Verlag, Wiesbaden.

Gomez, Peter (1981): Modelle und Methoden des systemorientierten Managements, Haupt Verlag, Bern.

Graf, Thomas (2002): Risikomanagement in einem internationalen Maschinen- und Anlagenbaukonzern, in: Hölscher, Reinhold; Elfgen, Ralph (Hrsg.): Herausforderung Risikomanagement, S. 143-155, Gabler Verlag, Wiesbaden.

Graham, John; Lemmon, Michael; Wolf, Jack (2002): Does Corporate Diversification Destroy Value?, in: JoF, Vol. 57, No. 2, S. 695-720.

Gramlich, Ludwig (2001): Management internationaler Finanzrisiken - Zur Rolle von Internationalen Organisationen und Gremien auf internationalen Finanzmärkten, in: Götze, Uwe; Henselmann, Klaus; Mikus, Barbara (Hrsg.): Risikomanagement, S. 159-183, Physica-Verlag, Heidelberg.

Grunwald, Egon; Grunwald, Stephan (2001): Bonitätsanalyse im Firmenkundengeschäft - Handbuch Risikomanagement und Rating, 2. Auflage, Schäffer-Poeschel Verlag, Stuttgart.

Haas, Dieter (2000): Risikomanagement in Verkehrsunternehmen, in: Dörner, Dietrich; Horvath, Peter; Kagermann, Henning (Hrsg.): Praxis des Risikomanagements, S. 589-622, Schäffer-Poeschel Verlag, Stuttgart.

Hagstrom, Robert G. (2001): The Essential Buffet - Timeless Principles for the New Economy, Wiley Verlag, New York.

Hahn, Dietger (1999): Strategische Unternehmensführung - Grundkonzepte, in: Hahn, Dietger; Taylor, Bernard (Hrsg.): Strategische Unternehmensplanung - Strategische Unternehmensführung, 8. Auflage, S. 28-50, Physica-Verlag, Heidelberg.

Hahn, Dietger; Hungenberg, Harald (2001): PUK - Planung und Kontrolle; Planungs- und Kontrollsysteme; Planungs- und Kontrollrechnung, 6. Auflage, Gabler Verlag, Wiesbaden.

Hahn, Dietger; Krystek, Ulrich (2000): Risiko-Management, in: Gabler Wirtschaftslexikon, 15. Auflage, S. 2655-2658, Gabler Verlag, Wiesbaden.

Hahn, Dietger; Taylor, Bernard (1999): Vorwort zur 8. Auflage, in: Hahn, Dietger; Taylor, Bernard (Hrsg.): Strategische Unternehmensplanung - Strategische Unternehmensführung, 8. Auflage, S. IV-XIV, Physica-Verlag, Heidelberg.

Hansen, Fay (2003): Global Risk Management on High Alert, in: BusinesFinance- Mag.com, 4/2003, www.businessfinancemag.com, Stand: 04.12.2003.

Harrington, Scott E.; Niehaus, Greg; Risko, Kenneth J. (2002): Enterprise Risk Management: The case of United Grain Growers, in: Journal of Applied Corporate Finance, Vol. 14, No. 4, S. 71-81.

Hartmann, Wolfgang (2003): Basel II und internes Rating bei der Commerzbank, in: RATINGaktuell, Sonderheft IBF-Spezial 2003, S. 6-12.

Haubenstock, Michael; Hardin, Lloyd (2003): The Loss Distribution Approach, in: Alexander, Carol (Hrsg.): Operational Risk, S. 171-192, Prentice Hall Verlag, London.

Hauser, Martin (2001): Controlling im Wandel der Zeit, in: Controller Magazin, 26. Jg., H. 3, S. 215-225.

Hayn, Marc (2000): Bewertung junger Unternehmen, 2. Auflage, Verlag Neue Wirtschafts-Briefe, Herne/Berlin.

Hein, Robert; Mayer-Wegelin, Jesko (2003): Stresstest im Test, in: Versicherungswirtschaft, 58. Jg., H. 12, S. 908-915.

Heinze, Werner; Kullmann, Stefan (2002): Risikomanagement in einem diversifizierten Bergbau- und Technologiekonzern, in: Hölscher, Reinhold; Elfgen, Ralph (Hrsg.): Herausforderung Risikomanagement, S. 125-142, Gabler Verlag, Wiesbaden.

Henselmann, Klaus (2001): Das KonTraG und seine Anforderungen an das Risikomanagement, in: Götze, Uwe; Henselmann, Klaus; Mikus, Barbara (Hrsg.): Risikomanagement, S. 29-46, Physica-Verlag, Heidelberg.

Henselmann, Klaus; Kniest, Wolfgang (2001): Unternehmensbewertung: Praxisfälle mit Lösungen, 2. Auflage, Verlag Neue Wirtschafts-Briefe, Herne/Berlin.

Heri, Erwin W.; Zimmermann, Heinz (2001): Grenzen statistischer Messkonzepte für die Risikosteuerung, in: Schierenbeck, Henner; Rolfes, Bernd; Schüller, Stephan (Hrsg.): Handbuch Bankcontrolling, 2. Auflage, S. 995-1014, Gabler Verlag, Wiesbaden.

Herter, Ronald N. (1994): Unternehmenswertorientiertes Management, Vahlen Verlag, München.

Hinrichs, Thorsten (2003): „Durch die Osterweiterung der EU sprudeln keine Ratings" - Interview Thorsten Hinrichs, Geschäftsführer von Standard & Poor's Deutschland (S&P) Frankfurt am Main, in: RATINGaktuell, 2. Jg., H. 2, S. 28-31.

Hirsch, Bernhard; Kunz, Jennifer (2003): Das Konzerncontrolling der Metro AG - Aufgaben und zukünftige Entwicklung, in: Zeitschrift für Controlling und Management, 47. Jg., H. 1, S. 10/11.

Hirsch, Ulrich (1996): Rating ist objektiv subjektiv, in: Büschgen, Hans; Everling, Oliver (Hrsg.): Handbuch Rating, S. 657-672, Gabler Verlag, Wiesbaden.

Hirschmann, Stefan (2003): Airline-, Airplane- und Airport-Rating, in: RATINGaktuell, 2. Jg., H. 3, S. 39-41.

Hoffman, Douglas G. (2002): Managing Operational Risk - 20 Firmwide Best Practice Strategies, Wiley Verlag, New York.

Hofmann, Mathias (2002): Identifizierung, Quantifizierung und Steuerung operationeller Risiken in Kreditinstituten, Bankakademie-Verlag, Frankfurt.

Hölscher, Reinhold (2002): Von der Versicherung zur integrativen Risikobewältigung: Die Konzeption eines modernen Risikomanagements, in: Hölscher, Reinhold; Elfgen, Ralph (Hrsg.): Herausforderung Risikomanagement, S. 3-31, Gabler Verlag, Wiesbaden.

Hommelhoff, Peter; Mattheus, Daniela (2000): Gesetzliche Grundlagen: Deutschland und international, in: Dörner, Dietrich; Horvath, Peter; Kagermann, Henning (Hrsg.): Praxis des Risikomanagements, S. 5-40, Schäffer-Poeschel Verlag, Stuttgart.

Homolka, Walter; Nguyen-Khac, Tung-Quan (1996): Ethisch-ökologisches Rating, in: Büschgen, Hans; Everling, Oliver (Hrsg.): Handbuch Rating, S. 675-699, Gabler Verlag, Wiesbaden.

Hornung, Karlheinz; Reichmann, Thomas; Form, Stephan (2000): Risikomanagement Teil II: Wertorientierung und KonTraG als Determinanten des Risikomanagements der Metallgesellschaft AG, in: Controlling, 12. Jg., H. 3, S. 153-161.

Horvath, Peter (2002): Controlling, 8. Auflage, Vahlen Verlag, München.

Horvath, Peter; Gleich, Ronald (2000): Controlling als Teil des Risikomanagements, in: Dörner, Dietrich; Horvath, Peter; Kagermann, Henning (Hrsg.): Praxis des Risikomanagements, S. 99-126, Schäffer-Poeschel Verlag, Stuttgart.

HVB Group (2002): HypoVereinsbank Geschäftsbericht 2001, München.

IHK/DIHT (2001): Rating - Finanzdienstleistung und Entscheidungshilfe, Deutscher Industrie- und Handelstag, Berlin.

Issing, Otmar (1996): Einführung in die Geldpolitik, 6. Auflage, Vahlen Verlag, München.

Jorasz, Wiliam (2000): Kosten- und Leistungsrechnung, Schäffer-Poeschel Verlag, Stuttgart.

Jörg, Melanie (2002): Operational Risk - Herausforderungen bei der Implementierung von Basel II, Bankakademie-Verlag, Frankfurt.

Jorion, Philippe (2001): Value at Risk - The New Benchmark for Managing Financial Risk, 2. Auflage, McGraw-Hill Verlag, New York.

Judge, George; Hill, R. Carter; Griffiths, William; Lütkepohl, Helmut; Lee, Tsoung-Chao (1988): Introduction to the theory and practice of econometrics, 2. Auflage, Wiley Verlag, New York.

Kaiser, Ulrich; Szczesny, Andrea (2003): Ökonometrische Verfahren zur Modellierung von Kreditausfallwahrscheinlichkeiten: Logit- und Probit-Modelle, in: ZfbF, 55. Jg., H. 12, S. 790-822.

Kajüter, Peter (2001a): Der Entwurf des DRS 5 zur Risikoberichterstattung, in: Die Wirtschaftsprüfung, 54. Jg., H. 4, S. 205-209.

Kajüter, Peter (2001b): Risikoberichterstattung: Empirische Befunde und der Entwurf des DRS 5, in: Der Betrieb, 54. Jg., H. 3, S. 105-111.

Kajüter, Peter; Winkler, Carsten (2003): Die Risikoberichterstattung der DAX100-Unternehmen im Zeitvergleich, in: Kapitalmarktorientierte Rechnungslegung, 3. Jg., H. 5, S. 217-228.

Kalhöfer, Christian; Rücker, Uwe-Christian (2002): Das Selbsttragen industrieller Risiken durch die Bildung bilanzieller Reserven, in: Hölscher, Reinhold; Elfgen, Ralph (Hrsg.): Herausforderung Risikomanagement, S. 429-448, Gabler Verlag, Wiesbaden.

Kaplan, Robert S.; Norton, David P. (2001): Die Strategiefokussierte Organisation - Führen mit der Balanced Scorecard, Schäffer-Poeschel Verlag, Stuttgart.

Karweil, Christiane (2003): Der gefühlte Dollar, www.zeit.de/2003/42/Wechselkurstheorien, Stand: 03.01.2004.

Kässer, Wolfgang; Oestreicher, Werner; Schröder, Achim (2000): Wertmanagement im VEW-Konzern - trotz oder wegen einer kommunalen Mehrheit, in: ZfbF, 52. Jg., H. 8, S. 495-504.

Kauffmann, Herbert; Götzenberger, Gero (2003): Aufbau eines effektiven Internal Control Systems nach Section 404 des Sarbanes-Oxley Acts, in: Horvath, Peter (Hrsg.): Performancesteigerung und Kostenoptimierung, S. 149-166, Schäffer-Poeschel Verlag, Stuttgart.

Keiner, Thomas (2003): Der Einfluss von Gruppen- und Konzerneinbindungen bei Unternehmens-Ratings, in: RATINGaktuell, 2. Jg., H. 5, S. 34-38.

Keller, Bernd; Plack, Andreas (2001): Economic Value Added (EVA) als Unternehmenssteuerungs- und bewertungsmethode, in: krp, 45. Jg., H. 6, S. 347-351.

Kendall, Robin (1998): Risk Management - Unternehmensrisiken erkennen und bewältigen, Gabler Verlag, Wiesbaden.

Kersten, Frank (1996): Simulation in der Investitionsplanung, Gabler Verlag, Wiesbaden.

Kilger, Wolfgang (1993): Flexible Plankostenrechnung und Deckungsbeitragsrechnung, 10. Auflage, Gabler Verlag, Wiesbaden.

Kim, Jongwoo; Malz, Allan M.; Mina, Jorge (1999): RiskMetrics Group: LongRun Technical Document, www.riskmetrics.com, Stand: 20.06.2003.

Kinder, Christian; Steiner, Manfred; Willinsky, Christian (2001): Kapitalallokation und Verrechnung von Risikokapitalkosten in Kreditinstituten - Ein spieltheoretischer Lösungsansatz, in: ZfB, 71. Jg., H. 3, S. 281-300.

Kirsch, Hanno (2003): Anforderungen an das Controlling durch internationale Rechnungslegungsstandards, in: Controlling, 15. Jg., H. 1, S. 11-17.

Klauck, Kai-Oliver; Liermann, Volker (2003): Zentrale Datenhaltung beim Aufbau eines Rating-Systems, in: RATINGaktuell, 2. Jg., H. 3, S. 39-41.

Kleeberg, Jochen M. (1992): Der Einsatz von fundamentalen Betas im modernen Portfoliomanagement, in: Die Bank, o. Jg., H. 8/1992, S. 474-478.

Kleeberg, Jochen M.; Schlenger, Christian (2000): Value at Risk im Asset Management, in: Johanning, Lutz; Rudolph, Bernd (Hrsg.): Handbuch Risikomanagement Band 2, S. 973-1013, Uhlenbruch Verlag, Bad Soden.

Kley, Karl-Ludwig (2003): IAS im Spannungsfeld zwischen wertorientierten Kennzahlen und Kapitalmarktkommunikation, in: Controlling, 15. Jg., H. 1, S. 5-9.

Koch, Karl-Rudolf (2000): Einführung in die Bayes-Statistik, Springer Verlag, Heidelberg.

Krallmann, Hermann; Frank, Helmut; Gronau, Norbert (1999): Systemanalyse im Unternehmen, 3. Auflage, Oldenbourg Verlag, München.

Krammer, Christian K.; Sinn, Walter; Weiß, Hans H.; Wieandt, Axel (2001): Wertmanagement in Banken, in: ZfB, 71 Jg., H. 12, S. 1445-1457.

Krause, Stefan; Schmidbauer, Rainer (2003): Umsetzung des (unternehmens-) wertorientierten Controllings bei der BMW Group, in: Controlling, 15. Jg, H. 9, S. 441-449.

Krell, Eric (2003): BPM accelerates Short Term Forecasting Shows, in: BusinessFinanceMag.com, 5/2003, www.businessfinance.com, Stand: 13.05.2003.

Kremers, Markus (2002): Value-at-Risk-basierte Messung des Risikopotentials von Investitionsvorhaben, in: Hölscher, Reinhold; Elfgen, Ralph (Hrsg.): Herausforderung Risikomanagement, S. 273-293, Gabler Verlag, Wiesbaden.

Küpper, Hans-Ulrich (2001): Controlling, 3. Auflage, Schäffer-Poeschel Verlag, Stuttgart.

Lanfermann, Georg; Maul, Silja (2002): Auswirkungen des Sarbanes-Oxley Acts in Deutschland, in: Der Betrieb, 55. Jg., H. 34, S. 1725-1732.

Langner, Sabine (2002): Asset Backed Securities, in: ZfbF, 54. Jg., H. 11, S. 656-673.

Lechner, Hans (1988): Währungspolitik, de Gruyter Verlag, Berlin.

Lechner, Jan-Peter (1994): Schätzen und Entscheiden - Analyse, Kontrolle und Steuerung von Schätzverhalten in der betrieblichen Planung, Duncker & Humblot Verlag, Berlin.

Lee, Alvin Y. (1999): RiskMetrics - Corporate Risk Metrics, www.riskmetrics.com, Stand: 10.06.2003.

Lehner, Ulrich (2003): Globale Unternehmen brauchen globale Strukturen - Globalisierung; Mittel zur Leistungssteigerung und Kostenoptimierung, in: Horvath, Peter (Hrsg.): Performancesteigerung und Kostenoptimierung, S. 167-198, Schäffer-Poeschel Verlag, Stuttgart.

Lier, Monika (2003): Mit Risikokapital das Unternehmen steuern, in: Versicherungswirtschaft, 58. Jg., H. 12, S. 906.

Lischke, Thorsten; Kirner, Hanno (2000): Einführung und Organisation eines Risikomanagementsystems, in: Controller Magazin, 25. Jg., H. 1, S. 44-49.

Littkemann, Jörn: (2001): Beteiligungscontrolling: Organisation und Effizienz, in: ZfB, 71. Jg., H. 11, S. 1283-1303.

Löhr, Dirk (2000): Implementation eines prüfungsfähigen Risikomanagementsystems - Anforderungen nach KonTraG, in: Der Steuerberater, 51. Jg., H. 8, S. 313-318.

Loistl, Otto (1994): Kapitalmarkttheorie, 3. Auflage, Oldenbourg Verlag, München.

Löw, Edgar; Lorenz, Karsten (2001): Risikoberichterstattung nach den Standards des DRSC und im internationalen Vergleich, in: Kapitalmarktorientierte Rechnungslegung, 1. Jg., H. 5, S. 211-222.

Lowenstein, Roger (2001): When Genius Failed - The Rise and Fall of Long-Term Capital Management, Fourth Estate Verlag, London.

Lück, Wolfgang; Henke, Michael; Gaenslen, Philipp (2002): Die Interne Revision und das Interne Überwachungssystem vor dem Hintergrund eines integrierten Risikomanagements, in: Hölscher, Reinhold; Elfgen, Ralph (Hrsg.): Herausforderung Risikomanagement, S. 225-254, Gabler Verlag, Wiesbaden.

Mandelker, Gershon N.; Rhee, S. Ghon (1984): The Impact of the Degrees of Operating and Financial Leverage on Systematic Risk of Common Stock, in: Journal of Financial and Quantitative Analysis, Vol. 19, No. 1, S. 45-57.

Markowitz, Harry M. (1952): Portfolio Selection, in: JoF, Vol. 7, No. 1, S. 77-91.

Mascarenas Perez-Inigo, Juan (1999): Innovacion financiera - Aplicaciones para la gestion empresarial, McGraw-Hill Verlag, Madrid.

Mathmann, Wolfgang (2003): Operational Risk: Effektive Risikominderung durch Versicherungen, in: Die Bank, o. Jg., H. 3/2003, S. 164-167.

Mauboussin, Michael J. (2002): Revisiting Market Efficiency: The stock market as a complex adaptive system, in: Journal of Applied Corporate Finance, Vol. 14, No. 4, S. 47-55.

May, Axel (1991): Zum Stand der empirischen Forschung über die Informationsverarbeitung am Aktienmarkt - ein Überblick, in: ZfbF, 43. Jg., H. 4, S. 313-335.

Meier, Christian (2001): Risk Consulting Group: Credit Analyzer, 2. Auflage, www.rcg.ch/papers/techdok2.pdf, Stand: 30.11.2003.

Mengele, Andreas (1999): Shareholder-Return und Shareholder-Risk als unternehmensinterne Steuerungsgröße, Schäffer-Poeschel Verlag, Stuttgart.

Mertens, Peter; Griese, Joachim (2000): Integrierte Informationsverarbeitung 2: Planungs- und Kontrollsysteme in der Industrie, 8. Auflage, Gabler Verlag, Wiesbaden.

Meulbroek, Lisa (2001): A better way to manage risk, in: Harvard Business Review, Vol. 79, No. 2, S. 22-23.

Meulbroek, Lisa (2002): A Senior Manager's Guide to Integrated Risk Management, in: Journal of Applied Corporate Finance, Vol. 14, No. 4, S. 56-70.

Meyding, Thomas; Fabian, Claus-Peter (2000): Rechtliche Risiken, in: Dörner, Dietrich; Horvath, Peter; Kagermann, Henning (Hrsg.): Praxis des Risikomanagements, S. 283-309, Schäffer-Poeschel Verlag, Stuttgart.

Meyer-Parpart, Wolfgang (1996): Ratingkriterien für Unternehmen, in: Büschgen, Hans; Everling, Oliver (Hrsg.): Handbuch Rating, S. 111-173, Gabler Verlag, Wiesbaden.

Mikus, Barbara (2001): Risiken und Risikomanagement - ein Überblick, in: Götze, Uwe; Henselmann, Klaus; Mikus, Barbara (Hrsg.): Risikomanagement, S. 3-28, Physica-Verlag, Heidelberg.

Möller, Hans Peter (1985): Die Informationseffizienz des deutschen Aktienmarktes, in: ZfbF, 37. Jg., H. 6, S. 500-518.

Möller, Klaus; Stoi, Roman (2002): Quo vadis Controlling? Status Quo und Perspektiven der Controlling-Forschung, in: Controlling, 14. Jg., H. 10, S. 561-569.

Moody's Investor Service (1998): Sonderbericht - Ratingmethodologie für Industrieunternehmen, Juli 1998.

Moody's Investor Service (1999a): Rating Methodology - How Moody's Rates the Global Aerospace Industry, December 1999.

Moody's Investor Service (1999b): Rating Methodology - Moody's Approach to Rating the Steel Industry, December 1999.

Moody's Investor Service (2001): Rating Methodology - Food and other Consumer Products, November 2001.

Moody's Investor Service (2002): Rating Methodology - Global Chemicals and Allied Products, February 2002.

Mott, Bernd P. (2001a): Organisatorische Gestaltung von Risiko-Managementsystemen, in: Gleißner, Werner; Meier, Günter (Hrsg.): Wertorientiertes Risiko-Management für Industrie und Handel, S. 199-232, Gabler Verlag, Wiesbaden.

Mott, Bernd P. (2001b): Hilfsmittel im Risiko-Management: Risikomappen und Arbeitsblätter, in: Gleißner, Werner; Meier, Günter (Hrsg.): Wertorientiertes Risiko-Management für Industrie und Handel, S. 233-251, Gabler Verlag, Wiesbaden.

Müller, Andreas (2000): Integriertes Risikomanagement für die Versicherungsbranche - Ein gesamtheitlicher Ansatz zur effizienteren Deckung von Risiken, in: Johanning, Lutz; Rudolph, Bernd (Hrsg.): Handbuch Risikomanagement Band 2, S. 1073-1104, Uhlenbruch Verlag, Bad Soden.

Müller, Armin (2001): Systematische Gewinnung von Frühindikatoren für Frühaufklärungssysteme, in: krp, 45. Jg., H. 4, S. 212-222.

Müller, Michael; Kesting, Joachim; Rau, Joachim (2003): Rating - Taschenguide, Haufe Verlag, Planegg.

Müller, Rudolf Herbert; Klatt, Michael; Pfitzmayer, Karl Heinz (2000): Das Spannungsfeld Konzernreporting, in: Controller Magazin, 25. Jg., H. 4, S. 354-360.

Müller-Stewens, Günter; Lechner, Christoph (2003): Strategisches Management - Wie strategische Initiativen zum Wandel führen, 2. Auflage, Schäffer-Poeschel Verlag, Stuttgart.

Münchner Rück (2002): Münchner Rück Geschäftsbericht 2001, München.

Murtfeld, Martin (2003): Corporate Governance Ratings, in: RATINGaktuell, 2. Jg., H. 5, S. 16-22.

Nash, Ralph (2003): The three pillars of operational risk, in: Alexander, Carol (Hrsg.): Operational Risk, S. 3-13, Prentice Hall Verlag, London.

Natusch, Ingo; von Maltzan, Bernd-Albrecht (1999): Geschäftsbereichsaktien - demnächst auch in Deutschland, in: ZfB, 69 Jg., H. 7, S. 675.

Naumann, Thomas (2000): Risikomanagement und Bilanzierung von Financial Instruments, in: Johanning, Lutz; Rudolph, Bernd (Hrsg.): Handbuch Risikomanagement Band 1, S. 321-348, Uhlenbruch Verlag, Bad Soden.

Neubürger, Heinz-Joachim (2000): Wertorientierte Unternehmensführung bei Siemens, in: ZfbF, 52. Jg., H. 3, S. 188-196.

Nichols, Nancy A. (1994): Scientific Management at Merck: An Interview with CFO Judy Lewent, in: Harvard Business Review, Vol. 72, No. 1-2, S. 89-99.

Nippel, Peter; Mertens, Raphael (2002): Tracking Stocks: Ein Beispiel zur Zweischneidigkeit von Innovationen in der Unternehmensfinanzierung, www.whu-koblenz.de/orga/geaba/Symposium/2002/C1-Nippel.pdf, Stand: 10.12.2003.

Noack, Helmut (2000): Struktur- und Prozessorganisation des internationalen Controlling, in: Berens, Wolfgang; Born, Axel; Hoffjan, Andreas (Hrsg.): Controlling international tätiger Unternehmen, S. 343-365, Schäffer-Poeschel Verlag, Stuttgart.

Norland, Erik; Stabile, Donald. A (2003): Risk Management Practice: Bayesian Approaches to Finance, www.netrisk.com/downlo../baysian_approach_to_finance.html, Stand: 11.12.03.

O. V. (05.02.2004): Neue Risikoszenarien stellen Konzerne vor große Aufgaben, in: FAZ, 05.02.2004, S. 18.

O. V. (05.07.2003): Es gibt keinen der Mannheimer ähnlichen Fall, in: FAZ, 05.07.2003, S. 21.

O. V. (13.12.2003): Rechnen mit dem Unvorhergesehenen, in: FAZ , 13.12.2003, S. 15.

O. V. (26.08.2002): 25 Ideas for a changing world; 11: A yardstick for corporate risk, in: BusinessWeek, 26.08.2002, S. 56-57.

Oechsler, Walter A. (2003): Qualifikation und personelle Besetzung des Vorstands und Aufsichtsrats, in: Hommelhoff, Peter; Hopt, Klaus J.; von Werder, Axel (Hrsg.): Handbuch Corporate Governance, S. 305-321, Schäffer-Poeschel Verlag, Stuttgart.

Ohlms, Dirk; Tomaszewski, Claude; Trütschler, Klaus (2002): Entwicklungstendenzen der Rechnungslegung aus Sicht des Familienunternehmens Haniel, in: ZfbF, 54. Jg., H. 3, S. 191-203.

Padberg, Thomas (2003): Segmentberichterstattung von Banken im europäischen Vergleich, in: Die Bank, o. Jg., H. 4/2003, S. 240-243.

Paul, Stefan (2001): Risikoadjustierte Gesamtbanksteuerung und Risikokapitalallokation, in: Schierenbeck, Henner; Rolfes, Bernd; Schüller, Stephan (Hrsg.): Handbuch Bankcontrolling, 2. Auflage, S. 1105-1124, Gabler Verlag, Wiesbaden.

Paul, Stephan; Stein, Stefan (2002): Rating, Basel II und die Unternehmensfinanzierung, Bank-Verlag, Köln.

Pechtl, Andreas (2003): Ein Rückblick: Risikomanagement von der Antike bis heute, in: Romeike, Frank; Finke, Robert B. (Hrsg.): Erfolgsfaktor Risikomanagement, S. 15-40, Gabler Verlag, Wiesbaden.

Peemöller, Volker; Kunowski, Stefan; Hillers, Jens (1999): Ermittlung des Kapitalisierungszinssatzes für internationale Mergers & Acquisitions bei Anwendung des Discounted-Cash-Flow-Verfahrens (Entitiy Ansatz), in: Die Wirtschaftsprüfung, 52. Jg., H. 16, S. 621-630.

Perridon, Louis; Steiner, Manfred (2002): Finanzwirtschaft der Unternehmung, 11. Auflage, Vahlen Verlag, München.

Pfaff, Dieter (1998): Wertorientierte Unternehmenssteuerung, Investitionsentscheidungen und Anreizprobleme, in: Betriebswirtschaftliche Forschung und Praxis, 50. Jg., H. 5, S. 491-515.

Pfennig, Michael (2000): Shareholder Value durch unternehmensweites Risikomanagement, in: Johanning, Lutz; Rudolph, Bernd (Hrsg.): Handbuch Risikomanagement Band 2, S. 1295-1332, Uhlenbruch Verlag, Bad Soden.

Podiumsdiskussion Konzerncontrolling (2002): Anforderungen an ein modernes Konzerncontrolling - So zentral wie nötig, so dezentral wie möglich, www.my-controlling.de/aufsaetze/konzerncontrolling/konzern.htm, Stand: 03.12.2002.

Pohle, Klaus (2002): Gegenstand und Inhalte des Controllings bei internationaler Unternehmenstätigkeit, in: Macharzina, Klaus; Oesterle, Michael-Jörg (Hrsg.): Handbuch Internationales Management, 2. Auflage, S. 1085-1097, Gabler Verlag, Wiesbaden.

Porter, Michael E. (1999): Wettbewerbsvorteile - Spitzenleistungen erreichen und behaupten, 5. Auflage, Campus Verlag, Frankfurt/New York.

Probst, Hans-Jürgen (2001): Controlling leicht gemacht, Wirtschaftsverlag Ueberreuter, Wien.

PWC (2003): Value Reporting Review 2003 - Transparency in Corporate Reporting, PriceWaterhourseCoopers.

Rappaport, Alfred (1999): Shareholder Value - Ein Handbuch für Manager und Investoren, 2. Auflage, Schäffer-Poeschel Verlag, Stuttgart.

Reichling, Peter (2003): Risikomanagement und Rating - Grundlagen, Konzepte, Fallstudie, Gabler Verlag, Wiesbaden.

Reichmann, Thomas (2001): Controlling mit Kennzahlen und Managementberichten - Grundlagen einer systemgestützten Controlling-Konzeption, 6. Auflage, Vahlen Verlag, München.

Reichmann, Thomas; Diederichs, Marc (2003): Risikomanagement und Risiko-Controlling in der Praxis - Ergebnisse einer empirischen Untersuchung, in: Controlling, 15. Jg., H. 5, S. 229-234.

Reichmann, Thomas; Hüllmann, Ulrich (1999): Konzeption eines unternehmenswertorientierten Controlling für eine Management-Holding, in: Controlling, 11. Jg., H. 4/5, S. 161-169.

Reiners, Frank (2001): Einflüsse der wertorientierten Unternehmensrechnung auf die Ermittlung kalkulatorischer Zinsen in der Kostenrechnung, in: krp, Sonderheft 01/ 2001, S. 23-29.

Richter, Frank; Gröniger, Benno (2000): Kapitalmarktorientierte Steuerung mit Rendite- und Wachstumszielen, in: Berens, Wolfgang; Born, Axel; Hoffjan, Andreas (Hrsg.):

Controlling international tätiger Unternehmen, S. 289-320, Schäffer-Poeschel Verlag, Stuttgart.

Richter, Stefan; Zilkens, Stephan (2002): Formen und Probleme der traditionellen Industrieversicherung im deutschen Markt, in: Hölscher, Reinhold; Elfgen, Ralph (Hrsg.): Herausforderung Risikomanagement, S. 377-394, Gabler Verlag, Wiesbaden.

Ringlstetter, Friederike; Häußler, Walter M.; Güntzer, Ulrich; Jüttner, Gerald (1987): Kreditwürdigkeitsprüfung für Ratenkredite mit Hilfe eines Expertensystems, in: Die Bank, o. Jg., H. 11/1987, S. 611-618.

RiskMetrics (1996): RiskMetrics - Technical Document, www.riskmetrics.com, Stand: 05.06.2003.

RiskMetrics (1999): Risk Management - A Practical Guide, www.riskmetrics.com, Stand: 10.06.2003.

Rogler, Silvia (2001): Management von Beschaffungs- und Absatzrisiken, in: Götze, Uwe; Henselmann, Klaus; Mikus, Barbara (Hrsg.): Risikomanagement, S. 211-240, Physica-Verlag, Heidelberg.

Roll, Richard (1981): A Possible Explanation of the Small Firm Effect, in: JoF, Vol. 36, No. 4, S. 879-888.

Romeike, Frank (2003a): Risikoidentifikation und Risikokategorien, in: Romeike, Frank; Finke, Robert B. (Hrsg.): Erfolgsfaktor Risikomanagement, S. 165-180, Gabler Verlag, Wiesbaden.

Romeike, Frank (2003b): Der Prozess der Risikosteuerung und -kontrolle, in: Romeike, Frank; Finke, Robert B. (Hrsg.): Erfolgsfaktor Risikomanagement, S. 235-243, Gabler Verlag, Wiesbaden.

Romeike, Frank (2003c): Rating von Versicherungsunternehmen, in: RATINGaktuell, 2. Jg., H. 4, S. 12-17.

Romeike, Frank (2003d): Der Prozess des strategischen und operativen Risikomanagements, in: Romeike, Frank; Finke, Robert B. (Hrsg.): Erfolgsfaktor Risikomanagement, S. 147-161, Gabler Verlag, Wiesbaden.

Romeike, Frank (2003e): Bewertung und Aggregation von Risiken, in: Romeike, Frank; Finke, Robert B. (Hrsg.): Erfolgsfaktor Risikomanagement, S. 183-198, Gabler Verlag, Wiesbaden.

Ross, Stephen A. (1976): The Arbitrage Theory of Capital Pricing, in: Journal of Econometric Theory, Vol. 13, No. 3, S. 341-360.

Rudolph, Bernd (1983): Zur Bedeutung der kapitaltheoretischen Separationstheoreme für die Investitionsplanung, in: ZfB, 53. Jg., H. 3, S. 261-287.

Rudolph, Bernd; Johanning, Lutz (2000): Entwicklungslinien im Risikomanagement, in: Johanning, Lutz; Rudolph, Bernd: Handbuch Risikomanagement Band 1, S. 15-52, Uhlenbruch Verlag, Bad Soden.

Ruhwedel, Franca; Schultze, Wolfgang (2002): Value Reporting: Theoretische Konzeption und Umsetzung bei den DAX100-Unternehmen in: ZfbF, 54. Jg., H. 11, S. 602-632.

Saitz, Bernd (1999): Risikomanagement als umfassende Aufgabe der Unternehmensleitung, in: Saitz, Bernd; Braun, Frank (Hrsg.): Das Kontroll- und Transparenzgesetz - Herausforderungen und Chancen für das Risikomanagement, S. 69-98, Gabler Verlag, Wiesbaden.

Saitz, Bernd; Walbert, Joachim (2002): Value Reporting - Einstieg in eine neue Dimension der kapitalmarktorientierten Unternehmensberichterstattung, in: Controlling, 14. Jg., H. 6, S. 321-326.

Saitz, Thomas (2002): Unternehmensstrategie vor dem Umbruch - Steht Ihre Ratingstrategie?, PWC, www.pwcglobal.com/extweb/pwcpublications.nsf/docid, Stand: 31.01. 2003.

Sammer, Joanne (2002a): Combating Risk, in: BusinessFinanceMag.com, 04/2002, www.bfmag.com, Stand: 09.05.2003.

Sammer, Joanne (2002b): Payback Time for Pensions, in: BusinessFinanceMag.com, 12/2002, www.bfmag.com, Stand: 12.02.2003.

Samuelson, Paul A.; Nordhaus, William D. (1987): Volkswirtschaftslehre - Grundlagen der Makro- und Mikroökonomie, 8. Auflage, Bund-Verlag, Köln.

Scheffner, Jörg; Strutz, Anne (2002): Thesen zu einem verbesserten externen Reporting in internationalen Konzernen, in: krp, 46. Jg., H. 4, S. 202-205.

Schierenbeck, Henner (2003a): Ertragsorientiertes Bankmanagement Band 1, 8. Auflage, Gabler Verlag, Wiesbaden.

Schierenbeck, Henner (2003b): Ertragsorientiertes Bankmanagement Band 2, 8. Auflage, Gabler Verlag, Wiesbaden.

Schierenbeck, Henner; Lister, Michael (2002): Risikomanagement im Rahmen der wertorientierten Unternehmenssteuerung, in: Hölscher, Reinhold; Elfgen, Ralph (Hrsg.): Herausforderung Risikomanagement, S. 181-203, Gabler Verlag, Wiesbaden.

Schmidbauer, Rainer (2000): Risikomanagement im Kontext wertorientierter Unternehmensführung, in: Der Betrieb, 53. Jg., H. 4, S.153-164.

Schmidt, Reinhard H. (2000): Kapitalmarkttheorie, in: Gabler Wirtschaftslexikon, 15. Auflage, S. 1702-1704.

Schneck, Ottmar; Morgenthaler, Paul; Yesilhark, Muhammed (2003): Rating - Wie Sie sich effizient auf Basel II vorbereiten, Beck Verlag, München.

Schneider, Wolfgang; Pichler, Bernd (2002): Der Einsatz Controlling-orientierter Management-Informationssysteme bei der Volkswagen AG, in: Controlling, 14. Jg., H. 11, S. 655-664.

Scholl, Claus (2001): Management rechtlich bedingter Risiken, insbesondere der Produkthaftung, in: Götze, Uwe; Henselmann, Klaus; Mikus, Barbara (Hrsg.): Risikomanagement, S. 241-256, Physica-Verlag, Heidelberg.

Schomaker, Martin (2003): Wertorientierte Führung im Mittelstand - Umsetzung bei der R. STAHL Technologiegruppe, in: Horvath, Peter (Hrsg.): Performancesteigerung und Kostenoptimierung, S. 379-402, Schäffer-Poeschel Verlag, Stuttgart.

Schweitzer, Marcel; Küpper, Hans-Ulrich (1998): Systeme der Kosten- und Erlösrechnung, Vahlen Verlag, München.

SEC (2003): U. S. Securities and Exchance Commission - Interpretation: Commission Guidance Regarding Management's Discussion and Analysis of Financial Condition and Result of Operations, www.sec.gov/rules/final/33-8350.htm, Stand: 02.02. 2004.

Serfling, Klaus (1992): Controlling, 2. Auflage, Kohlhammer Verlag, Stuttgart.

Serfling, Klaus; Badack, Elke; Jeiter, Vera (1996): Möglichkeiten und Grenzen des Credit Rating, in: Büschgen, Hans; Everling, Oliver (Hrsg.): Handbuch Rating, S. 629-655, Gabler Verlag, Wiesbaden.

Serfling, Klaus; Marx, Marita (1990): Capital Asset Pricing-Modell, Kapitalkosten und Investitionsentscheidungen (I), in: Das Wirtschaftsstudium (WISU), 19. Jg., H. 6, S. 364-369.

Sharpe, William F. (1964): Capital Asset Prices: A Theory of Market Equilibrium under Conditions of Risk, in: JoF, Vol. 19, No. 3, S. 425-442.

Simons, Robert (2000): Performance Measurement & Control Systems for Implementing Strategy, Prentice Hall Verlag, New York.

Sinzig, Werner (2003): SAP SEM/BA zur Bereichs- und Prozesssteuerung, in: Horvath, Peter (Hrsg.): Performancesteigerung und Kostenoptimierung, S. 119-148, Schäffer-Poeschel Verlag, Stuttgart.

Spremann, Klaus (1997): Diversifikation im Normalfall und im Stressfall, in: ZfB, 67. Jg., H. 8, S. 865-886.

Standard & Poor's (2001): Corporate Rating Criteria, www.standardandpoors.com, Stand: 28.08.2003.

Steiner, Manfred; Bauer, Christoph (1992): Die fundamentale Analyse und Prognose des Marktrisikos deutscher Aktien, in: ZfbF, 44. Jg., H. 4, S. 347-368.

Steiner, Manfred; Bruns, Christoph (2002): Wertpapiermanagement - Professionelle Wertpapieranalyse und Portfoliostrukturierung, 8. Auflage, Schäffer-Poeschel Verlag, Stuttgart.

Steiner, Manfred; Heinke, Volker G. (1996): Rating aus Sicht der modernen Finanzierungstheorie, in: Büschgen, Hans; Everling, Oliver (Hrsg.): Handbuch Rating, S. 579-628, Gabler Verlag, Wiesbaden.

Steinle, Claus; Bruch, Heike (1999): Controlling - Kompendium für Controller/innen und deren Ausbildung, 2. Auflage, Schäffer-Poeschel Verlag, Stuttgart.

Suarez Suarez, Andres S. (1998): Decisiones optimas de inversion y financiacion en la empresa, 18. Auflage, Piramide Verlag, Madrid.

ten Brink, Manfred (1996): Ratingverfahren aus Sicht der beurteilten Bank, in: Büschgen, Hans; Everling, Oliver (Hrsg.): Handbuch Rating, S. 273-287, Gabler Verlag, Wiesbaden.

Teubner, Rolf Alexander (1999): Organisations- und Informationssystemgestaltung - Theoretische Grundlagen und integrierte Methoden, Deutscher Universitäts-Verlag, Wiesbaden.

Töpfer, Armin; Heymann, Anja (2000): Marktrisiken, in: Dörner, Dietrich; Horvath, Peter; Kagermann, Henning (Hrsg.): Praxis des Risikomanagements, S. 225-251, Schäffer-Poeschel Verlag, Stuttgart.

Trunk, Matthias (2002): Risikomanagement in einem kommunalen Versorgungsunternehmen, in: Hölscher, Reinhold; Elfgen, Ralph (Hrsg.): Herausforderung Risikomanagement, S. 157-177, Gabler Verlag, Wiesbaden.

UBS (2003): UBS Geschäftsbericht 2002, Zürich.

Ulrich, H. (1999): Management-Philosophie in einer sich wandelnden Gesellschaft, in: Hahn, Dietger; Taylor, Bernard (Hrsg.): Strategische Unternehmensplanung - Strategische Unternehmensführung, 8. Auflage, S. 195-208, Physica-Verlag, Heidelberg.

Urbatsch, Rene-Claude; Kunath, Thomas (2000): Credit-Scoring - Grundlagen, Arten, Funktionsweise und Implementierung, Hochschule Mittweida (FH), University of Applied Sciences.

van den Brink, Gerrit Jan (2003): Quantifizierung operationeller Risiken - Ein Weg zur Einbettung in den Management-Zyklus, in: Risknews.de, 1/2003, S. 26-36, www.risknews.de, Stand: 05.05.2003.

Verband deutscher Treasurer (1999): Management finanzieller Risiken, in: Saitz, Bernd; Braun, Frank (Hrsg.): Das Kontroll- und Transparenzgesetz - Herausforderungen und Chancen für das Risikomanagement, S. 115-127, Gabler Verlag, Wiesbaden.

Voigt, Susan; Andersch, Tammo (2003): Unternehmenskrisen und ihre Bewältigung - die Sicht der Banker, in: Die Bank, o. Jg., H. 3/2003, S. 192-195.

Volkswagen (2003): Finanzielle Steuerungsgrößen des Volkswagen Konzerns, www.volkswagen-ir.de/fileadmin/vw-ir2/dokumente/berichte/andere/110801_fingroessen.pdf, Stand: 26.12.2003.

von Hagen/von Stein (2000): Geld-, Bank- und Börsenwesen, Schäffer-Poeschel Verlag, Stuttgart.

von Randow, Philipp (1996): Rating und Regulierung, in: Büschgen, Hans; Everling, Oliver (Hrsg.): Handbuch Rating, S. 543-576, Gabler Verlag, Wiesbaden.

von Werder, Axel (2003): Ökonomische Grundfragen der Corporate Governance, in: Hommelhoff, Peter; Hopt, Klaus J.; von Werder, Axel (Hrsg.): Handbuch Corporate Governance, S. 3-27, Schäffer-Poeschel Verlag, Stuttgart.

Wagner, Antonius; Straube, Peter (2003): Instrumente der wertorientierten Steuerung einer strategischen Management Holding, in: Horvath, Peter (Hrsg.): Performancesteigerung und Kostenoptimierung, S. 403-419, Schäffer-Poeschel Verlag, Stuttgart.

Wagner, Hans-Peter (2003): Auf dem Weg vom Mittelständler zum Konzern - Veränderte Anforderungen an das Finanzwesen in der HARTMANN-Gruppe, in: Horvath, Peter (Hrsg.): Performancesteigerung und Kostenoptimierung, S. 329-353, Schäffer-Poeschel Verlag, Stuttgart.

Wallmeier, Martin (2000): Determinanten erwarteter Renditen am deutschen Aktienmarkt - Eine empirische Untersuchung anhand ausgewählter Kennzahlen, in: ZfbF, 52. Jg., H. 2, S. 27-57.

Weber, Jürgen (1998): Einführung in das Controlling, 7. Auflage, Schäffer-Poeschel Verlag, Stuttgart.

Weber, Jürgen (2000): Controlling, in: Gabler Wirtschaftslexikon, 15. Auflage, S. 648-650, Gabler Verlag, Wiesbaden.

Weber, Jürgen (2002): Betriebswirtschaftliche Instrumente - Segen oder Fluch, in: krp, 46. Jg., H. 6, S. 339-340.

Weber, Jürgen; Hunold, Claus; Prenzler, Carsten; Thust, Solveig (2001): Der Einfluss der Konzerntypen auf die Controllerorganisation - Eine empirische Studie, in: Controller Magazin, 26. Jg., H. 5, S. 446-452.

Weber, Jürgen; Weißenberger, Barbara, Liekweg, Armin (1999): Ausgestaltung eines unternehmerischen Chancen- und Risikomanagements nach dem KonTraG, in: Deutsches Steuerrecht (DStR), 37. Jg, H. 41, S. 1710-1716.

Weber, Jürgen; Weißenberger, Barbara; Liekweg, Arnim (2001): Risk Tracking & Reporting - Ein umfassender Ansatz unternehmerischen Chancen- und Risikomanagements, in: Götze, Uwe; Henselmann, Klaus; Mikus, Barbara (Hsrg.): Risikomanagement, S. 47-66, Physica-Verlag, Heidelberg.

Weber, Martin; Krahnen, Jan; Weber, Adelheid (1995): Scoring-Verfahren - häufige Anwendungsfehler und ihre Vermeidung, in: Der Betrieb, 48. Jg., H. 33, S. 1621-1626.

Weidemann, Morten; Wieben, Hans-Jürgen (2001): Zur Zertifizierbarkeit von Risikomanagementsystemen, in: Der Betrieb, 54. Jg., H. 34, S. 1789-1795.

Weigand, Andreas; Buchner, Holger (2000): Früherkennung in der Unternehmenssteuerung - Navigation für Unternehmen in turbulenten Zeiten, in: Horvath & Partner (Hrsg.): Früherkennung in der Unternehmenssteuerung, S. 1-36, Schäffer-Poeschel Verlag, Stuttgart.

Weiß, Alfons (2002): Aktuelle Entwicklungslinien im Versicherungsgeschäft, in: Die Bank, o. Jg., H. 12/2002, S. 823-829.

Weiss, Bernd (1998): Analyse der Unternehmensinsolvenzen und Implikationen für das Risiko-Management im Kreditgeschäft, Gabler Verlag, Wiesbaden.

Werres, Thomas (2000): Ende der Schonzeit, in: Manager Magazin, 30. Jg., H. 8., S. 92-96.

Wiedemann, Arnd (2002): Messung und Steuerung von Risiken im Rahmen des industriellen Treasury-Managements, in: Hölscher, Reinhold; Elfgen, Ralph (Hrsg.): Herausforderung Risikomanagement, S. 505-523, Gabler Verlag, Wiesbaden.

Wilms, Falko (2001): Systemorientiertes Management, Vahlen Verlag, München.

Wittmann, Edgar (2000): Risikomanagement im internationalen Konzern, in: Dörner, Dietrich; Horvath, Peter; Kagermann, Henning (Hrsg.): Praxis des Risikomanagements, S. 789-820, Schäffer-Poeschel Verlag, Stuttgart.

Wöhe, Günter (1996): Einführung in die allgemeine Betriebswirtschaftslehre, 19. Auflage, Vahlen Verlag, München.

Wöhe, Günter (2002): Einführung in die allgemeine Betriebswirtschaftslehre, 21. Auflage, Vahlen Verlag, München.

Wöhrmann, Paul (2002): Die Alternative Risikofinanzierung als Teil eines ganzheitlichen Risk Managements, in: Hölscher, Reinhold; Elfgen, Ralph (Hrsg.): Herausforderung Risikomanagement, S. 451-484, Gabler Verlag, Wiesbaden.

Wolf, Klaus (2003): Risikoaggregation anhand der Monte-Carlo-Simulation, in: Controlling, 15. Jg., H. 10, S. 565-572.

Wolf, Klaus; Runzheimer, Bodo (2001): Risikomanagement und KonTraG, 3. Auflage, Gabler Verlag, Wiesbaden.

Wolf, Martin (2000): Risikomanagement in der Elektroindustrie, in: Dörner, Dietrich; Horvath, Peter; Kagermann, Henning (Hrsg.): Praxis des Risikomanagements, S. 541-567, Schäffer-Poeschel Verlag, Stuttgart.

Woll, Artur (1993): Allgemeine Volkswitschaftslehre, 11. Auflage, Vahlen Verlag, München.

Wolz, Matthias (2001): Zum Stand der Umsetzung von Risikomanagementsystemen aus der Sicht börsennotierter Aktiengesellschaften und ihrer Prüfer - Eine empirische Studie, in: Die Wirtschaftsprüfung, 54. Jg., H. 16, S. 789-801.

Wurm, Stephan (2001): Die Anwendung von Elastizitäten bei der Quantifizierung von Operational Risk, in: Die Bank, o. Jg., H. 8/2001, S. 598-600.

Zdrowomyslaw, Norbert; Kasch, Robert (2002): Betriebsvergleiche und Benchmarking für die Managementpraxis, Oldenbourg Verlag, München.

Zech, Jürgen (2002): Integriertes Risikomanagement - Status quo und Entwicklungstendenzen, in: Hölscher, Reinhold; Elfgen, Ralph (Hrsg.): Herausforderung Risikomanagement, S. 33-49, Gabler Verlag, Wiesbaden.

Ziegenbein, Klaus (1992): Controlling, 4. Auflage, Kiehl Verlag, Ludwigshafen.

Ziegler, Hasso (1994): Neuorientierung des internen Rechnungswesens für das Unternehmens-Controlling im Hause Siemens, in: ZfbF, 46. Jg., H. 2, S. 175-189.

Zimmermann, Peter (1997): Schätzung und Prognose von Betawerten - Eine Untersuchung am deutschen Aktienmarkt, Uhlenbruch Verlag, Bad Soden.

AUSGEWÄHLTE VERÖFFENTLICHUNGEN

EUL VERLAG

PLANUNG, ORGANISATION UND UNTERNEHMUNGSFÜHRUNG

Herausgegeben von Prof. Dr. Dr. h. c. Norbert Szyperski, Köln, Prof. Dr. Winfried Matthes, Wuppertal, Prof. Dr. Udo Winand, Kassel, Prof. (em.) Dr. Joachim Griese, Bern, PD Dr. Harald F. O. von Kortzfleisch, Kassel, Prof. Dr. Ludwig Theuvsen, Göttingen, und Prof. Dr. Andreas Al-Laham, Stuttgart

Band 61
Alfred Oetker
Stakeholderkonflikte in Familienkonzernen
Lohmar – Köln 1999 • 296 S. • € 44,- (D) • ISBN 3-89012-673-1

Band 62
Harald Meinhövel
Defizite der Principal-Agent-Theorie
Lohmar – Köln 1999 • 264 S. • € 42,- (D) • ISBN 3-89012-687-1

Band 63
Michael Du Mont
Change-Management – Japanische Erfolgskonzepte für turbulente Umwelten
Lohmar – Köln 1999 • 320 S. • € 45,- (D) • ISBN 3-89012-709-6

Band 64
Martin Müser
Ressourcenorientierte Unternehmensführung – Zentrale Bestandteile und ihre Gestaltung
Lohmar – Köln 2000 • 320 S. • € 44,- (D) • ISBN 3-89012-719-3

Band 65
Thomas Brandstätt
Prozeßmanagement in der kommunalen Verwaltung – Möglichkeiten und Grenzen für die Übertragung eines Organisationskonzeptes
Lohmar – Köln 2000 • 340 S. • € 45,- (D) • ISBN 3-89012-748-7

Band 66
Frank Schmidt
Strategisches Benchmarking – Gestaltungskonzeptionen aus der Markt- und der Ressourcenperspektive
Lohmar – Köln 2000 • 304 S. • € 43,- (D) • ISBN 3-89012-757-6

Band 67
Stephan Jakoby
Erfolgsfaktoren von Management Buyouts in Deutschland – Eine empirische Untersuchung
Lohmar – Köln 2000 • 460 S. • € 51,- (D) • ISBN 3-89012-784-3

Band 68
Friedemann Baisch
Implementierung von Früherkennungssystemen in Unternehmen
Lohmar – Köln 2000 • 320 S. • € 45,- (D) • ISBN 3-89012-810-6

Band 69
Thomas Netzer
Das Partnerschaftsmodell als Erfolgsfaktor wissensintensiver Dienstleistungsunternehmungen
Lohmar – Köln 2000 • 332 S. • € 46,- (D) • ISBN 3-89012-820-3

Band 70
Jochen Kleinertz
Kennzahlenorientiertes Prozeß- und Kundenmanagement – Dargestellt am Beispiel der Konsumgüterindustrie
Lohmar – Köln 2001 • 338 S. • € 46,- (D) • ISBN 3-89012-827-0

Band 71
Jörg Stratmann
Bedarfsgerechte Informationsversorgung im Rahmen eines produktlebenszyklusorientierten Controlling
Lohmar – Köln 2001 • 310 S. • € 45,- (D) • ISBN 3-89012-846-7

Band 72
Christian Schäfer
Prozeßorientiertes Zeitmanagement – Konzeption und Anwendung am Beispiel industrieller Beschaffungsprozesse
Lohmar – Köln 2001 • 560 S. • € 56,- (D) • ISBN 3-89012-857-2

Band 73
Hajo Hippner
Wissensmanagement in der Langfristprognostik
Lohmar – Köln 2001 • 388 S. • € 49,- (D) • ISBN 3-89012-869-6

Band 74
Birgit Block
Gestaltung und Steuerung einer Hersteller-Händler-Kooperation in der Lebensmittelbranche
Lohmar – Köln 2001 • 406 S. • € 49,- (D) • ISBN 3-89012-876-9

Band 75
Markus A. Happel
Wertorientiertes Controlling in der Praxis – Eine empirische Überprüfung
Lohmar – Köln 2001 • 296 S. • € 44,- (D) • ISBN 3-89012-909-9

Band 76
Martin Kupp
Kooperationen zwischen Umweltschutzorganisationen und Unternehmen
Lohmar – Köln 2001 • 200 S. • € 38,- (D) • ISBN 3-89012-914-5

Band 77
Andreas Lasar
Dezentrale Organisation in der Kommunalverwaltung
Lohmar – Köln 2001 • 308 S. • € 45,- (D) • ISBN 3-89012-920-X

Band 78
Mathias Luhn
Flexible Prozeßrechnung für ein Geschäftsprozeßmanagement
Lohmar – Köln 2002 • 350 S. • € 48,- (D) • ISBN 3-89012-927-7

Band 79
Martin Hermesch
Die Gestaltung von Interorganisationsbeziehungen – Theoretische sowie empirische Analysen und Erklärungen
Lohmar – Köln 2002 • 322 S. • € 46,- (D) • ISBN 3-89012-928-5

Band 80
Achim Korten
Wirkung kompetenzorientierter Strategien auf den Unternehmenswert – Eine simulationsbasierte Analyse mit System Dynamics
Lohmar – Köln 2002 • 334 S. • € 47,- (D) • ISBN 3-89012-937-4

Band 81
Thorsten Peske
Eignung des Realoptionsansatzes für die Unternehmensführung
Lohmar – Köln 2002 • 278 S. • € 43,- (D) • ISBN 3-89012-941-2

Band 82
Clemens Odendahl
Cooperation Resource Planning – Planung und Steuerung dynamischer Kooperationsnetzwerke
Lohmar – Köln 2002 • 228 S. • € 41,- (D) • ISBN 3-89012-962-5

Band 83
Yven Schmidt
Verbesserungsprozeßmanagement – Entwicklung eines Werkzeuges für die koordinierte Verbesserung von Geschäftsprozessen
Lohmar – Köln 2002 • 232 S. • € 44,- (D) • ISBN 3-89012-975-7

Band 84
Gerrit Andreas Marx
Wertorientiertes Management einer Region – Regional Resident Value und Corporate Shareholder Value als Management-Missionen einer Public-Private-Partnership auf Aktien
Lohmar – Köln 2002 • 304 S. • € 48,- (D) • ISBN 3-89012-982-X

Band 85
Felix Zimmermann
Vertrauen in Virtuellen Unternehmen
Lohmar – Köln 2003 • 272 S. • € 46,- (D) • ISBN 3-89936-077-X

Band 86
Beate Degen
Responsible Care© in Investments
Lohmar – Köln 2003 • 314 S. • € 48,- (D) • ISBN 3-89936-087-7

Band 87
Harald Wüllenweber
Mehr Kundenbindung durch Organisationales Lernen – Konzept – Modellierung – empirische Befunde
Lohmar – Köln 2003 • 354 S. • € 52,- (D) • ISBN 3-89936-106-7

Band 88
Carolina Catrin Schnitzler
Unternehmenskultur in Internet-Unternehmen – Gestaltungsmöglichkeiten durch Gründer und Führungskräfte
Lohmar – Köln 2003 • 284 S. • € 48,- (D) • ISBN 3-89936-111-3

Band 89
Jens Kiefel
Unternehmenssteuerung im Informationszeitalter – Gestaltung zwischen systemischer Machbarkeit und ökonomischer Rationalität
Lohmar – Köln 2003 • 360 S. • € 53,- (D) • ISBN 3-89936-134-2

Band 90
Matthias Kern
Lean Information System – Problemorientierte Gestaltung von Informationssystemen unter besonderer Berücksichtigung von Lean Management
Lohmar – Köln 2003 • 372 S. • € 54,- (D) • ISBN 3-89936-141-5

Band 91
Jochen Großpietsch
Supply Chain Management in der Konsumgüterindustrie
Lohmar – Köln 2003 • 254 S. • € 46,- (D) • ISBN 3-89936-145-8

Band 92
Stefan Sekul
Ökologisches Konfliktmanagement
Lohmar – Köln 2003 • 286 S. • € 48,- (D) • ISBN 3-89936-163-6

Band 93
Bernd Bräuer
Wissensmanagementstrategietypen in temporär intendierten Unternehmensnetzwerken
Lohmar – Köln 2003 • 410 S. • € 56,- (D) • ISBN 3-89936-179-2

Band 94
Frank Czymmek
Ökoeffizienz und unternehmerische Stakeholder
Lohmar – Köln 2003 • 266 S. • € 47,- (D) • ISBN 3-89936-180-6

Band 95
Florian Kelber
Turnaround Management von Dotcoms
Lohmar – Köln 2004 • 432 S. • € 56,- (D) • ISBN 3-89936-203-9

Band 96
Wolfgang Irrek
Controlling der Energiedienstleistungsunternehmen
Lohmar – Köln 2004 • 552 S. • € 65,- (D) • ISBN 3-89936-219-5

Band 97
Guido Paffenholz
Exitmanagement – Desinvestitionen von Beteiligungsgesellschaften
Lohmar – Köln 2004 • 276 S. • € 47,- (D) • ISBN 3-89936-256-X

Band 98
Ingmar Ackermann
Supply Chain Management in der Automobilindustrie
Lohmar – Köln 2004 • 428 S. • € 56,- (D) • ISBN 3-89936-269-1

Band 99
Lars-Heiko Rauscher
Strategische Frühaufklärung – Neuer Vorschlag zur finanziellen Bewertung
Lohmar – Köln 2004 • 292 S. • € 49,- (D) • ISBN 3-89936-271-3

Band 100
Katharina Brigitte Rick
Corporate Governance and Balanced Scorecard – A Strategic Monitoring System for Swiss Boards of Directors
Lohmar – Köln 2004 • 288 S. • € 48,- (D) • ISBN 3-89936-273-X

Band 101
Jens D.-O. Heymans
Management der textilen Supply Chain durch den Bekleidungseinzelhandel
Lohmar – Köln 2004 • 314 S. • € 52,- (D) • ISBN 3-89936-274-8

Band 102
Roland Rolles
Content Management in der öffentlichen Verwaltung
Lohmar – Köln 2004 • 268 S. • € 47,- (D) • ISBN 3-89936-287-X

Band 103
Erik Hofmann
Strategisches Synergie- und Dyssynergiemanagement
Lohmar – Köln 2004 • 406 S. • € 56,- (D) • ISBN 3-89936-289-6

Band 104
Hanns Martin Schindewolf
Organisches Wachstum internationaler Unternehmen – Eine empirische Exploration
Lohmar – Köln 2004 • 350 S. • € 54,- (D) • ISBN 3-89936-292-6

Band 105
Oliver Schwarz
Die Anwendung des Markt- und Ressourcenorientierten Ansatzes des Strategischen Managements – Dargestellt am Beispiel der IPOs am Neuen Markt
Lohmar – Köln 2004 • 442 S. • € 58,- (D) • ISBN 3-89936-304-3

Band 106
Leonhard von Metzler
Risikoaggregation im industriellen Controlling
Lohmar – Köln 2004 • 260 S. • € 47,- (D) • ISBN 3-89936-306-X